績效管理

從今天開始高績效

多種產業╳豐富實例╳大量圖表╳實戰經驗

胡勁松　著

U0087491

★一本書解決HR所有的績效管理疑難雜症★

◎面對眾多的部門和職位，該如何設計適當的考核表？
◎老闆拒絕發獎金，員工們卻拿出績效坐等兌現，怎麼辦？
◎貢獻不如老鳥的菜鳥、和主管不合拍的人，到底怎麼考核？
◎主管質疑「每個人都超額完成目標，那團隊如何進步」，該怎麼辦？

崧燁文化

目錄

目錄

第 2 篇　強化篇

第3篇　精通篇

目錄

序

　　非常高興能為我學生的這本專著作序。出道十五載有餘，作者一直在各產業中的核心企業中摸索，大小「戰役」經歷無數，看到得意弟子能將多年從業心得及自身對管理理論的探索，融合到一本集工具、案例、方法、思想於一體的著作，我感到由衷欣慰。

　　回想起來，作者在學生時代就非常執著，有一股衝勁，不但學業力爭上游，更是勇於實踐，用現在的話來講，那時候他身上就充滿了「創業」精神。從一流的國營企業、全球領先的通訊巨頭到行動網路時代的領航者，從實習生到管理層，作者肩負著越來越重的企業責任，也不斷地進行著自身的突破。無論一馬平川還是浴火重生，他總是發自內心地熱愛，奉獻了無比的熱情，這種正能量在企業界乃至社會恐怕也是彌足珍貴的。更為可貴的是，他樂將自身經驗與人分享，並從中收穫喜悅。也許正像他所說：「我有事業心，但更渴望和一群志同道合之士共圖大業。」幫助他人獲得成功也許能讓他獲得更大的滿足。

　　本書不同於我看過的諸多的管理書籍，理論豐滿、實踐骨感。本書如作者般非常務實，從理論到實踐，書中的很多表格、模板都來自第一線的應用現場；也不同於純粹的工具書，琳瑯滿目讓人無所適從，書中的知識系統就如作者一樣不甘平庸，有創新、有高度、有思考，傳人以道，完美地實現了思想性和操作性的均衡。這本書也不同於那些所謂文藝風的專業書籍，文風輕佻、譁眾取寵，書中案例、引言、點評如作者本人一般親和淳樸，許是作者多年以來一直以成就他人為己任，他本人無形之中，透露出大氣、豪爽的氣質，因此，讀他的書也令人有如沐春風之感。

　　在這本書中，作者以其獨特的視角，細緻介紹了績效管理的體系建設和實踐操作，並大膽分析和預測未來的績效管理趨勢。無論是初入職場的人力資源新人，還是經驗豐富的中高層管理者，從入門到精通，這本書提供了全面的解決方案，這正是本書的難能可貴之處。十五年的職業生涯，

使作者親歷了很多大事，他個人的際遇浮沉亦是這個時代企業變遷的縮影，各種艱辛，非入局者不可知。我想，從艱苦卓絕的深淵過來的人，都有無限的熱忱把自己多年的體會與讀者分享。四十終不惑，厚積方薄發，一切理論都是從實踐中來，也必將重回實踐中去並得到昇華，這恐怕是作者給自己確立的新使命吧。

祝賀本書面世，期待作者有更多優秀的著作和大家分享。

董秀成

第 1 篇　入門篇

績效專員和助理的主要職責：

- 協助績效考核體系的建設和完善，實施績效考核流程；
- 企業績效考核的述職與評議，收集整理部門考核指標和考核表；
- 企業各級主管員工的績效培訓，收集彙總衡量數據，計算部門、個人績效考核結果，建立績效檔案；
- 準確理解績效與 HR 各模組之間的關係，落實應用考核結果；
- 處理被考核者的投訴、覆議申請及相關後續工作。

讀完本部分，您應該能掌握如下技能：

了解績效管理的基礎知識及人力資源系統；

掌握員工績效考核的基本方法；

能採用合適的績效考核方案，對中基層管理者及各類員工進行考核；

能獨立輸出考核結果並進行應用循環；

具有處理一般員工對於績效考核的投訴的能力。

緒言　厚積薄發　撥雲見日 —— 寫給步入績效管理職的 HR 夥伴們

　　歡迎你，即將步入績效管理職的 HR 夥伴們！無論你是入行不久的新 HR、希望從事績效管理工作的「老朋友」，還是想要觸碰人力資源的職場新人，或是對績效管理感興趣的學生朋友，我的親身體驗告訴我，你所面對的是人力資源中最具挑戰性的工作 —— 績效管理。在你滿懷激情接手這項工作的時候，就面臨以下困境，你是否會為此而感到痛苦？

1. 時值年底，又是新一輪的績效考核，面對眾多的部門和職位，不知道怎麼設計一張考核表，怎麼辦？

2. 好在你引入了傳說中的目標考核法，部門主管說：「每個人都超額完成目標，都是 Excellent，那這個團隊怎麼進步呢？」怎麼辦？

3. 好在企業經營業績不錯，你正要為員工們爭取獎金，老闆說我們站在產業風口，這是我們運氣好，對手進步更快，為什麼要給大家獎金，嗷嗷待哺的員工們卻拿著績效承諾書讓你兌現，怎麼辦？

4. 好在有了獎金，老闆說獎金不能都給，要激勵高績效員工，讓你識別，但真正了解員工的是他們朝夕相處的主管，你如何識別？如果直接讓各部門上報，老闆說，我要一個統計師有何用？怎麼辦？

5. 好在你可以要部門按績效考核排名，排在後面的往往都是還未熟悉工作、貢獻不如老鳥的新員工，或者是和主管不合拍的人，這種情況下，新員工會成犧牲品。按資論輩不對、按貢獻大小排位也不對，怎麼辦？

6. 好在還有考績量化，引入 KPI，績效主義卻成為官僚主義和部門牆如影隨形的孿生兄弟，不量化又無法服眾，怎麼辦？

　　很不幸，這一系列的事情經常都在發生，你選擇了績效考核，就選擇了要面對這些衝突，選擇了這些經常要面對的場景。除了一顆強健的心臟，作為一線的績效專員，還應掌握績效問題的解決之道。一個問題的產生，往往來自於一個問

題的解決，要解決問題，還得先從我們的職責說起。什麼是績效專員的核心價值和責任？在每個責任中具體要做些什麼？這是本部分要重點闡述的內容。為了讓你能夠出色地履行這些職責，本書作者根據多年的績效考核工作心得，為你整理了系列的貼近場景的問題解決之道。當然，你功力的提升還要來自於自身不斷的實踐和思考，那麼，讓我們一起來實現你從菜鳥到專家的跨越吧！

雖然績效考核面臨諸多的挑戰，讓人不敢輕易觸碰，但很有意思的是，又有越來越多的人把績效工作看作人力資源各模組中的橋梁，認為它能上引策略下親民。這一看法是對的，對於渴望讓績效工作成為企業價值驅動機的 HR 來講，理解了績效考核就理解了業務、理解了人、理解了企業和流程，因為績效考核實際上把公司營運的核心因素穿在了一起；而一旦你掌握了績效考核的真諦，那麼，你將可以更加深入地掌握公司的營運。如果你選擇了績效管理的工作，那麼，祝賀你，你將有機會親身經歷這一激動人心的過程。

好的，讓我們先從一份自我測評開始吧。

小視窗：測測你對績效管理的認知度

1. 多選題	
(1) 人力資源管理體系的基礎是 （ ）。	
A. 招聘 B. 培訓 C. 任職資格 D. 職位分析 E. 績效考核 F. 薪酬	
(2) 下列屬於績效管理實施流程的是 （ ）。	
A. 績效實施管理 B. 績效評估 C. 績效計劃 D. 績效回饋 E. 結果應用	
(3) 下級評價多用於 （ ）。	
A. 實際的績效考核 B. 管理人員開發 C. 維護員工滿意度 D. 處理公司內部矛盾	
(4) （ ）是指收集評價和傳遞員工在其工作職位上的工作行為和工作成果資訊的過程，是對員工工作中的優缺點的一種系統描述。	
A. 績效回饋 B. 工作分析 C. 績效考核 D. 員工滿意度管理	

(5) 企業開始使用包含外部和內部顧客的各種來源，綜合運用這些資訊來源的方法被稱為（　）。	
A.KPI 指標 B. 平衡計分卡 C. 經濟附加價值 D.360 度回饋	
(6) 員工績效考核結果一般可以應用於（　）方面。	
A. 培訓 B. 招聘 C. 員工關懷 D. 薪酬 E. 晉升調動 F. 任職資格	
(7) 員工對績效評定結果不認可，一般建議向（　）等機構投訴。	
A. 法院 B. 公司董事會 C. 工會 D. 人力資源部 E. 公司管理層 F. 勞動仲裁	
(8) 確定關鍵績效指標，一般運用（　）。	
A. 抽樣檢測法 B. 魚骨圖分析法 C. 關鍵成功因素分析法 D. 腦力激盪法	
(9) 平衡計分卡把對企業業績的評價劃分為（　）。	
A. 財務 B. 策略 C. 客戶 D. 內部營運 E. 學習與發展	
(10) 在員工考核方法中，透過情境模擬來考核員工的方法被稱為（　）。	
A. 關鍵事件記錄評價法 B. 評價中心法 C. 標竿比較法 D. 人物比較法	
2. 是非題	
(1) 績效考核是淘汰後進員工的工具之一，如果員工沒有達到績效標準，公司可以據此將他淘汰。	（　　）
(2) 績效考核重在考核結果，過程行為可以作為參考，結果一票否決才有執行力。	（　　）
(3) 作為團隊的管理者，應該對團隊承擔責任，對於團隊的考核結果就是對於管理者的考核結果。	（　　）
(4) 行為錨定評價法是量表法與關鍵時間評價法結合的產物。	（　　）
(5) 為了客觀地評價員工績效，避免上級的主觀判斷，對於員工的績效要儘可能地量化。	（　　）
(6) 把績效考核結果分為五檔或四檔，主要是考慮後續考核結果的應用。	（　　）

(7) 目標管理的設計思維是透過有意識地為員工建立一個目標，實現影響其工作表現的目的，進而達到改善企業績效的效果。	（　　）
(8) 由第三方，如人力資源部進行考核，能夠更加客觀，所以一般公司把人力資源部作為員工考核的責任主體。	（　　）
(9) 員工的績效考核週期主要依據公司財報的週期來確定。	（　　）
(10) 為保障企業策略逐級分解，最終達成績效目標，公司常採用個人績效承諾計劃或績效合約管理方法。	（　　）

答案：

1. 多選題

（1）D （2）ABCDE （3）B （4）C （5）D

（6）ABDEF （7）BCDE （8）BCD （9）ACDE （10）B

2. 是非題

（1）否 （2）否 （3）否 （4）是 （5）否

（6）否 （7）是 （8）否 （9）否 （10）是

　　結果如何？你所犯的錯誤有的可以反映你知識點的空白，有的則是你績效考核理念的偏差所造成的。而所有答案的解讀和理念的碰撞都會在後續的學習中得到引導，現在，讓我們開始有關績效考核的學習吧。

第 1 章　績效管理與績效考核

在每年年終的時候，大大小小的公司都開始考核員工的績效，這是因為馬上要發獎金了，而績效的高低直接關係獎金的多少，以至於經常有人把「績效」作為「績效獎金」的代名詞。在短時間內，想要知道員工到底做得怎麼樣，當我們希望所有的評價透過績效考核這個環節畢其功於一役時，壓力可想而知。也有很多公司認為，公司規模不大，喊一下都能聽見，員工工作盡在眼底，不需要績效考核，績效考核是大公司的事。那麼績效考核到底是什麼？它能給我們帶來什麼？如何進行績效考核？相關制度如何設計？透過對本章的學習，你將找到答案。另外，你也可以掌握：績效管理的定位與價值、績效考核和績效管理的關係以及績效考核的實施流程。

1.1 績效管理的主要目標

1.1.1 了解績效考核與績效管理

1. 績效

績效是什麼？有人認為績效就是結果，這個答案最常見，也很合很多管理者的胃口，很多企業都喜歡打著以結果為導向的旗號，提倡沒有任何藉口。但影響結果的因素是非常複雜的，甚至是個體不可控的，同時由於不了解導致結果的行為資訊，結果就無法複製，所以又有人認為績效是行為，是根據員工的結果判斷行為的有效性，再以有效的行為產生期望的結果。還有人認為績效是素養和能力，有了需要的素養和能力，自然會孕育出期望的結果。事實上，不同公司對何為績效都會依據其價值導向有所偏重。總體而言，無論是結果、行為或是素養能力，都是指企業期望的結果，是企業為實現其目標而展現在不同層面上的有效輸出。

2. 績效管理

績效管理就是基於企業策略基礎，對績效實現過程中各因素進行管理的一種

方法。它透過建立企業策略、分解目標、評價業績,並將績效成績用於公司的各項管理活動之中,以激勵員工持續改進業務,最終實現企業策略及目標。策略本質上就是一個期望系統,績效管理則是公司從策略到執行循環回饋的系統工程。

　　總體層面的績效管理可以包括企業策略制定和實施系統,稱為策略績效管理。支持績效管理從公司策略分解到企業層面目標的系統,稱為企業績效管理體系。支持企業層面的目標分解到個人應用實施的體系,稱為員工績效管理體系。公司分層績效管理系統如圖 1-1 所示。員工績效的管理和激勵是公司整體效率和效能提升的基礎,而我們通常所稱的績效管理多指員工績效管理,這也是績效經理和專員績效管理活動中的主要部分,是本部分介紹的重點。員工績效管理是員工達到何種目標,和為什麼要達到此種目標而達成的共識與承諾,並以此促進員工取得優異績效的管理過程。企業績效管理和策略績效管理將會在第二部分加以介紹。

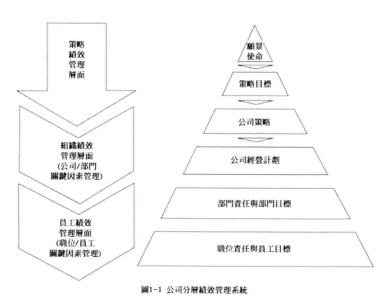

圖1-1 公司分層績效管理系統

　　績效管理是一個完整的管理系統,事前計劃、事中管理和事後考核三位一體,績效考核則是績效管理中的關鍵環節。公司內部通常所說的績效考核是對企業中成員的貢獻進行評估和排序,在績效管理中的績效考核環節,由考績責任主體對照員工的工作目標或績效標準,評定任務完成情況、職責履行情況並將評定

結果回饋給員工。績效管理循環如圖 1-2 所示。

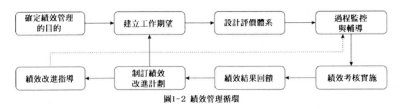

圖1-2 績效管理循環

1.1.2 績效管理的核心價值

從現實人力資源的各職能的分配來看，在中小規模的公司中，我們經常能看到設立了專職的人事管理人員，但很少有中小企業設置績效管理專職人員。甚至有些人力資源專員也認為，績效管理是「奢侈品」，在大公司才需要績效管理，這是對於績效管理價值的誤解。事實上，為什麼中小企業不需要設立專職的績效管理職也能保持基本工作運轉？原因在於，公司管理者承擔了績效管理的部分責任，如明確公司方向（策略績效管理）、分解任務（企業績效管理）、論功行賞（員工績效管理），在企業規模小、管理複雜度不高的時候，一個優秀的領導者本身就必須是一個優秀的績效管理者。績效管理是一種循環的管理思想和系統的方法論，績效管理工作對於企業來講，無論是在策略管理、企業管理，還是在人員管理方面都有重要的價值。

1. 利用績效管理確定和提升公司核心競爭力

促使企業未來成功的核心競爭力是什麼？這是每個企業必須回答的問題，也是決定公司策略資源投向的重要因素。在確定了與企業核心競爭力相關的因素後，就必須要保障它們在管理中的實現，而績效管理就是這個保障應用的系統，它能夠利用績效計劃將能力分解，落實到具體的企業和職位；利用績效標準實施追蹤核心能力的變化；利用績效評價發現能力的差距及時回饋改進。

2. 利用績效管理改良企業管理

企業的設計要滿足公司策略和流程管理的需要，績效管理的方法可以幫助企業明確目標和獨特價值，從而協同公司策略的實現。同時，企業也會因為管理層次、人員規模、授權範圍等因素而相應調整，企業結構調整後，必須配合績效管理系統，才能讓員工盡快進入角色，實現企業調整的目標。

3. 利用績效管理改進人員管理

透過績效管理，能強化員工對於自己工作目標的參與度，管理者能及時發現員工問題並進行績效討論，把問題消滅在開端，避免把衝突留到考核或獎懲環節。同時，透過績效管理，員工明確了自己的任務目標和評價標準，能自動自發地學習提升，這就大大減少了管理者的日常監管成本，雙方都聚焦於其價值的實現上，必然提升工作的有效產出。

總之，績效管理是現代企業管理體系中不可缺少的一部分，運用得當，對企業、管理者和員工都會有明顯的幫助。即使績效管理不能解決所有的管理問題，但它仍然為處理好其中大部分的管理問題提供了一個卓有成效的工具。

1.1.3 績效管理的功能定位

一個高效能的人力資源管理系統是建立在企業願景和策略的基礎上的，透過系統的有機分解和彼此支撐，來協同業務目標的實現。透過對企業策略的分析，在人力資源體系中，我們尋找到相應的核心能力並以某種企業形態與之配合。企業績效管理將策略目標分解到各業務單位和職位，而職位的績效目標最終透過員工來實現，因此，對每個員工的績效進行管理，也就提升了企業整體的績效。績效管理在企業的人力資源管理體系中占據了核心地位，並與人力資源管理系統中的其他模組連結，如圖 1-3 所示。

第 1 章　績效管理與績效考核

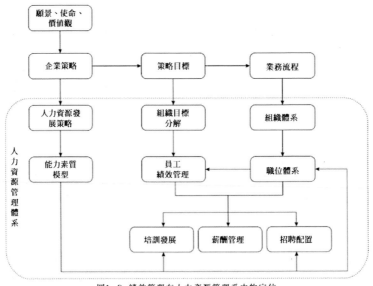

圖1-3 績效管理在人力資源管理系中的定位

1. 績效管理與職位分析

職位分析的目的就是告訴我們這個職位是做什麼的、由什麼樣的人來做，據此確定該職位的工作職責、績效衡量標準和任職資格。職位分析為績效管理提供了一些基本依據，是績效管理的重要基礎。

2. 績效管理與培訓發展

透過績效評價，可以了解員工達成期望目標的能力差距或進一步提升的發展空間，並據此制訂員工的能力發展計劃。績效差距是培訓需求的重要輸入。

3. 績效管理與薪酬管理

將績效與薪酬掛鉤，成為很多公司打破齊頭式平等、向高績效員工給予更多紅利的重要做法。績效和職位評估、任職能力一起，成為決定員工薪酬的三大內部因素。一般來講，職位評估決定固定薪酬，績效決定了浮動薪酬或獎金等。

4. 績效管理與招聘配置

透過對員工績效的分析，可以得出一些高績效員工的特質，這也是很多公司設計人才甄選標準的重要參考依據。對於優秀員工的高績效行為和特質的評估，

可以為企業招募到合適的員工並節省大量的試錯成本。同時，要想合理地配置人員，就要對員工有一定的了解，而這一切也都依賴績效考核的實施。

對於績效管理在人力資源體系中的核心地位，有人評論：「員工考核在人力資源管理中的作用，就好比那油鹽醬醋，不論你要做好哪道菜，都離不開它……」那麼，究竟績效管理應如何具體應用到人力資源各個模組，在後面的章節，我們會進行更詳細的實踐介紹。

另一方面，企業的生存基礎是面向客戶的價值創造，圍繞客戶滿意的價值鏈，現代人力資源管理體系由價值創造、價值評價和價值分配構成循環鏈。需求從客戶中來，在客戶需求得到滿足的過程中，實現企業和員工的發展和增值。人力資源管理的過程，實質上是各模組協同價值鏈的過程，如圖 1-4 所示。

1. 價值創造

我們透過外部人才市場的招聘和內部人員的調動來獲取人才，從而獲得人才這一價值創造的源泉；我們透過對員工能力的培訓、開發，實現人力資本的增值，並在這一能力轉化為實踐的過程中實現價值創造。

2. 價值評價

績效考核、任職資格、職位評定等方式是對員工價值創造的過程和結果進行評估的常用模式。這三種評價模式都是對價值創造結果的全面評價，既評價結果又兼顧過程，但又各有側重。其中，相對而言，績效考核側重對職位責任結果的評價；任職資格側重對能力和行為的評價；職位評定則是對特定職位的應有能力、應付責任及可預期的績效貢獻的綜合評定。

3. 價值分配

為了可持續地獲取價值創造的因素，一些關鍵環節要注意，其中，價值的分配是關鍵的一環，可以採用企業權力或經濟利益的方式給予回饋。

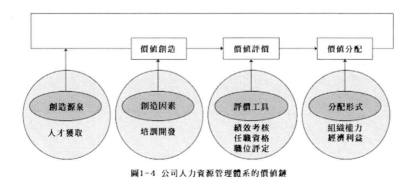

圖1-4　公司人力資源管理體系的價值鏈

1.2 績效考核管理體系

1.2.1 績效考核的原則

1. 公開透明原則

公開與透明是績效考核體系運行良好的前提，考核中堅持這一原則，目的在於最大限度地降低考核工作的神祕感。很多公司的考核評價標準不明確，考核實施不透明，如果考核淪為企業淘汰員工的一種手段，則失去了績效考核本身的最大價值 —— 引導員工。

2. 公正客觀原則

績效考核要有理有據，避免考核結果由考核者主觀臆斷及受考核者個人感情的影響，在考核程序的設計中要避免暈輪效應、時近效應等造成的偏差。對於同一部門、職位的員工，績效考核的標準應該是一致的。績效考核的導向要清晰，不同評價者對同一個人或一組人的評價結果應該具有一致性，考核結果應該能反映特定員工的工作內容和成果。

3. 系統連續性原則

績效考核既是對員工能力、工作結果、工作行為和態度的多維評價，也是對他們未來行為表現的一種預測。績效考核應該是企業一個連續性的管理行為，即透過不斷的分析和檢測，發現員工和企業的問題，持續改進；脈衝式的績效考核則無法形成改進的基線，使員工無法有計劃地進行改善。有些企業出於種種考

慮，時而考核時而不考，時而重結果時而又偏過程，說明企業的價值導向不清晰，這也將導致員工無所適從，只能根據主管的偏好行事。

曾經有一個 Sales 向我抱怨績效考核結果沒有達到期望值，我說為什麼，他自己這半年銷售了很多單，非常努力，但這些單最後都因為銷售的原因沒有實行，主管就說只看結果，所以考績降級，他抱怨主管從來沒有和他說只看結果。我說那好辦，既然主管確認了他只看結果，那就盯住能出結果的專案努力，只要主管的考績導向不變就行。

4. 回饋改進原則

在績效考核之後，主管應及時與被考核者溝通，告知績效考核結果，並聽取被考核者的意見。同時，績效考核的結果應該作為人力資源各模組系統運行的輸入，以保證價值鏈的循環。績效考核要有「用」，必然要和人力資源的其他模組合作。很多企業為考而考，將考核結果放進保險箱，這就失去了績效考核的牽引作用。

1.2.2 績效考核考什麼

一個有效的績效考核是指標，它所指引的就是員工努力的方向。曾有一家業界知名手機公司為應對公司業績下滑壓力，下班後巡視，把員工加班時間作為績效獎金的重要參考，並且每到月底，在全公司進行工時排名。如此一來，員工在公司待的時間就長了，但產出就一定高了嗎？不一定，因為晚上必須加班，大家白天的效率反而都降低了。在這樣的績效考核導向下，公司的經營業績不但沒有扭轉，反而日益下滑了，最後該公司被迫退出手機市場。在績效考核的實踐中，我們經常面臨在業績結果、行為過程、素養能力、品行態度等方面的取捨，這時，我們要清楚地知道到底要什麼。

1. 考業績

經營效益是企業生存和發展的基礎，一個人對企業的核心價值就是他的業績。業績考核是對員工所承擔職位工作的成果進行評估，其構成因素往往包括工作的品質、工作結果、任務的完成度等。結果導向無可厚非，但如何防止員工殺雞取卵的短視行為，則是一個重要的課題。某地區部主管在任期內簽了很多單，得到公司褒獎，調回總部晉升，但接手的新主管到任後發現很多單子根本不具備

執行的條件，結果是空歡喜一場，也丟失了很多客戶對公司的信任。為防止此類問題的發生，很多公司提出了全面績效考核的概念，即業績並不完全等於經營結果，也包括了關鍵過程行為，包括平衡計分卡在內的績效管理工具，都是全面績效考核概念的延伸。

2. 考能力

兩個員工，一個敢於攻堅克難，但由於任務均具有挑戰性，因此不但鮮有結果，甚至經常失敗；另一個則明哲保身，不求進步，功勞不大，但倒也沒什麼差錯。二者相比較，如果你說第二個員工業績好，那肯定有失偏頗了，因為如果都如他這樣，沒有人去追求卓越，企業也就死水一潭了。這就要求對員工的能力進行考核。事實上，能力與業績有明顯的差異，能力有較強的內在特性，難以衡量和比較；而業績相對外在，可以較好地把握。而能力考核恰恰是依據職位對能力的要求，對員工在其職位上顯示和發揮出來的能力作出測評。在這方面，很多企業用不同職位的素養能力模型對員工進行考核。

3. 考態度

一般而言，員工能力越強，工作業績就越好，但這又不是絕對的。其中一個重要的催化劑就是態度，或是意願。因此，在考核中還應該包括工作態度，須知企業不能容忍缺乏熱情的員工，甚至是懶人的存在。

能力、態度和業績三者之間的關係可以用圖 1-5 來表示。

圖1-5 能力、態度和業績的關係

當然，在對員工態度進行考核的時候，要剔除那些內外部因素，僅僅對員工個人的態度和意願進行考核。

1.2.3 績效考核基本流程

開始績效考核之前，要清楚，員工的績效管理的過程應是一個循環，這個循環主要包括制訂績效計劃和指標體系、績效實施過程管理、績效考核與評估、績效回饋與面談、績效結果應用五個步驟。績效計劃是起點，沒有方向，績效就失

去了牽引的意義，績效結果要應用，否則績效考核就失去了其權威性。績效管理的基礎流程如圖 1-6 所示。

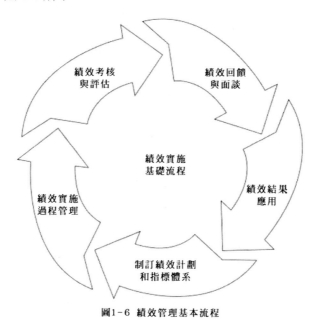

圖1-6 績效管理基本流程

第 2 章　績效計劃制訂

如果你沒有一個成功的計劃，那麼自然計劃就會失敗了。員工的績效計劃是整個績效管理的起點，也是績效實施的關鍵和基礎。績效計劃的制訂是由管理者和員工共同參與、投入的績效契約，是對在本績效管理期間結束時，員工所要達到的期望結果達成的共識。這個期望至少應該包括工作的績效目標、各項績效目標的優先級及為了實現目標所要採取的行動。

2.1 績效目標設定

員工的績效目標來自企業目標的分解，因此，理論上講，如果每個員工都完成了各自的績效目標，整個企業就能完成企業目標，這就是各公司在目標管理上追求的一致性，可見，績效目標設定對員工的重要意義。

2.1.1 績效目標的設計依據

全面合理的績效目標應該是以企業發展的策略為導向，以工作分析為基礎，結合業務流程來進行，支持企業和公司目標的實現。績效目標的設計依據如下。

1. 目標分解

考核目標的制定必須在公司發展策略的指導下，根據公司的年度經營計劃，將企業的各專案標由公司到部門、由部門到個人，層層分解下去。

下面，以一家擬盡快趕超對手成為產業規模第一的公司為例，具體見圖 2-1。

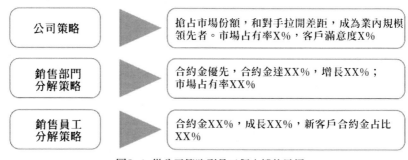

圖2-1 從公司策略到員工個人績效目標

2. 職位分析

尋找與公司策略目標一致的因素，確定和這些因素相關的部門，把部門職責分解到個人的年度工作目標，結合各個職位的工作內容、性質，初步確定該職位績效考核的各項因素。如，某公司今年策略重心是銷售規模的提升，加強銷售力量是重點，「加強銷售力量」的目標分解到人力資源部，可以進行如表2-1所示的分解。

表2-1 基於職位職責的績效目標設計（示例）（「加強銷售力量」）

目標	相應職責／崗位模組	關鍵要素
建立衝鋒導向的銷售團隊文化	員工關係／企業文化	◆ 銷售團隊文化規劃 ◆ 銷售團隊文化宣傳 ◆ 銷售團隊標竿建設
建立銷售激勵體系	薪酬福利／績效管理	◆ 激發型激勵政策建設 ◆ 壓力傳遞的績效管理政策
銷售團隊能力提升	學習發展／培訓管理	◆ 培訓計劃 ◆ 培訓時長 ◆ 講師團隊建設 ◆ 知識庫建設 ◆ 培訓系統建設
銷售團隊建設	招聘調配	◆ 銷售團隊有效規劃 ◆ 核心員工穩定 ◆ 招聘品質 ◆ 招聘數量

3. 流程分析

流程分析是指按照公司策略目標和價值鏈的梳理，尋找關鍵流程，綜合考慮個人在業務流程中所扮演的角色、責任以及上下游之間的關係，來最終確定各個員工的當期績效目標。某公司價值鏈基礎業務流程如圖2-2所示。

表2-2 流程分析模型-提高資產利用率(示例)

策略主題	績效指標	關鍵流程	關鍵流程績效	可能涉及的崗位
提高資產利用率	總資產周轉率	應收帳款管理流程	應收帳款周轉率	銷售經理
			過期應收帳款比率	銷售經理
			呆帳比率	銷售經理
			每位銷售員收帳款周轉率	銷售經理
		存貨管理流程	存貨周轉率	生產計劃經理
			材料周轉率	生產計劃經理
			成品周轉率	生產計劃經理/銷售經理
		固定資產管理流程	在建工程按期完工指標	企業發展部門

流程分析，可以參考如表 2-2 所示的模型。

圖2-2 某公司價值鏈基礎業務流程

2.1.2 績效目標的內容

　　績效目標包括績效指標、衡量標準。績效指標解決的是公司要關注「什麼」才能實現其策略目標；而衡量標準著重的是被評價的對象需要在各個指標上做得「怎樣」或完成「多少」才叫「好」或者「不好」。如有必要，一個績效目標可以包括多個指標及衡量標準，因為過少的指標，無法反映各職位的關鍵績效水準。如果指標無法量化，則需要有明確的考核項及衡量標準。但績效目標又不能過多，否則將使員工無法抓住核心工作，也必然增加管理的成本。一般意義上，基層員工的績效目標不應該超過 8 個，績效指標不應該超過 10 個。

2.2 績效指標的設定

　　績效指標是對績效目標的一種量化的表達，是對績效目標的承載。在績效

考核中，績效指標的設計是一個難點，也是關鍵。我們經常看到很多公司設計了繁多的績效指標，但卻沒有抓到關鍵的牽引，結果看起來很美，卻無法實現公司的策略目標，這些指標也就成為 HR 們自娛自樂的表格了。指標的設計要精煉，要能抓住關鍵，能用最少的管理成本牽引績效目標的達成，這才是高效的績效指標設計。

2.2.1 績效指標的設計原則

績效考核指標的設計必須符合 SMART 原則。

（1）明確的、具體的（Specific）。績效指標要切中特定工作目標，不能太籠統，應該適度細化，並且要根據不同的情境而改變。

（2）可衡量的（Measurable）。績效指標必須是可量化或者是可以清晰描述的行為，而且這些績效指標的數據或資訊是可以獲得的。

（3）可達到的（Attainable）。績效指標在被考核對象付出努力的情況下，是可以實現的，即跳一下能抓到，當然，太低也就失去了考核的意義。

（4）現實的（Realistic）。績效指標是實實在在的，是可以證明和觀察得到的，而不是一種假設。

（5）有時限性的（Time-bound）。績效指標中要使用一定的時間單位，即要設定完成這些績效指標的截止期限。

小視窗：並不只是量化的才是可衡量的

在目標設計的時候，特別要注意的一個迷思是，誤以為可衡量的目標一定要量化，從而陷入把指標當目標的迷思。如果一個聊天軟體的目標是要讓所有使用者喜歡使用，又讓使用者可以產生更多想像空間的產品，如果把初始目標定義為使用者的數量，那就會引導產品規劃師誤入歧途，單純追求使用者下載而捨棄了使用者體驗。

2.2.2 績效指標的選擇

在眾多的指標中選擇合理的績效指標，不是一件容易的事，建議考慮以下幾個方面。

（1）策略目標配合：與公司的策略及年度經營計劃相配合。

(2) 充分溝通：必須與被考核人在對於考核指標的理解上達成一致。

(3) 激勵導向：核心不是處罰，而是讓員工透過努力得到獎勵和認可。

(4) 當期利益和長期利益均衡：既要保證當期目標，又不能過度激勵，使員工產生錯誤的「竭澤而漁」的想法。

(5) 客觀和主觀相結合：既尊重數據和事實，又尊重主觀感受，當然，無論是客觀還是主觀的指標都應該是可衡量的。

(6) 指標的有效性：評價指標所度量的結果要能正確反映工作績效。

(7) 指標的獲取成本：指標應該可以以較低成本獲得，指標設計基於業務流程或職責，不為考核而增加過多的管理成本。

(8) 指標的離散度：指標應該對員工的業績差距有一定的區分度。

2.3 績效衡量標準

績效標準是用來衡量員工完成績效目標的尺度，表示員工完成工作任務時需要達到的水準，標準必須具體，不能模稜兩可，什麼叫「好」，什麼叫「差」，如何衡量，必須一目瞭然。當然，標準制定出來之後也並不是一成不變的，在必要的時候應該定期評估並進行調整，如，在淡旺季達成銷售的成長應是不同的。

2.3.1 績效衡量標準的分類

績效的衡量標準一般可以按數量、成本、品質、時間等屬性進行分類，一般稱為 TCQQ（Time, Cost, Quality, Quantity），如表 2-3 所示。

表2-3 績效衡量標準的屬性

數量(Q)	成本(C)
・產品的數量 ・處理零件的數量 ・接聽電話的次數 ・銷售額/利潤 ・拜訪客戶的次數	・支出費用的數額 ・實際費用的預算
品質(Q)	時間(T)
・合格品的數量 ・不良率 ・投訴數量	・期限

小視窗：有人撿果子，別忘了也要有人種樹

目標的達成往往受到很多因素的影響，如公司銷售任務的達成是個系統工程，需要有好的規劃、好的產品、好的品牌、好的客戶金融政策、好的交付服務等，如果只讓銷售團隊摘果子，那麼就不會有人只願意種樹了。因此，在衡量績效標準的時候一定要全面考慮職位、流程、公司目標等，不可顧此失彼。

2.3.2 績效衡量標準的設計

對於績效衡量標準的設計，我們可以根據情況採取線性增減法、階梯評分法、直接扣分法等。

1. 線性增減法

線性增減法是一種比較容易使用的指標評分方法。好處是簡單、易操作；弊端是沒有設定最低值，如生產計劃完成率 80%，這個指標已經不忍直視了，但這個指標還可以得分，同時，這個指標也不符合指標目標完成值越高難度越大的規律，不利於平衡和公平原則的實現。所以，一般來講，對於線性增減法，都會設定一個底線，即達到多少就為 0 分，也會設定一個上限，即超過多少得多少分（一般為其標準分值的 1.2～1.5 倍），以避免單一指標影響整體考核結果。線性增減法示例如表 2-4 所示。

表2-4 線性增減法(示例)

指標名稱	指標含義	指標標準	評分方法	資訊來源	考核週期
生產任務完成率	生產部實際完成任務量與計劃數量的比例	100%	超額一個百分點，加12分，減少一個百分點，扣12分	總經理辦公室	月度

2. 階梯評分法

階梯評分法在某種程度上解決了目標完成值越高難度越大的公平性問題，對於可以量化的結果性指標，我們可以對結果進行分級，以使員工更清晰地了解企業對其的期望。公司可以根據挑戰度將考核標準分為若干檔，下面以分三檔為例進行說明。

（1）**基準標準**。即及格線，代表公司對其的最低期望，不達到則認為不合格，無法滿足公司策略目標的要求。底線標準的達成，原則上是員工完成大部分預定的執行措施所能達成的。基準標準可以對應 60 分。

(2) **達標標準**。即良好線，代表公司對其的目標期望，即在策略分解的情況下，如果所有員工都達到達標標準，則可以完成公司策略目標。達標標準的達成，原則上是員工經過努力，把預定措施落實到位所能達成的。達標標準可以對應 100 分。

(3) **挑戰標準**。即優秀線，代表遠超出公司預期，達成則可以完成公司的挑戰目標。挑戰標準的達成，原則上是員工需要付出巨大努力並有根本性突破才能達到。由於難度增加，挑戰標準和達標標準不應是線性關係。挑戰標準可以對應 120 分。績效目標階梯評分法示例如表 2-5 所示。

表2-5 績效目標階梯評分法(示例)

指標名稱	指標含義	指標標準	基準標準	達標標準	挑戰標準
銷售計劃完成率	銷售部實際完成銷售額與計劃銷售額的比例	100%	80%	100%	110%

具體計算方法如下所示。

當銷售計劃完成率 < 基準標準，考核得分 =0。

當銷售計劃完成率 = 基準標準，考核得分 =60。

當銷售計劃完成率≥挑戰標準，考核得分 =120。

當基準標準 < 銷售計劃完成率 < 達標標準，考核得分 =60+40×（銷售計劃完成率 - 基準標準）/（達標標準 - 基準標準）。

當達標標準 < 銷售計劃完成率 < 挑戰標準，考核得分 =100+20×（銷售計劃完成率 - 達標標準）/（挑戰標準 - 達標標準）。

3. 直接扣分法

直接扣分法一般適用於負向事件的打分，根據標準要求，直接扣分，該類指標沒有加分。直接扣分法示例如表 2-6 所示。

表2-6 直接扣分法(示例)

指標名稱	指標含義	指標標準	評分方法	指標權重	資訊來源	考核週期
設備保障率	因設備維修、零件更換不及時而引起的生產停線次數	0次	出現1次，扣2分，扣完爲止	20%	營運部	季度

具體使用的時候，我們可以採取組合的形式來計算，即對於正向指標，採用線性增減法或者階梯評分法，對於負向類指標，採用直接扣分法。

2.4 績效指標的權重

員工在一定時期的工作目標往往是多元的、綜合的，需要進行全面的績效評價，所以績效目標往往不是一個。因此，績效計劃還應該包括各績效指標間的權重或優先級。績效指標權重反映企業重視的績效領域，對於員工的行為有明顯的引導作用。權重的設計應當突出重點目標，體現管理者的引導意圖和價值觀念，如本年度重視產品品質，則應該增加維修率、次品率、直通率等品質類指標的權重，「品質第一」的導向要體現在權重之中，但權重多少合適呢？對績效指標的權重進行不同組合，可以得出迥異的評價結果。

2.4.1 績效指標權重設計的原則

績效指標的權重設計，大都是憑人為經驗判定的，簡單的操作都是業務部門建議，人力資源部審核。但其設計也不能太隨意，可以參考一定的原則。

(1) 一般基層職位的考核指標有 5 ～ 10 個，而每一指標的權重一般設定在 5% ～ 30% 之間，不能太高，也不能太低。如果某指標的權重太高，可能會使員工只關注高權重指標而忽略其他；而如果權重過低，則不能引起他人的足夠重視而使這個指標被忽略，那樣的話，這個指標就沒有意義了。

(2) 越是高層的職位，財務性經營指標和業績指標的權重就越大；越是基層的職位，流程類指標的權重就越小，而和職責相關的工作結果類指標的權重越大。

(3) 對於多數職位來說，根據指標「定量為主，定性為輔，先定量後定性」的制定原則，一般優先設定定量類指標權重，而且定量類指標總權重要大於定性類指標權重。

(4) 根據 20/80 法則，通常最重要的指標往往只有兩三個，如果有 1 個，那麼其權重一般要超 60%；如果有 2 個，那麼一般每個指標權重都在 30% 以上；如果有 3 個，那麼每個指標權重一般在 20% 以上。

(5) 為了便於計算和比較，指標權重一般都為 5% 的倍數，最小為 5%，太小就無意義了。

2.4.2 績效指標權重設計的方法

　　設立指標權重的方法有主觀經驗法、等級排序法、對偶加權法、倍數加權法、歷史環比法等。主觀經驗法就是依靠專家判斷設定權重的方法，對決策者的能力要求很高，比較適合小規模的企業。等級排序法就是讓評價者對指標的重要性進行排序，把排序結果換算成權重，操作簡單，但也比較主觀。對偶加權法是將各考績因素進行比較，然後將比較結果進行彙總，從而計算出權重的方法，指標不多的情況下，比等級排序法更加可靠。倍數加權法則是選擇某個考績因素設為 1，將其他因素和其進行重要性對比的方法。歷史環比法適合延續性的指標，結合歷史情況及當前目標進行調整。

　　在實際操作中，用得最多的是採用等級序列法結合專家德爾菲法的方式來確定指標權重，因為這種做法比較簡單易行。人力資源部可以請該職位的任職者、上下游同事代表、直屬主管、部門負責人、績效經理和公司績效委員會成員代表組成專家組，按如下步驟來進行。

(1) 先請指標定義的部門 / 人員解讀定義和計算方式，使專家組對指標的理解沒有歧義。績效經理在會前應儘量收集更多的歷史數據和企業策略目標要求供「專家」借鑑參考，並在評定前對專家進行權重設置原則的相關培訓。

(2) 請專家組對指標的重要性進行兩兩比較，排序，得出票數最高的指標排序組合方式，即為指標的重要程度最終次序。重要程度越高，排序越靠前，權重相應就越大，反之亦然。這個排序可以背靠背進行再彙總，這樣效率比較高，但可能由於缺少討論導致有些資訊不對稱；也可以由專家組開會討論，但要防止因某代表的權威影響大家意見的發表。

(3) 在排序確定後，根據指標權重的設定原則，由專家組設定各指標所占權重，然後由績效經理彙總平均，並將該結果回饋給各專家。然後，專家根據這一回饋結果，調整各自設定的指標權重，最後由績效經理負責彙總平均（取整數），即為最終的指標權重。

　　因此，即使是人為的憑經驗確定指標權重，也要有根據和規律，建議由跟被

考核職位密切相關的多人進行綜合評議決定，而不是交給一個人隨意決定。

2.5 績效行動計劃

績效行動計劃，即為了實現目標所要採取的行動。

2.5.1 績效行動計劃的作用

在《致加西亞的信》（A Message to Garcia）中，如果沒有羅文怎麼辦？信就不送了？所以，只有將目標分解為具體行動和措施，才能有力地支持目標的實現。如果想不到任何關鍵行動，那麼乾脆就放棄或變更這個績效目標，績效管理不能靠天吃飯。

績效行動計劃並不是員工在績效週期中的所有過程行為的列示，而是其中的關鍵行動舉措。一般而言，績效目標和績效行動計劃的權重為 7：3 或者 6：4，績效目標是牽引，績效行動是保障。績效目標的達成有其偶然性，如果員工的關鍵績效行動實施不到位，同樣應影響員工的績效評價。

2.5.2 績效行動計劃的制訂

員工的績效行動計劃的輸入來自於績效目標、職責和業務流程，可以從這三個方面設計。

(1) 員工為支持績效目標實現而採取的關鍵行動。前述的績效目標多數是對結果的描述，績效行動計劃則是支持結果實現的關鍵舉措，對這些工作，同樣需要進行優先級的排序及權重設計，一般情況下，可以根據績效目標中績效指標的權重對應關鍵行動。

(2) 績效行動計劃還可以是績效目標中部分定性類指標的補充，此多體現在職責中的日常例行工作，如有些結果類指標的收集成本過高，則可以在績效行動計劃中用定性的措施進行描述。

(3) 績效行動計劃是業務流程的應用部分，一般是指支持當期業務流程的重點專案型工作，有週期性，也有明確的專案驗收標準。

某企業生產部經理績效行動計劃如表 2-7 所示。

表2-7 某企業生產部經理績效行動計劃

工作目標	權重
產品產量達到＿＿＿＿	30%
產品品質合格率達到＿＿＿＿	20%
百萬元產值生產成本控制到＿＿＿＿萬元	10%
人均產值提升率在＿＿＿＿％以上	10%
小計	70%
行動計劃	**權重**
1、制訂科學的生產計畫並引進先進生產設備	10%
2、引入目標成本管理	10%
3、品管員工技能培訓不少於5場，5小時／人	5%
4、生產員工技能培訓不少於3場，4小時／人	5%
小計	30%

我們應該要求主管協助員工就績效計劃制訂詳細周密的行動計劃。同時，主管在以後的績效輔導與事實過程中，還應該及時監督並把握員工行動計劃的實施情況。

2.6 績效計劃的溝通

2.6.1 績效計劃的溝通因素

首先，制定績效計劃是一個雙向溝通的過程，如果是管理者單方面地布置任務，員工被動地接受，即使完成了這個績效計劃也無法發揮出員工的主觀能動性。如果我們把更多的重心放到績效計劃的制訂溝通中，協助員工和主管就績效目標達成深度的共識，這將是一個成功的開始。在這個溝通過程中，主管和員工需要傳遞的一些關鍵資訊，如圖 2-3 所示。

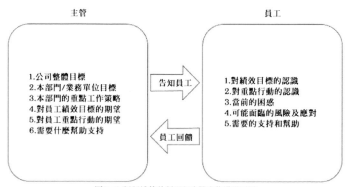

圖2-3 制訂績效計劃過程中雙方的溝通要點

其次，在最終確定員工的績效計劃之前，應該和員工的上下游、統計數據提供方、合作人員溝通，以便能夠更清晰地明確他們的期望，並尋求他們的承諾和支持，綜合考慮這些相關利益方的訴求，形成一個比較全面周到的績效計劃。在確定績效計劃之後，管理者與員工都要在績效計劃書上簽字，績效計劃可以一式兩份，管理者和員工人手一份，也可以在人力資源部備案一份。

2.6.2 績效計劃的發布

對於雙方達成的績效計劃的制訂要合理，如果績效計劃不具有挑戰性，就無法激發員工的潛力；如果遠超出員工能力，那麼也會讓員工因無力實現而產生挫敗感。綜上所述，表2-8是某企業目標責任制員工績效計劃PBC（模板），供讀者參考。

表2-8 某企業目標責任制員工績效計劃PBC(模組)

姓名		員工編號		部門		職位		考核週期	_ 年 _ 月 － _ 年 _ 月
工作目標設定									

	序號	考核指標名稱	計算方法	考核標準			權重	考核資訊來源
				基準(60)	達標(80)	挑戰(120)		
工作目標部分	1						20%	……部門
	2						10%	……部門
	3						10%	
	4						10%	
	5						10%	

（續表）

工作目標 部分	6				10%	
	7					
	8					
	「工作目標」權重之和				70%	
重點行動計劃 部分		重點行動計劃		考核 標準	權重	
	1				5%	
	2				5%	
	3				5%	
	4				5%	
	5				5%	
	6				5%	
	「重點行動」權重之和				30%	
	總權重				100%	
	目標設定確認簽字欄					
被考核者簽字：　　　日期：　　　評價者簽字：　　　日期：						

　　在制訂完績效計劃之後，很多企業、企業往往就將計劃束之高閣，而沒有進行縱向和橫向傳遞，這也是很多績效管理失效的原因。為此，我們建議對公司中高層管理者的績效計劃應該在公司層面發布，對於員工的績效計劃可以在本團隊內部發布。中高層管理者的績效計劃發布能更好地實現上下對齊，一個優秀的管理者可以利用其上下對齊的過程，向團隊傳遞進取精神，激發成員們的士氣和使命感。中高層管理者和員工的績效計劃溝通和發布方式，如表 2-9 所示。

表 2-9　績效計劃溝通和發布方式

適用對象	發布方式	特點	不足
中高層管理者	年度/半年度 大會	以動員為主，參會人員眾多，資訊發布的效率比較高，發布者個人的影響力可以充分地展示，各級管理者公開承諾，對團隊士氣和凝聚力有積極的提升	由於人員眾多，雙向溝通不是很充分
	正式文件發布	以公示為主，具有正式、有權威性的特點，方便員工查閱，對管理者有兌現的壓力	資訊安全風險高，缺乏解讀和雙向溝通，對於績效計劃理解的一致性有風險

（續表）

適用對象	發布方式	特點	不足
中高層管理者	座談、討論會	以溝通為主，可以進行充分的互動交流，對績效計劃的理解可以更好地達成共識，並在會後透過會議記錄進行傳遞	人數有限，效率較低，不夠正式
中基層員工	部門例會	各員工可以就各自計劃進行交流，公開承諾，向員工傳遞壓力，也利於各團隊內部的協同	團隊需要有良好的合作氛圍
	內部郵件	操作便捷，覆蓋面廣，快速通達	保密性差，關鍵資訊需要過濾
	宣傳海報	形象生動，基層員工易於接受，對管理者承諾的壓力	資訊展示有限，資訊受眾有限

　　當然，由於績效計劃內容較多，為了更加直觀，可以對資訊進行加工整合，對保密資訊進行處理，在一定範圍內公開，也能鼓勵承諾者之間展開競賽。如某公司 ×× 部門專家當期績效目標在公告欄上的公示，如表 2-10 所示。

表2-10績效目標公示（示例）

績效週期：2014年1月1日—2014年6月30日

公示部門：技術開發部

趙XX	錢XX	孫XX
職位職責： ● 關注重點專案開發，對重點專案成功負責 ● 負責技術規劃和技術方向的招聘	職位職責： ● X系列產品交付保障，專案按時准入 ● 對於關鍵市場的技術風險評估 ● 整機接地方案評估 ● 無線性能指標提升	職位職責： ● 電池產業新技術分析及技術路標規劃 ● 技術團隊組建 ● 新技術和產品管理
期望績效目標： ● 天線性能達到業界先進水準 ● 產品順利通過准入測試，性能指標不低於競品 ● 至少一項技術方案在產品中應用	期望績效目標： ● XX產品無線性能指標優於業界競品，進度無延遲 ● 項目准入週期降低 ● 維修問題降低	期望績效目標： ● 領先競爭對手推出高能量密度、奈米陶瓷塗層技術產品 ● 電源功率密度達到XX

小視窗：資訊傳遞了並不一定是資訊一致了

　　在績效計劃溝通時，一定要注意雙方對目標理解的一致性，聽到了不一定是聽懂了，聽懂了你說的不一定是理解了你想的，所以績效計劃一定要有雙向確認的過程。要讓員工有主動性，就從訂立一個高水準的績效計劃開始吧！更何況這個績效計劃還能在處理勞動糾紛中發揮價值。

第 3 章　績效過程管理

在制訂了績效計劃、確定了指標之後，員工就開始按照計劃開展工作。績效管理不僅僅要關注結果，更要關注績效形成的過程。在績效的形成過程中，人力資源部門應該要求管理者對被考核者的工作進行指導和監督，及時發現問題，並隨時根據實際情況對績效計劃進行調整。某些產業由於受外部競爭環境及內部變革等因素影響較大，即使按照季度設立的績效目標都需要及時地審視或調整。

3.1 績效過程的日常管理

績效過程日常管理的主要工作內容包括：收集員工工作完成情況的資訊，了解員工工作中遇到的困難和障礙，提供員工所需要的培訓和支持等。這一階段，員工的直屬主管造成主要的企業責任，績效經理則需要檢查績效進度。

3.1.1 績效過程檢查

所有的檢查都來自主管得到的有效資訊，這些資訊都應該與員工的績效相關。管理者掌握的有關員工的績效過程資訊，一般來自報告、觀察、周邊回饋、工作記錄等。

1. 報告

透過報告了解資訊是多數企業進行日常績效管理的常用辦法，主管多以例會、月報、週報、日報及事件驅動報告等方式對員工的日常工作進行管理，以實現員工及時自檢，主管及時回饋。需要注意的是，單純報告的模式下更多依靠員工的自我檢視，員工在自我保護等意識下，容易報喜不報憂，管理者在沒有掌握充分資訊的情況下，很難作出全面的判斷，這就需要從其他資訊來源來獲得補充資訊。

2. 觀察

觀察法是指主管人員直接觀察員工在工作中的表現，並對員工的表現進行記錄的方法。我們要求管理者更常離開辦公桌，走出辦公室，經常與員工接觸，觀

察他們的表現，給予員工適時的支持和幫助，為他們提供必備的資源，幫助員工更加高效地工作。當員工表現好的時候，給予鼓勵，激勵他們更加努力地工作；當員工表現不好時，經理也應及時指出，使他們在第一時間發現自己的錯誤並改正，重新回到績效目標的軌道上。為了讓主管了解一線工作，我曾對各級主管提出「五到」的要求 —— 手到、眼到、耳到、身到、心到。

3. 周邊回饋

主管在日常工作中應多了解周邊相關部門的回饋，發現周邊的抱怨和投訴並及時處理，幫助員工把問題快速解決。對於周邊的表揚，也及時吸納並對員工進行肯定。

4. 工作記錄

主管應透過工作記錄的方式將員工的關鍵工作表現和結果記錄下來，形成績效檔案。建立績效檔案可以幫助員工回顧績效過程，幫助其提供有用的建議，提高員工的績效能力；可以幫助管理者更加高效地做好管理工作，熟悉自己的每個部屬的表現，以便更加有針對性地對他們進行指導；可以為以後要做的績效考核工作提供原始依據，使考核更加公平和公正。人力資源部為主管提供員工的工作記錄表，如表 3-1 所示。

表3-1 員工工作記錄表(通用)

部門：　　　　　　　　　　　　　　　　　　　　　　員工：

正向事件			
關鍵工作成果		記錄時間	
關鍵工作態度		記錄時間	
關鍵工作能力		記錄時間	
負向事件			
工作成果不足		記錄時間	
工作態度不足		記錄時間	
工作能力不足		記錄時間	

小視窗：工作記錄表是績效回顧時的好幫手

　　對於管理經驗不是很豐富的主管，日常的工作記錄表是非常好的記錄員工績效表現的工具，可以避免考核時的時近效應，在績效溝通的時候也是非常好的證據提示。但我們更建議在日常過程一旦發現問題，應該及時幫助員工解決，儘量避免秋後算總帳。

3.1.2 績效計劃進展展示

　　對於將員工績效計劃的階段性進展進行展示，能夠讓團隊成員有更強的目標感與緊張度，透過比賽的方式，鼓勵員工力爭上游。此處，我們提供了員工的工作業績表現追蹤表，如表 3-2 所示。

表3-2 員工績效表現追蹤表(工資發放)(示例)

工作內容	考核指標	考核標準	實際表現
薪資發放	發放的及時性	在規定的薪資發放當日發放	在規定的薪資發放當日發放
	發放的準確性	出錯率小於4%	出錯率為2%
	薪資表保管的嚴格性	薪資表完備率99%	薪資表完備率95%
	員工滿意度	90%的員工對薪資發放工作表示滿意	96%的員工對薪資發放工作表示滿意

　　此外，員工績效計劃進展的展示可以給部門管理團隊提供一個直觀了解員工績效動態的載體，此處提供一個視覺化的月度績效計劃進展展示方式，如表3-3所示。

表3-3 員工績效計劃進展展示

姓名	績效狀態	績效計劃完成率
×××	●	20%
×××		

備注：

　　(1) 績效狀態是對員工績效計劃進展的定性描述，可以用●、○、△來表示，●表示進展順利，△表示需要觀察，○表示要引起警示（也可以用紅燈、黃燈、綠燈來展示）。

　　(2) 績效計劃完成率是對員工績效計劃進展的定量描述，以根據時間進展應完成的計劃為分母，以實際完成的進展為分子進行測算。

　　績效計劃進展如需要公示，要注意員工對此的回饋意見，如果成員壓力很

大，有較強牴觸情緒，或者有關績效標準的分歧較大，建議不要盲目推進。

3.2 績效溝通與輔導

在整個績效期間，都需要管理者不斷地對員工進行指導和回饋，即進行持續的績效溝通。有些主管在員工制定完目標之後就不聞不問，考核時又嚴格依照制定的目標來對員工進行考核。我們要求主管，在員工遇到困難時要給予及時的輔導和支持，以協助員工完成績效目標，要防止主管以「授權」為藉口，對員工進行「放羊式」管理。

3.2.1 績效溝通與輔導的內容

績效溝通與輔導的內容包括對工作目標的重新審視、明確下一步的重點等，GROW（Goal-Reality-Option-Will）模型是企業中績效溝通與輔導通常採用的重要手段。員工經過一段時間的行動後，目標可能有所偏離、可能碰到各種困難和問題，也許需要求助，我們希望管理者能夠透過這樣的模式，不斷地與員工建立持續溝通的橋梁，持續激發員工潛能。績效溝通與輔導的 GROW 模型，具體如圖 3-1 所示。

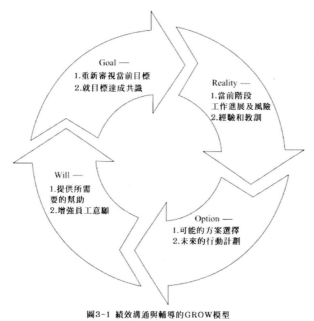

圖3-1 績效溝通與輔導的GROW模型

小視窗：如何讓 GROW 模型不成為「割肉」模型

　　告訴員工績效差距和不足，往往並不是件令人特別愉快的事，最關鍵的是要讓自己站在員工的情境考慮目標及面臨的困難，設身處地的去引導員工思考如何達成目標，無論是透過批評還是表揚的手段，最後目標一定要落在強化員工意願上，幫助其產生積極的改善績效的行為，而不是一味地供主管情緒發泄，避免「GROW」模型成為「割肉」模型。

3.2.2 績效溝通與輔導的方式

　　我們把溝通的方式分為正式溝通和非正式溝通兩種。一個很有意思的調查發現，主管往往自認為在績效形成週期中對員工進行了績效輔導，但員工對此卻不以為然。也許一次偶然的談話、一個會議上的對話、一次員工求助的解決，主管都認為這是其日常輔導的行為。然而，我們發現，員工更期待相對正式的績效輔導，是週期性且有所準備的。因此，我們建議，這種績效輔導能夠以更加正式的方式進行，並且至少一個季度一次，對新磨合的管理關係，則建議先一個月一次。

　　根據受眾需求及溝通內容的不同，管理者可以採用不同的溝通方式，詳見表 3-4。一般而言，面向個體的績效溝通，我們原則上建議主管採取面談溝通的方式，但如果有必要進行橫向交流，也可以先採取會議溝通的方式進行鋪墊。但無論如何，在整個績效形成週期中，無論如何強調溝通的效率，一對一的正式績效溝通都是必須的。非正式溝通的好處是：形式多樣、靈活，不需要刻意準備；溝通及時，當問題發生後，馬上就可以進行簡短的交談，從而使問題很快得到解決；容易拉近主管與員工之間的距離。如果我們能在績效週期中對員工的感知做個簡單的調查，這對主管採取合適的溝通方式將是一個很好的促進。

表3-4 績效溝通的方式

溝通類別	溝通形式	溝通內容
正式的溝通方式	書面報告	員工透過文字、圖表等形式向上級主管報告工作進展情況，常見的形式有週報、月報、季報、年報等
	會議溝通	會議溝通適用於團隊交流的形式，參加會議的人員能夠彼此瞭解相互間的工作進展情況，上級主管也能傳達企業策略目標等相關資訊
	面談溝通	以面談的方式進行溝通，可以使主管和員工進行更深入的探討，員工也有受到重視的感覺，有利於建立融洽的管理關係
非正式的溝通方式	走動式管理	主管人員在員工工作期間不定時到員工座位附近走動，並與其進行交流或現場解決員工的問題
	開放式辦公	主管人員的辦公室隨時對外開放，在沒有特殊情況下，員工可以隨時與其溝通
	非正式會議	舉辦茶會、聯歡會等，管理者和員工在輕鬆的氛圍中進行溝通
	即時線上	主管可以透過線上的方式隨時和員工保持即時交流，瞭解工作進展和工作中出現的問題

　　一次正式的績效溝通後，可以對溝通過程中的相關資訊進行記錄，以文字的形式記錄雙方達成的共識，以備後續考核時查閱。一般情況下，建議由員工進行記錄，由主管確認，以確保員工能正確理解主管的回饋。常見的績效溝通記錄表，如表 3-5 所示。

表3-5　績效溝通記錄表

溝通主管		溝通對象	
溝通時間		溝通地點	
溝通內容			
目標共識	■ 當前的目標是什麼？		
	■ 是否有重大調整？如有，請記錄調整的內容		
現狀共識	■ 上一階段工作進展情況		
	■ 工作中需要改進的地方		
	■ 後期面臨的風險和困難		
策略共識	■ 下一步工作重點		
	■ 行動計劃		
支持共識	■ 需要的幫助		

小視窗：欣賞有價值的失敗，獎勵堅持拿到結果的努力

結果固然重要，但過程中的努力和嘗試也非常值得鼓勵，真正的創新和進步需要主管給予員工更大的寬容的空間。

第 4 章　績效考核實施

　　無論績效目標如何、過程如何管理，最後都離不開公司對員工的一個表態，這就是績效考核。績效考核是針對企業中每個員工所承擔的工作，應用各種科學的方法，對員工的工作行為、工作效果或者對企業的價值進行評價。

4.1 為推進績效考核「鬆土」

　　無論過程你如何表揚鼓勵，當員工得不到一個期望的評定，再完美的說辭，此時也顯得蒼白無力了。因此，績效考核是績效管理中非常重要的一個環節，也是一個容易激化矛盾的時刻。有些主管為了避免這種衝突，或是堅持你好我好的平均主義，或是乾脆拒絕正面地給予評價，對於這種缺乏評價勇氣的主管，我想說他其實是不合格的，他的這些做法對團隊來講有百害無一利，長此以往，無論是團隊還是個人都會深受其害。不進行考核區分的不良影響，如表 4-1 所示。

表4-1 不進行考核區分的不良影響

影響方面	不良影響
團隊	一個不敢評價員工的企業，看似一團和氣，其實喪失了其自身的戰鬥力，員工不知道什麼是對的，什麼是錯，會使員工變得迷惑
員工	優秀人員不能被重用並得到激勵，真正的高績效者也失去了繼續努力的動力，員工也由於缺乏考核的壓力而不能得到成長和激發。其實，真正優秀的人希望被考核，人才走不走的，不進行考核區分只會逼走那些優秀的人，反而留下了一些明哲保身求來進取的「好好先生」
考核流程	考核前期的過程溝通非常重要，除了輔導和幫助員工之外，這同時也是一個期望管理的過程。我們要清楚認識到，既然衝突不可避免，衝突越早出現對組織的影響則越小。如果把矛盾留到價值分配階段，員工不知道因何被獎勵，因何受處罰，為何得到晉升，為何又被降級，由於沒有管理好員工的期望，積累的矛盾在後期會集中爆發
人力資源流程	缺少了有關員工績效的評定，人力資源各個模組就會因為缺少績效這個重要輸入而失去了方向，所有人力資源模組的功能的運作也成了無源之水

　　在強化主管考核意願的過程中，要注意運用一些考核的案例讓各級主管重視考核工具的使用。結合上述內容分析，發現慣常採用的案例是由於考核區分度不高，無法向高績效者分享更多紅利，產生了一系列弊端，如優秀員工感覺人人都一樣，高績效員工因為沒有及時得到認可而離職等。針對此類情況，可以把考核

做得好的主管的案例進行分享，鼓勵各級主管把這個事情做好。當然，推動考核還是需要得到公司高層的支持，建議在執行長辦公會等場合正式確認考核的模式和原則、確定考核企業和分工，這樣會比較高效。為績效考核「鬆土」，得到各級主管和員工的支持，是推行績效考核的第一步。

4.2 員工績效考核實施流程

　　在得到公司各級主管的支持後，就可以實施考核了。通常情況下，企業考核實施的總體流程及相關角色的責任，如圖 4-1 所示。

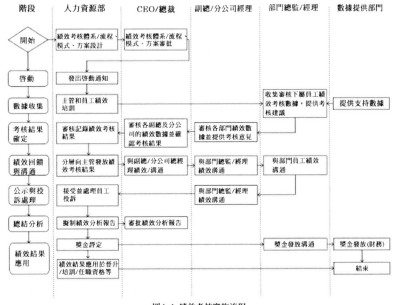

圖4-1 績效考核實施流程

績效考核的實施，可以分為如下幾個階段。

（1）開始階段：要確定整體考核體系和方案，核心是各職位的考核模式。

（2）啟動階段：發出通知，召開啟動會議，進行績效培訓。

（3）數據收集階段：收集、計算考核數據。

（4）考核結果確定階段：收集確定考核結果。

（5）績效回饋與溝通階段：分層進行績效溝通。

（6）績效投訴處理階段：解決員工對於績效結果的異議和投訴。

（7）總結分析階段：對本階段考核結果進行分析，為後續績效考核工作改進提供依據。

（8）績效結果應用階段：績效考核應用於獎金、晉升、淘汰等。

4.3 績效考核的企業與職責

為了更好地推動績效的實施，正確劃分企業者、考核者、被考核者等各方的職責在績效考核中發揮舉足輕重的作用，模糊的職責定位必然會導致績效考核中的責任推卸。

一般而言，績效考核是自上而下的涉及全體員工的管理控制活動，考核關係應與管理層級保持一致，考核主體應是員工的直屬主管，因為直屬主管是員工職位工作的設定者、工作標準和指標的制定者、工作實施的指導者，他們對下級員工的績效最有發言權。在考核執行過程中，人力資源部是活動的企業者，對考核制度、考核技術的科學性和實用性負責，同時，對各級考核執行者提供技術指導，但不直接對員工進行考核。關於各流程中的操作，見圖 4-1，從各企業和角色的職責來看，一般的做法如下所述。

1. 績效與薪酬管理委員會 /CEO/ 總裁

有些股份制的公司會設立「績效與薪酬管理委員會」來作為績效管理的最終決策機構，對於中小型公司，為提高決策效率，可以由 CEO 或總裁來進行決策。由委員會或 CEO 批准績效考核方案，對考核方案提出修改意見，確定公司年度績效目標並向各副總進行分解，進行年中績效目標的調整審批和最後績效結果的審核確認。同時，該管理層作為考核者，也需要對分管的部門經理實施考核，並對副執行長（含）以上管理者的績效申訴進行裁決。

2. 人力資源部 / 績效經理

人力資源部是績效考核日常工作的管理部門，負責設計和修訂績效考核流程、方案，啟動公司考核，企業對主管和員工的考核技術培訓，追蹤提供技術指導和政策解讀，接受員工對於績效考核的申訴和建議，對績效考核運行效果作出

第 4 章　績效考核實施

分析和評價，並推動績效結果的應用。有種觀點認為，績效考核的責任在人力資源部，這是完全錯誤的。在績效考核中，人力資源部要與各級經理分清責任，考核主體應該是各級直線主管，人力資源部提供指導並推動流程的進行。這一點在績效考核中極其重要。

3. 人力資源部績效考核專員

績效考核專員是負責績效流程推進的主要人員，主要負責績效考核中同財務部、營運部等數據支持部門的接口工作，發放相應的表格、模板，收集並提供考核所需的數據，統計彙總員工的考核成績，向溝通主管發放考核結果，啟動績效溝通，收集員工對績效考核的建議、申訴，並負責各項考核數據的歸檔。

4. 業務部門各級考核主管

自己的家自己當，培養各級主管要自己當家做主，經營好自己的團隊，也就是要求各級部門管理者要對人員管理負責。考核事項的設定涉及公司的導向，是各級一把手要親力親為的。業務部門各級考核主管在考核模式設計初期負責提出適合本部門的考核辦法建議，在建議得到批准後，負責具體考核，執行公司「績效和薪酬委員會」的考核決議，向上級部門提供員工的考核建議，對被考核者進行績效回饋面談，協助其設定工作目標、制訂發展計劃或績效改進計劃。

5. 被考核員工

績效考核是個全民工程，我們必須讓員工充分認識和理解公司的績效體系，意識到績效體系對於公司和個人的價值，這也是為什麼前期的「鬆土」顯得如此重要。被考核員工要認真參加公司企業的績效培訓，制訂績效計劃、按要求完成計劃內工作，根據考核流程的要求進行績效自評或績效總結，根據考核結果和回饋意見作出改進計劃。

6. 各數據支持部門

各數據支持部門多指財務部、營運部等公司的職能部門，也包括各業務部門的上下游周邊部門，他們需要在考核啟動時，依據考核需要，及時、準確地提供相應的參考數據。

在實際操作中，各項職責建議在績效考核開工會上予以明確，或者在執行長

辦公會上予以討論發布。這樣，既可以讓大家有參與感，發揮了各部門和主管的主觀能動性，也注意到了考核方案和執行的權威性。

某公司績效管理職責分工如表 4-2 所示。

表4-2 某公司績效管理職責分工（示例）

主體	角色	主要職責
總裁	績效管理重大事項的決策者	(1) 審批公司績效管理辦法 (2) 將董事會的績效目標分解到各業務副總 (3) 審批職能總部的績效合約或計畫 (4) 審批業務部門負責人的績效合約或計畫 (5) 對工作業績指標的目標值進行定期回顧和調整 (6) 確定部門副總經理（含）以上人員的能力要求 (7) 對部門副總經理（含）以上管理者的績效申訴進行裁決 (8) 審批公司副總經理（含）以下人員的獎金分配辦法
總經理	業務領域內績效管理的負責人	(1) 傳遞公司對部門績效的要求和期望，在充分溝通的基礎上，與所管理部門的負責人制定並簽署績效合約 (2) 對所管理部門副總經理以下人員的績效申訴進行裁決
員工的直屬上級	績效管理的具體執行者	(1) 與直屬下級制定並簽署績效合約，並進行持續的績效溝通 (2) 評估直屬下級的績效，協調和解決其在評估中出現的問題 (3) 向直屬下級提供績效回饋，並指導其改進績效 (4) 向人力資源總部回饋直屬下級對公司績效管理體系的意見 (5) 根據績效評估結果和公司人事政策作出職權範圍內的人事建議或決策
員工	績效管理的具體落實者	(1) 充分理解和認識績效管理體系 (2) 與直屬上級溝通確定績效計畫，簽署績效合約 (3) 以良好的心態與直屬上級進行績效溝通 (4) 既要肯定自己的優勢，也要積極面對績效實施過程中的不足，並努力提升自身能力，爭取更好績效
人力資源部	績效管理實施的組織機構	(1) 改進完善公司的績效管理體系 (2) 提供績效管理培訓，明確績效流程，設計並提供績效管理工具盒表格（包括各級管理者的能力評估表） (3) 組織職能總部部門工作業績考核，組織業務部門和職能總部負責人的工作業績考核工作 (4) 組織部門副總經理（含）以上管理者的能力考核工作，組織職能總部副總經理以下管理者的能力考核 (5) 為部門副總經理（含）以上管理者確定能力考核中的各類評價者 (6) 收集各種考評資訊、資料，匯總並統計績效考核結果 (7) 根據評估結果和公司的人事政策，向決策者提供人事決策依據和建議 (8) 負責員工績效投訴的受理和調查，並將調查結果提供給總裁或總經理決策
業務部門	部門內績效實施的組織機構	(1) 依據人力資源總部的績效考核工作安排和計畫要求，組織實施本部門內設部門和員工的工作業績考核 (2) 及時收集各種考評資訊、資料，匯總並統計績效考核結果 (3) 向人力資源總部提供本部門內設部門和員工的績效考核結果
財務部	考核資料的提供機構	(1) 負責績效目標設定的相關資訊、資料的分析和提供 (2) 負責提供相關績效指標實際完成情況的資料

小視窗：把所有的「猴子」背在自己身上的 HR，會剝奪員工的成長機會

　　HR 應更多地作為績效管理的企業者和賦能者，有些 HR 骨子裡也有「讓業務主管忙吧，考核的工作我直接負責到底」的思想，事實上，把所有的「猴子」背在自己身上不利於員工的成長，而績效考核的評議更是體現了公司的價值導向，是將所有的衝突和矛盾集中到一起的、有利於團隊成長的機會。

4.4 選擇合適的考核模式

　　在主管認同了績效考核的意義之後，就要選擇合適的績效考核模式了。這方面的流派之多讓人眼花撩亂，選擇合適的績效考核模式非常重要。不同的考核內容、不同的考核對象所採用的考核方法是不同的，為了對員工進行一個合理的評價，我們應該選擇合適的考核方法。目前比較常見的有目標管理考核法、360 度考核法、關鍵績效指標（KPI）考核法、平衡計分卡（BSC）考核法、基於素養的考核法、經濟附加價值（EVA）考核法等（其中，經濟附加價值考核法主要用於考核企業整體績效，作為績效經理基本不涉及，在此不作介紹）。以這些考核模式結合不同職位的績效考核週期，就可以實施考核了。

4.4.1 常用考核模式介紹

1. 目標管理考核法

　　目標管理考核法是那些偏重結果導向，且自認為員工素養較高的公司最常採用的考核模式，它主要是透過主管和下屬共同參與制定雙方一致的目標，從而使目標得到確定和滿足。目標管理的實質是，以目標來激勵員工的自我管理意識，激發員工自主行動的自覺性。

2. 360 度考核法

　　顧名思義，360 度考核法是由被考績者的上級、同事、下級和客戶（內外部客戶）以及考績者本人擔任考績者，從多個角度對考績者進行評價。

3. 關鍵績效指標（Key Performance Indicator，KPI）考核法

關鍵績效指標來源於關鍵成功因素，即尋找到那些能夠決定企業策略目標成敗的關鍵指標，對這些指標進行考核，這些指標是策略執行效果的監測指針。

4. 平衡計分卡（Balance Score Card，BSC）考核法

平衡計分卡（BSC）的歷史最短，它是從企業策略目標出發，從財務、客戶、內部流程及學習與發展的四個維度來設計有助於達成企業策略目標的績效指標。相對於以前偏重於財務指標的做法，平衡計分卡的指標更加均衡，兼顧了定性和定量評價、客觀和主觀評價、短期成長和可持續發展的「平衡」。與其他考核模式相比，平衡計分卡可以作為企業經營從策略到執行的實施工具，能夠把幾種考核模式串聯起來，這也是近幾年該模式被推崇的原因。

5. 基於素養的考核法

績效產出最終還是由人的因素決定的，素養是驅動一個人產生優秀工作績效的各種個性特徵的集合，它反映了個人的知識、技能、個性和內驅力等。素養考核法認為，素養是區分績效出眾者和績效平庸者的根本因素，素養影響了員工的行為，行為又影響了績效產出，如果不關注素養培養，員工績效就不會有大的改善。因此，構建公司的素養模型，並以素養為基礎進行績效評估是比較常用的一種定性化的評估方式。

4.4.2 不同人群的考核模式

對於不同的考核模式，我們可以根據具體需要進行選擇和組合。對於每個考核模式的實際操作，將在後續篇章進行描述。表 4-3 列舉了根據不同人群特性推薦的考核模式。

表4-3　不同人群的推薦考核模式

人員類別	推薦考核模式	主要考核內容
通用	素養考核	職位相關的基礎素質
高層領導	目標管理考核	年度經營任務完成情況
中層管理者	平衡計分卡考核	本部門業務指標及團隊管理任務
銷售人員	目標管理考核	銷售任務，包括銷售額、銷售利潤等
研發人員	關鍵績效指標考核	研發的品質、成本、進度等
職能人員	目標管理考核/關鍵績效指標考核	當期重點任務、日常工作KPI
生產操作	關鍵績效指標考核	根據職位職責設計達標標準，完不成的「倒扣分」

小視窗：考核導向要清晰，考核模式要靈活

考核方式不是固定不變的，不能為了考核而考核，考核模式的選擇必須針對不同類型人員，並儘可能一致。尤其要注意，特殊職位考核的規範不能統一。

4.4.3 績效考核的週期

績效考核週期也叫績效考核期限，是指多長時間對員工進行一次績效考核。由於績效考核需要耗費一定的人力、物力，考核週期過短，會增加企業管理成本的開支；考核週期過長，又會降低績效考核的準確性，不利於員工工作績效的改進，從而影響績效管理的效果。

不同職位的工作內容是不同的，績效考核的週期也應當不同。

(1) 對管理類職位的績效考核，其實就是對整個公司、部門和團隊的業績完成和管理狀況進行評估的過程。由於這些管理人員要對公司策略的實施負主要責任，在短期內難以取得成果，高層主管的考核週期可以是一年，中層管理者可以是半年。

(2) 對銷售人員的績效考核，考核的指標集中在銷售額、利潤率、客戶滿意度等，這些指標的收集一般以自然月為週期進行，所以對銷售人員的考核可以以月度加年度為主，而對於超額獎的部分可以即時兌現，這樣的及時獎勵有利於提升他們的積極性。當然，不同產業的銷售成單的時間不同，一般而言，B2B的商業模式銷售週期長，考核的週期也可以相應延長。

(3) 對研發人員的績效考核，可以按照專案型或固定週期進行考核。如果是大型專案制的業務模式，而且專案週期比較長，可以按照時間節點和交付成果標

準進行考核，某一階段的考核週期不一定能按照自然月或季設定，只有等出了符合標準的成果才能算一個考核週期。針對此類情況，要注意的是，除了每個節點的考核外，對於整個專案的完成也是有週期限制的，在整個專案結束後，也要進行綜合考核。如果專案規模不大，員工同時兼顧多個專案，專案週期又在半年之內，也可以綜合多專案的計劃完成情況，對員工進行週期性的考核，考核週期建議設定為季度或半年度。

（4）對職能類員工的考核，雖然工作有制度依據，但工作結果量化成本較高，考核的重點在於對完成工作過程中行為的考核，要隨時監控，及時記錄，一般宜採用月度或季度的考核方式。

（5）對生產操作類員工而言，產品生產週期一般都比較短，一個批次的產品也許只要幾天，最長一週，就可以完成，此種情況下，考核的關鍵點在於品質、成本和交貨期等，考核週期適宜縮短到週或月度，這樣有利於及時獎勵。而對於生產週期較長的產品，也可以透過延長考核週期，按照生產批次進行考核。

當然，是否一定要對不同職位設置不同的考核週期，我們可以根據公司的實際情況進行選擇。如公司授權各部門靈活處理，則分職位考核是一種更貼近業務實際的方法，但不同考核週期會帶來更多的管理成本，相關部門要頻頻進行核算並進行物質激勵。如公司主張整齊劃一，則可以統一考核週期，也方便考核結果統一應用於獎金、晉升等。

對於規模較小的公司，公司層級不多，高層也能了解基層員工情況，我們建議採取統一的考核週期的模式，對於規模較大的公司，則可以按不同序列採取不同的考核週期，當然，還需要有對應的管理支撐體系予以支持。

4.5 績效考核啟動

得到各級主管的支持，確定了績效考核模式和考核週期，就可以啟動對員工的績效考核了。常見的績效考核啟動方式是文件或郵件通知，或者企業一次正式的開會，同時在員工、主管層面進行培訓和宣傳。為了取得更好的效果，我們建議這幾種方式結合起來使用。

第 4 章　績效考核實施

4.5.1 績效考核啟動通知

員工績效考核啟動通知建議明確說明以下幾點。

(1) 績效考核的意義、本次績效考核的原則或指導思想；

(2) 績效考核的企業保障和責任分工；

(3) 績效考核實施流程和節點的時間；

(4) 績效考核的對象和考核模式；

(5) 員工考核結果的分布要求；

(6) 考核申訴管道；

(7) 績效考核結果的應用（可選）。

以下提供某公司績效考核啟動通知作為參考。

×× 公司 2020 年度績效考核工作的通知（示例）

為了公正、客觀地評價公司員工的年度工作業績，總結工作中的成績和不足，達成績效持續改進的目的，結合各事業部（部門）年終考核進度，公司對 2020 年度員工績效考核工作統一安排如下。

1. 考核時間

2020 年 12 月 16 日—2021 年 1 月 13 日

2. 考核對象

本次考核的對象為：2020 年 11 月 30 日前在職的公司各事業部（部門）員工。

以下員工不參與考核：①副總裁、執行長；②考核期間休假、停職超過兩個月者；③試用期員工。

3. 考核內容

已明確建立各職位考核內容的部門，可在現有考核專案的基礎上按照目標管理的考核模式開展 2020 年度考核工作。還未明確各職位考核內容的部門，可以根據員工本年度工作中確認的各項工作任務，建議按照「經營指標 / 工作指標和管理指標」兩個維度進行分解，確認個人年度考核內容。

4. 評價流程

本次考核採取「打分與等級評定」相結合的方式，考核步驟（建議）如

下所述。

（1）員工自評打分。

（2）由直屬上級收集相應考核數據，進行打分並確定評價考核等級。

（3）部門總監／跨級主管審核與調整考核等級。

（4）事業部執行長、主管副總對員工考核等級進行最終的調整和確認，員工最終考核等級以事業部執行長調整和確認後的等級為準。

5. 考核等級評定方法

（1）根據考核得分，將考績等級分為優秀 A、良好 B、合格 C、需改進 D4 個等級。原則上按照 A：B：C：D=20%：50%：20%：10% 的比例進行強制分配。

（2）上級主管可以根據各部門績效情況，適當調整下級部門人員的等級分布比例：績效較佳的部門可以適當增加 A、B 等級人員的比例；績效欠佳的部門可以適當減少 A、B 等級人員的比例。

（3）事業部執行長和主管副總最終調整、確認後的部門人員考核等級的分布，原則上應該符合 A：B：C：D=20%：50%：20%：10% 的比例。

2014 年 1 月 13 日前，各事業部（部門）將考核結果（含考核分數和考核等級）遞交到人力資源部進行審核歸檔。

6. 考核結果回饋

各考績人員要嚴格考核標準，實事求是地進行考核評分，客觀公正地回饋被考核者的成績和存在的不足，為員工的績效提升提供指導建議；考核結束後，請各事業部企業員工的績效回饋面談工作，一起總結工作中的成果和不足，達成工作改善和發展提升的約定與共識。績效考核結果的回饋需在 2021 年 1 月 20 日前完成。

7. 意見與申訴

年終考核結束後，參與考核的人員可將對本次考核的建議或意見回饋至人力資源部，供公司不斷完善和改良效管理體系。

××股份有限公司

　　××××年××月××日

小視窗：讓部門按期提交績效考核結果的招數

　　部門拖延考核結果提交是個讓人頭疼的難題，可以採取幾個辦法，如請高級主管發個話，公布各部門進展等。此外，如果考核結果和調薪、獎金等應用掛鉤，可以表態，哪個部門先審核完考核結果，哪個部門先漲薪水或獎金，這類方法用過一次，大家按時提交考核結果的積極性就上來了。

4.5.2 績效考核啟動會議

　　發放郵件或者文件進行通知是單向的溝通，無法得到各級參與主管的直接回饋，畢竟他們才是行使績效建議權的主要人員。尤其是對於一次新的績效考核模式的引入，作為一個管理變革的專案，企業一次啟動會議（Kick-off Meeting）是非常有必要的。

　　績效考核的啟動會議，建議以下人員參加。

　　（1）會議企業者 —— 人力資源部；

　　（2）會議主持人 —— 績效經理或人力資源總監；

　　（3）會議參加人 —— 有績效結果建議權的各級主管（有考核權）、跨部門委員會代表（有相關考核權或否決權）、提供績效參考數據的各支撐部門主管（提供數據支持）、主管人力資源工作的公司高層主管（專案贊助人）、工會代表（員工代表）、績效專員（收集各部門考核結果）；

　　（4）會議記錄人 —— 績效專員。

　　績效考核啟動會議議程，如表 4-4 所示。

表4-4 績效考核啟動會議議程

序號	議程	主講人	主要目的
1	開場	績效經理/人力資源總監	介紹本次會議的意義和目的，並介紹相關與會人員
2	主管談話	主管人力資源工作的高層主管	介紹對本次績效考核期望，明確導向，提升各級主管的重視程度
3	本次績效考核方案介紹	績效經理	回顧上期績效考核問題及本次方案的變化點，就考核方案達成共識
4	本次績效考核關鍵流程節點和交付件	績效經理	明確各組織和角色在本次考核中的責任，使相關人員明確各項工作的時間節點和交付件要求
5	溝通討論	相關與會人	討論答疑
6	會議總結	高層主管/人力資源總監	確認遺留問題，啟動績效考核

4.5.3 管理者績效培訓

在績效考核啟動過程中，對管理者進行績效培訓、使其具有績效管理的相關能力是非常關鍵的一環，畢竟他們是面向員工進行績效評價的「最後一公里」，公司的導向透過績效管理系統，需要他們進行最後的傳遞。如果考核者不能正確地理解考核專案，準確地把握考核標準，那麼再好的考核制度或量表，也是形同虛設。這就如電腦的軟體和硬體，硬體規格再高，沒有相應的軟體，也是廢鐵一堆，中看不中用。

1. 管理者績效培訓內容

要想提高管理者的績效管理水準，需要對他們進行相關的培訓。一般而言，管理者的績效培訓內容包括以下幾個方面，如表 4-5 所示。

表4-5 管理者績效培訓課程內容

序號	課程方向	課程目標	參考內容
1	公司人力資源制度與績效管理	對公司的整個人力資源制度架構和內容進行說明，使管理者認識到人力資源管理系統事企業經營策略的一個重要組成部分，並且理解考核在人力資源系統中的基礎作用	(1)人力資源管理體系 (2)人力資源價值鏈 (3)績效管理的功能及在人力資源體系中的作用 (4)管理者在績效管理中的責任
2	績效評估	了解績效目標設置及確定衡量標準的方法，掌握合適的評估模式和工具，明確績效評估的盲點	(1)績效評估模式 (2)績效目標設置 (3)績效衡量標準 (4)績效評估工具 (5)績效比例控制 (6)績效評估的盲點

（續表）

序號	課程方向	課程目標	參考內容
3	關鍵績效指標	了解關鍵績效指標的定義及重要性，掌握績效指標的設計原則、權重設計，能有針對性地設計下屬的績效指標	(1)關鍵績效指標定義 (2)關鍵績效指標設計原則 (3)關鍵績效指標設計演練 (4)權重設置方法
4	績效溝通與輔導	使考核者掌握績效溝通與輔導的方法和技巧，激發員工潛能，達成績效目標	(1)績效溝通概述 (2)績效輔導定義 (3)績效輔導方法 (4)績效輔導案例及演練
5	績效回饋	使考核者提高績效回饋的技巧，達成預期的回饋效果	(1)績效回饋準備 (2)績效回饋方式 (3)績效面談方法 (4)績效面談中的非語言交流 (5)績效面談的肯點
6	低績效員工處理	掌握績效改進的方法，學會如何與低績效員工妥善地溝通，掌握相關法律法規以應對於低績效員工的處理	(1)績效改進溝通 (2)績效改進計劃擬制 (3)低績效員工處理方法 (4)如何避免低績效員工處理中的法律責任

2. 管理者績效培訓注意事項

(1) **人數**。由於涉及研討，也要考慮培訓的規模效應，人數不宜過多，也不宜過少，一般 20 ～ 35 人為宜。

(2) **時間**。可以化整為零，但需要在較短的時間內完成培訓，或者集中在 1 ～ 2 天內完成系列培訓。

(3) **講師來源**。建議由資深人力資源經理或者富有實戰經驗的管理者組成，課前統一備課，保證授課內容的一致性。如果有高層主管的強力支持，則建議讓最不重視績效管理的主管來講，如果他能講好課，那麼他的思考問題自然就解決了。

(4) **培訓方式**。對於管理者的培訓，建議不要採取簡單講授的方式，應結合案例研討、場景演練等方式進行，這樣能更有利於學員掌握相應的技能。如果條件允許，可以企業相應的考試，以提高學員學習的積極性。

4.5.4 員工績效培訓

管理者掌握了績效管理的方法後，同樣需要對員工進行必要的績效培訓，以

消除其誤解和認識上的偏差，同時使其掌握必要的操作技能。員工對任何形式的評估都是比較敏感的，有些員工害怕受到不公正的評估；有些員工平時對主管缺乏信任，考核時容易產生牴觸情緒。因此，需要使員工對績效管理也有全面的理解，讓他們感受到績效管理對其個人發展、能力提升、向上管理的價值，以使他們能夠主動積極地配合實施績效管理。員工績效培訓課程內容，如表 4-6 所示。

表4-6 員工績效培訓課程內容

序號	課程方向	課程目標	參考內容
1	績效管理介紹	對績效管理及其在人力資源系統中的作用進行說明，使員工了解績效管理的目的和過程，消除員工因不了解績效管理而產生的緊張或焦慮	(1)什麼是績效管理 (2)績效管理基礎流程 (3)本次操作節點
2	績效計劃	使員工理解績效計劃的含義，掌握績效計劃擬制的方法	(1)績效目標及衡量標準 (2)關鍵績效指標擬制 (3)重點工作擬制
3	績效量表	理解績效考核量表的設計思想，掌握績效量表的填寫方法	(1)績效量表設計思想 (2)績效量表設計原則 (3)績效量表設計 (4)填寫演練與點評

員工的培訓可以參考管理者的培訓模式，但應更加注重實際操作，因此其培訓內容中方法、技巧、演練等要占較大的比重。

4.6 員工績效考核數據的收集

沒有度量，就沒有管理 —— 彼得·杜拉克的名句。數據是度量的基礎，也是管理的基礎。無論選擇哪種考核模式，都需要彙總、檢查員工的相關績效數據。績效指標的定義、計算公式及數據來源等，都是績效考核中的重要一環，這個需要自上而下進行推行，建立並維護績效指標詞典。但實際操作中，由於快速變化的業務及較高的指標管理成本，很多公司很難也並無必要建立一個公司統一的指標庫（關於績效指標庫的建設，我們將在後續章節進行闡述）。但無論如何，在員工績效衡量標準的制定階段，我們必須要考慮績效數據的可獲得性。在員工績效考核啟動之初，我們要推動周邊部門提供績效考核的數據支持。

4.6.1 績效數據可獲得性檢查

在績效計劃制訂之時，就要考慮相關數據的收集計算情況，一個完美的績效

第 4 章　績效考核實施

計劃如果缺乏應用的數據支持，那也只是空中樓閣而已。我們經常看到考核週期早就結束，但績效結果遲遲無法確定，很大部分的原因就是因為績效數據無法取得。因此，對於員工的關鍵績效數據的可獲得性，是我們檢查員工績效計劃科學性的重要方面。對於績效數據可獲得性的檢查，在績效計劃制訂之初，在整個公司沒有統一的績效指標詞典的情況下，可以按照部門維度由部門進行自檢。我們在對數據進行收集時，要求有明確的標準和數據來源，要按照業務流程和制度來收集數據。績效數據可獲得性自檢表，如表 4-7 所示。

表4-7　xx部門績效數據可獲得性自檢表

序號	指標	計算公式	數據	數據提供部門	數據提供週期	數據提供部門是否確認
1	××指標		××數據	××部門	□天 □週 □月 □季 □年	□是 □否
			××數據	××部門	□天 □週 □月 □季 □年	□是 □否
2						

對於每一項確認可獲得的數據，都要有明確的數據取得的方式和流程，表 4-8 為某企業生產部門關於備料及時率指標的數據收集說明書，供參考。

表4-8　績效考核數據收集作業說明書

指標	備料及時率		數據收集部門	物流計劃部	數據收集責任人	物流計劃部經理、物控員
序號	作業內容		責任人	紀錄表單		相關流程
1	物流計劃部經理安排物控管理師每週分別對於倉儲進行一次抽查，並紀錄抽查備料批次及不及時批次		物流計劃部經理	《物料抽查紀錄表》		《倉庫管理辦法》
2	物控管理師在抽查時，須邊抽邊記錄，抽查結果紀錄在《物料抽查紀錄表》上		物控管理師	《物料抽查紀錄表》		《倉庫管理辦法》
3	對於發現異常的，物控管理師要詳細紀錄異常現象，並要求責任倉管或其主管當場簽字確認		物控管理師	《物料抽查紀錄表》		《倉庫管理辦法》
4	物流計劃經理負責每月分別進行一次匯總，交總經理批准		物流計劃部經理	《備料情況月度統計報告》		《倉庫管理辦法》

我們可以將經過自檢的指標收集彙總和審核，重點檢查各部門的統計的口徑、標準、方法以及數據來源等是否保持一致。對於矛盾的指標及數據來源，我們需要企業相關部門進行討論和修改。表 4-9 為某生產類企業的考核數據

一覽表。

表4-9 主要考核指標數據提供一覽表

考核指標	資訊提供單位	資訊提供支持單位	被考核人
損失xxx產量	調度室	生產技術部、機械動力部	
物料平衡和裝置搭配協調	調度室	無	
原料、原材料單耗	生產技術部	工藝廠房、物資部、財務部	
生產成本	財務部	各廠房、綜合管理部	生產副總經理
廠控工藝	生產技術部	相關廠房、綜合管理部	
事故數	安全環保部	生產技術部、機械動力部	
產品品質、分析檢驗、計量和品質事故	品檢中心	物資部、工藝、儀表、電氣廠房	
化驗室費用	品檢中心	無	設備副總經理
維修費用	機械動力部	綜合管理部、財務部	

4.6.2 考核實施中的數據收集

在考核啟動後，我們應該要求各部門主管向設定的數據提供責任人收集相應的數據，各主管在掌握充分有效數據的情況下，對員工進行績效考核。

對在考核週期得到的數據，應該得到相關部門及被考核者本人的確認，以保證對數據理解的一致性，以使被考核者能夠信服。在不影響資訊安全的情況下，建議一些通用性的指標和數據在部門管轄的範圍內進行公示，以保證數據的嚴肅性和考核的公平性。

除了來自數據提供部門的回饋外，管理者需要把這些數據和管理者日常透過其他管道（如工作樣本分析、錯誤報告、工作報告、周邊回饋、關鍵事件記錄等）收集到的數據進行對比，交叉驗證，以使員工的績效評價的輸入更加充分。

4.6.3 消除考核的主觀性偏差

這些數據原則上都應該在員工的績效考核表中進行呈現，我們應該向各考核主管收集每個員工的績效考核表以備核對及存檔。在實際操作中，我們會遇到有些主管怠於提交每個員工的績效考核表，只願意提供績效考核等級或分數的結果。對此，我們可以進行抽查和比對，以免各主管憑藉主觀印象進行評定。同時，實際數據計算的結果和員工考核等級之間難免會有差異，這種差異往往源自部分考核因素沒有在設計考核標準的時候被放進去或者沒有在標準中進行明示，而「現實總是要比計劃複雜」，因此，在全面評價員工最終績效的時候某些因素被「綜合」考慮了，這種「差異」是我們理解每個主管考核偏好時的非常有意思

的參考。在確定績效目標和評價標準的情況下，一個公司運行良好的績效評價體系應該儘量少地受主管個性的影響，也即無論誰是主管，高績效的標準是一致的。這就要避免評價中的幾個常見的偏差。

1. 慣性偏差

主管在對員工進行評價的時候，往往會受到過去的經驗和習慣的思維慣性的影響，在頭腦中形成對人或事物的不正確的看法。有一個研發的主管，因為曾經被一個 Sales「哄騙」而開發了多個無法實際銷售的研發版本，導致下面的員工也頗有微詞，自己工作受阻。所以，在評價銷售的時候，這個研發主管就主觀地認為整個銷售團隊都有這個「惡習」。

2. 偏見偏差

人們總是喜歡和那些與自己性格相似的人相處，在考核過程中，一些主管習慣把自己的性格、作風拿來和被考核對象對比，凡是與自己相似的人，總是不由自主地給予高的評價；相反，對於那些和自己格格不入的，則往往評價偏低。有個主管為人保守，看到有個男性下屬經常帶著一個手鏈就甚為不爽，認為戴有飾物的男性往往好逸惡勞、對工作不能盡責。這樣的偏見往往會影響對該員工的績效評價。有了這樣的偏見，對於該員工的優秀表現，主管也總是會選擇性地過濾，甚至視而不見；但對於該員工某些不足的發現則將不斷印證主管判斷的「正確性」。

3. 暈輪偏差

暈輪偏差指的是因為暈輪效應（又稱光環效應）而導致的評價偏差，因為某人在某方面的出色，則被認為樣樣優秀；因為某人曾經的某次不良記錄，則永遠被戴上了「低績效員工」的帽子。在這一效應影響下，優秀員工往往被架上神壇。但人無完人，他怎麼可能一點錯不犯。我們表彰的應該是他的某個行為，而不應把這個人給神化了，娛樂圈中很多「模範」最終被打回原形，傷了很多粉絲的心，也是這個道理。

4. 近期偏差

我自己剛做主管的時候，曾經有兩個下屬，一個工作認真盡責、任勞任怨；

另一個則有點投機，工作挑肥揀瘦的。我當時所在的公司是半年考核一次，考核前一個月，前者由於工作中的疏忽，使我呈報給主管的關鍵資料中出了問題，導致我被上級批評；而後者則碰巧完成了一個優秀的專案。在這個考績週期中，前者就因為這個所謂的關鍵事件被我打了較低的績效等級；而後者則因為在考績前期的事件被我打了優秀。這樣的一次評價讓前者的情緒低落了好一陣子，由於擔心多做多錯，這個員工的工作不如以前積極了，使我從此失去了一名工作認真盡責的好員工。這就是近期偏差的慘痛教訓。

小貼示：HR 要耳聰目明，掌握更多第一手資料

只要是人在進行評價，主觀性是不容迴避的，那麼要想切實實現不偏不倚，使考核真實、有效，又該怎麼做呢？除了要不斷地明確考核目標和標準、不斷地提高考核者自身的能力之外，更要求我們要比主管多一隻眼睛和耳朵，傾聽員工的意見，觀察周邊的回饋，創造公平、公開、公正的考核氛圍。

4.7 員工考核結果的確定

儘管績效循環、過程輔導等思維已經日漸被大家重視，但對於如何對員工的績效考核進行評價，給員工一個考核結論，依然是績效管理的重點和關鍵。只有透過績效考核的結果，員工才可以找到差距和優勢，以持續改善績效，這也體現了主管對員工、企業負責任的態度。對人力資源部門而言，經過「漫長」的考核週期，也終於可以拿這個結果去應用了。但員工的績效考核的量化結果該如何去表現呢？我們發現，考核分數和考核等級是很多公司採用的績效考核結果量化的表現形式。那麼，如何確定員工的績效考核結果呢？用分數好還是等級好？人和人比還是人和自己比，主管和員工能不能一起比，比例結果如何分布，等等，這些都是非常值得我們關注的問題。

4.7.1 絕對分數制與等級制的評價機制

一個員工的考核結果該如何描述呢？有些公司採用的是絕對分數制，如百分制或十分制，有些公司採用的是等級制，如優秀、良好等。

第 4 章 績效考核實施

1. 絕對分數制

角度不同，理解也不同。從扣分角度來理解，如以滿分為目標，我們可以把個體得分理解為與滿分的差距，即失敗一個扣多少分，滿分減去扣掉的分就是絕對得分了。反之，從得分角度來理解，得一分，則表示做到了一個，累計起來就是該員工的績效得分了。但是，分數的剛性又會影響考核結果在後續人力資源各模組中的應用，如差一分，獎金應該差多少？是不是一個晉升另一個不能晉升？這些都為後續的應用帶來不少麻煩，所以，很多公司又會把分數轉化為等級以方便後續的績效結果應用。

2. 等級制

對於等級制，可以理解為把員工的績效結果按照某個標準設定階梯的等級。績效考核等級劃分為幾等是很關鍵的，但不少企業在這方面缺乏研究，導致等級劃分不合理，這給績效考核的實施帶來了負面影響。比較常見的是，績效考核等級劃分 3 ～ 5 個等級。不同的企業文化及激勵方式，採取不同的劃分方法。劃分等級多、對績效考核要求高，可以實現比較強的激勵；劃分等級少、對績效考核要求較低，可以減少一些矛盾，但激勵的作用也會相應弱化。從實際操作來看，3 級的區分度太低，多數公司採用 4 級或 5 級的評價等級。對於等級制，為了更好地讓員工理解各等級的含義，公司需要對等級進行描述或說明。以下提供一些常見的等級制描述，如表 4-10、表 4-11、表 4-12 所示。

表4—10五級等級制等級描述（1）

績效等級	等級描述	等級定義
傑出（S）	顯著超出目標	實際績效顯著超過預期計劃/目標或職位職責/分工要求，在計劃/目標或在職位職責/分工要求所涉及的各個方面都取得特別出色的成績
優秀（A）	超出目標	實際績效超過預期計劃/目標或職位職責/分工要求，在計劃/目標或職責/分工要求所涉及的主要方面取得較突出的成績
良好（B）	達到目標	實際績效達到預期計劃/目標或職位職責/分工要求，工作表現符合期望
合格（C）	接近目標	實際績效基本達到預期計劃/目標或職位職責/分工要求，無明顯的失誤
不合格（D）	未達到目標	實際績效遠未達到預期計劃/目標或職位職責/分工要求，在很多方面存在著嚴重的不足或失誤

表4—11五級等級制等級描述（2）

績效等級	等級描述	等級定義
優秀（A）	顯著超出目標	實際績效顯著超過預期計劃/目標或職位職責/分工要求，在計劃/目標或在崗職責/分工要求所涉及的各個方面都取得特別出色的成績
良好（B）	超出目標	實際績效達到或部分超過預期計劃/目標或職位職責/分工要求，在計劃/目標或職位職責/分工要求所涉及的主要方面取得較突出的成績
合格（C）	達到目標	實際績效基本達到預期計劃/目標或職位職責/分工要求，無明顯的失誤
須改進（D）	接近目標	實際績效未達到預期計劃/目標或職位職責/分工要求，在主要方面存在需要改善的不足或失誤
不合格（E）	未達到目標	實際績效遠未達到預期計劃/目標或職位職責/分工要求，在很多方面存在著嚴重的不足或失誤

表4—12四級等級制等級描述

績效等級	等級描述	等級定義
優秀（A）	超出目標	超出工作期望 1、提前完成工作計劃 2、工作品質明顯超過要求 3、得到他人和周邊的高度評價
達標（B）	達到目標	符合工作期望 1、能夠按時完成工作計劃 2、工作品質符合要求 3、勝任本職工作 4、無周邊或部門內投訴
須改進（C）	業績待改進	基本符合工作期望 1、工作計劃完成需要督促 2、工作品質基本符合要求 3、基本可以完成本職工作 4、偶有周邊或部門內投訴
不合格（D）	未達到目標	無法達到工作期望 1、無法完成工作計劃 2、工作品質差 3、無法完成本職工作 4、有較多周邊或部門投訴

4.7.2 相對考核與絕對考核的評價機制

各級主管根據績效評估標準進行評價之後，是否就能以對照績效標準衡量後

的等級作為員工績效評價結果了呢？如果績效評價僅僅是精神激勵的話，給大家多一些也是無妨的，可績效評價的結果會應用到後續人力資源的各個環節中，績效考核結果直接關係員工日後的薪水、獎金、晉升等。因此，是否應直接把對照績效標準衡量後的等級作為最終的績效考核等級確實是一個非常有意義的話題。

1. 絕對考核

絕對考核的方法是指對每個員工的個人績效進行單獨評估，而不是對員工進行互相比較，再來評出員工的績效結果。根據分數或者測算結果直接確定等級，這是很多企業開始嘗試績效管理時所普遍採用的方式，表 4-13 為分數和等級轉換對照關係的示例。

表4-13 分數與等級轉換對照關係(示例)

分數	等級
分數≧90	優秀
80≦分數<90	良好
70≦分數<80	合格
60≦分數<70	須改進
分數<60	不合格

這種絕對考核的機制對績效考核的要求很高，只有大家都公平、公正、嚴格地對待績效考核工作，評價標準合理、有效，績效考核分數分值分布基本合理，才能對績效考核區分等級。但現實的複雜程度遠高於任何預測，由於難區分績效考核等級，往往大家都是「優秀」，最終使得績效考核流於形式。人們普遍認為，績效的分布應該符合正態分布的原則，但我在任職公司做過試點，如果不作約束，直接讓大家上報績效結果，多數情況下都是「優秀」、「良好」的比例超高，「待改進」或「不合格」的則寥寥無幾。此外，如果將此結果應用於後續獎金、晉升等環節，各主管自然會有打高分的衝動，誰都不願意成為犧牲同事利益的「包拯」。不僅僅是考績等級，當各主管面臨員工考績溝通的壓力時，也會考慮「面子」的問題。雖然絕對考核是一個相對更受主管歡迎的辦法，因為他們有了更大的自主的權力，但顯而易見，這種考核辦法也有一定的弊端。

2. 相對考核

為了避免這種在考績上的「和諧」，加強團隊你追我趕的能量，不少公司逐漸開始採用強制排序法，就是將一定範圍內的員工按照績效考核成績進行排序，

根據比例強制劃分為各個等級，這就是相對考核的方法。這種方法需要考核者將被考核者按照績效考核結果分配到一種類似於正態分布的標準中去。如，我們可以按表 4-14 所示比例原則來確定員工的工作績效分布情況。

表4-14 運用相對考核的強制比例分布(示例)

績效等級	比重
優秀	15%
良好	20%
合格	40%
須改進	20%
不合格	5%

這種方式基於這樣一個有爭議的假設，即所有部門中都有同樣優秀、一般、較差表現的員工分布。一旦選擇這種方式，就要求考核者在考核之前即決定按照什麼樣的比例將被考核者分別放到每個績效等級上去。可以想像，如果一個部門全部是優秀員工，則部門經理就難以決定應該把誰放到較低等級中了。

相對考核方法的優點是有利於管理控制，特別是在引入員工淘汰機制的公司中，他能明確篩選出淘汰對象，由於員工紛紛擔心自己落入最低績效區間，因而努力工作，可以說這種方法具有強制的激勵和鞭策功能。當然，它的缺點也是顯而易見的，如果一個部門的員工的確都十分優秀，進行強制正態分布，會帶來很多麻煩。為了避免部門間的齊頭式平頭，把企業（團隊）績效的考核結果應用於個人績效比例，不失於一種修正的辦法。比如，在表 4-14 的基礎上，根據企業 /團隊績效情況作出如表 4-15 所示修正。

表4-15 組織績效和個人績效等級的關係(示例)

組織/團隊績效等級	個人績效等級
優秀團隊	優秀比例不超過30%，不合格比例不作要求
合格團隊	優秀比例不超過15%，不合格比例不低於5%
不合格團隊	優秀比例不超過5%，不合格比例不低於10%

此外，相對考核還可以結合絕對考核的結果進行，就是先透過分數範圍對考核等級作出規定（見表 4-13），然後再透過強制排序來確定各等級人員比例（見表 4-15）。透過逐步確定員工的最終績效，我們也能緩解直接告知相對排序等級的壓力。

4.7.3 員工績效考核結果確定的方法

之前，我們對絕對分數制和等級制、絕對考核和相對考核進行了描述，那麼我們具體該如何選擇操作呢？此問題我們可以從三個角度來考慮，一是當前團隊的特點，二是企業的特點，三是職位的特點。

1. 團隊特點

如果當前企業內部一團和氣，團隊缺乏拚搏意志，齊頭式平等傾向嚴重，我們需要鼓勵競爭，刺激團隊活力，建議採用相對考核的方法，甚至引入末位淘汰機制，對於排在末位的，按規定比例強制淘汰。如果希望團隊內部有更多的合作，透過把蛋糕做大來分得更多的收益，採用絕對考核方法會更好。根據團隊特點確定的績效考核方法如表 4-16 所示。

表4-16　根據團隊特點與績效考核結果確定的方法(示例)

團隊問題	績效考核參考方式	目的
組織內部一團和氣，團隊缺乏拚搏意志，齊頭式平等傾向嚴重	相對考核	鼓勵競爭，刺激團隊活力
團隊內耗嚴重，合作性差	絕對考核	希望團隊內部有更多的合作，透過把蛋糕做大，來分得更多的收益

2. 企業特點

對於規模比較小的公司（100 人以下），從 CEO 到基層的企業層級不超過三層，每個員工的表現作為激勵成本的最後承擔者 CEO 都能有準確的感知，建議主要採取絕對考核的方法，好就是好，不好就是不好，不需要進行排序來確定等級，管理成本也比較低。對於規模比較大的公司（超過 500 人），企業層級縱深超過三層，必須依靠中層管理者進行人員管理和價值分配，最高領導者很難觀察到每個員工的工作表現，建議採取相對考核為主的考核方式，以使激勵成本可控，並創造內部的競爭。對於流程型企業，職位責任明確，主要依靠流程保障結果，鼓勵員工幹好自己的本員工作，以可靠性為重要目標，建議採取絕對考核的辦法。對於網路型企業，鼓勵員工做得更多，手伸得更長，建議採取相對考核的辦法，多勞多得。根據企業特點確定的績效考核方法如表 4-17 所示。

表4-17 根據組織特點與績效考核結果確定的方法(示例)

組織特點	績效考核參考辦法	目的
規模比較小的公司(100人以下),從CEO到基層的組織層級不超過三層	絕對考核	考核效率高,準確、公平性較好
對於規模比較大的公司(超過500人),組織層級縱深超過三層	相對考核	激勵成本可控,創造內部的競爭
流程型組織	絕對考核	鼓勵員工做好自己的本職工作,績效結果的可靠性依靠流程管控
網路型組織	相對考核	鼓勵員工做得更多,手伸得更長,多勞多得

3. 職位特點

對於基層職位,建議採取絕對考核的方式,倡導合作,對人員以激勵為主,這種操作必須要注意,要有薪酬的總體管控,各家分灶;對於中層職位,建議採取相對考核,鼓勵競爭,傳遞危機感,使團隊持續進步、不懈怠。對於高層職位,對經營目標完成結果負責,建議採取目標管理的絕對考核。根據職位特點確定的績效考核方法,如表 4-18 所示。

表4-18 根據崗位特點與績效考核結果確定的方法(示例)

崗位層級	績效考核參考方式	目的
高層	絕對考核	對經營目標完成結果負責,眼睛朝外,關注外部競爭
中層	相對考核/絕對考核	鼓勵競爭,傳遞危機感,如人少,可以採用絕對考核
基層	絕對考核	倡導合作,對人員激勵為主(薪酬管控)
操作類	絕對考核	考核標準清晰,鼓勵多勞多得

需要注意的是,以上只是對績效考核等級確定方式的參考,實際中,可以根據各公司、團隊、職位的情況組合使用。

4.7.4 員工績效考核結果的管理

確定了績效考核結果之後,我們需要對績效結果進行上報和存檔的管理,規範的數據管理既代表了嚴謹的審核程序,也是後續進行系統處理的基礎。

1. 考核結果上報

各部門在進行完員工考核後,要求各主管提供經過部門主管副總審核或分公司總經理審核後的績效考核數據。部門員工績效考核結果上報表如表 4-19 所示。

表4-19 部門員工半年度績效考核結果匯總表

編制：　　審核：

序號	姓名	職位	職級	考核得分	績效等級	備註
1						
2						
3						
4						
5						

備註：(1)績效等級分為優秀、良好、合格、須改進、不合格；
　　　(2)總監以上人員不參與部門內部排序，由主管副總確定。

我們需要對各部門／分公司上報的結果進行審核，如果是先有分數再進行相對考核的方式，一是需要對打分的情況進行審核，確定分數的合理性；二是需要對相對考核的總體等級結果進行審核，確保等級比例分布符合要求；此外，如公司有分層考核的要求，還需要對不同職位層級的比例分布進行審核，確保考核比例在不同層級中合適地分布。

2.績效檔案

在收集並對員工的績效進行審核和批准之後，我們需要更新員工的績效檔案，以備後續持續的核對、分析。以下提供一個員工績效檔案的模板（見表4-20），供參考。

表4-20 部門員工半年績效考核結果匯總表

序號	部門	姓名	崗位	職位	2012年		2013年		……	備註
					半年度績效等級	年度績效等級	半年度績效等級	年度績效等級		

第 5 章　員工績效回饋與改進

　　績效回饋是員工個體績效管理的最後一步，是由員工和管理者一起，回顧和討論績效考績的結果，這對推動員工持續改進工作造成了重要作用，同時，考核結果是否客觀，也要經得起「群眾」的檢驗。因此，績效回饋在一定程度上決定了績效管理工作的成敗。我們希望透過員工和管理者的溝通，就被考核者在考核週期內的績效情況進行回饋，肯定成績，找出不足並改進。被考核者可以在這個回饋過程中予以認同，有異議的可以提出申訴。

　　不少主管在這個環節會感到壓力很大，對於高績效的員工，怕溝通不好，員工變得驕傲，自身也不知道如何改進；對於低績效的員工，更怕砲彈不足，不足以說服員工，從而引起對立和衝突。因此，我們經常會聽到主管以各種理由來拒絕回饋，如「考核就是管理者的事，讓員工知道結果做什麼」、「這樣做，績效結果不佳的員工會感覺沒有面子」等。其實，每個渴望上進的員工都希望知道自己到底做得怎麼樣，如果員工無法得知自己的工作表現，他們就會覺得自己沒有受到重視，自身的價值沒有實現。記得一次考績週期結束，我給我手下的績效經理打了「優秀」，由於她本人在收集全體員工考績結果的時候就能看到，績效結果又是「優秀」，我也就「懶」得溝通了，沒想到她自己主動找到我，問我為什麼給她打「優秀」，她有什麼地方是需要改進的，這反而讓我很慚愧。由此可見，員工對於績效回饋抱有很大的期望。

　　那麼如何做好員工的績效回饋與改進呢？

5.1 績效回饋的方式與適用場景

　　為了收到良好的回饋效果，首先要選擇合適的績效回饋方式。績效回饋方式主要分為個人績效面談、集體績效面談、電話回饋、郵件、團隊公示等。各績效回饋方式的說明和適用場景，如表 5-1 所示。

表5-1 績效回饋方式的說明和適用場景

績效回饋方式	說明	適用場景	特點
個人績效面談	由考核責任人與被考核員工進行一對一的績效面談	作爲正式的績效結果溝通，提前預約，雙方都有所準備	溝通充分，能通過肢體語言更好地把握員工的情緒，是主流溝通方式

(續表)

績效回饋方式	說明	適用場景	特點
集體績效面談	由考核責任人與多位考核員工進行一對多的績效面談，或者由考核責任人邀請周邊的相關考核人對多位考核員工進行多對多的績效面談	對於團隊在過去一個季度中的表現進行總體點評，邀請周邊部門進行意見回饋，集體績效面談可以作爲個人績效面談的補充	周邊部門、團隊成員間能進行交流，能形成會議紀要，溝通效率比較高，但主管無法和員工進行私密的交流
電話回饋	由考核責任人與被考核員工就績效結果進行電話溝通	主管和員工在異地，或在時間緊急情況下只能進行電話溝通，適用於溝通難度較小的績效溝通	解決異地問題，但對於員工的情緒無法現場把握與解決，對於難度較大的績效溝通，則需謹慎採用
郵件回饋	由考核責任人用郵件方式回饋績效結果並徵求員工意見	比較適合爲正式的電話或面談溝通作鋪墊	可以通過郵件表達部分不方便正面溝通的內容，但由於缺乏互動，容易引起誤解
團隊公示	由考核責任人在某個範圍內公示員工的績效結果並徵求員工意見	在員工績效面談之後，可以用這種方式樹立員工標竿，也給管理者客觀考核的壓力	考評結果公開，對團隊成員的刺激較大，對管理者的管理成熟度有較高的要求

　　我們認為，一對一的績效面談是最應當推薦的溝通方式；郵件、電話等都應該是個人績效面談的補充；對於績效公示，「刺激」效果顯著，但風險也大。以下對個人績效面談和績效公示的操作進行重點描述。

5.2 績效面談

　　績效面談是績效回饋中最重要的一種溝通方式，即透過面談的方式，考核主管和被考核對象針對績效評估的結果交換看法並進行研討。不懂得如何進行績效面談溝通的主管是不可能擁有一個高績效的團隊的，再完美的考核制度都無法彌補考核者和被考核者缺乏溝通所帶來的消極影響。因此，在績效面談啟動之前，我們一定要讓主管充分地重視績效面談，企業相應的績效回饋技能培訓，並為缺乏經驗的主管提供相應的技術指導和支持。我們認為，一次成功的績效面談，應該包括面談前的充分準備、面談內容的設計、面談實施中策略三部分。

5.2.1 績效面談準備

一個成功的績效面談，來自事前考核主管和員工的精心準備。績效面談需要由考核雙方共同完成，所以，不僅需要考核人員做好準備，被考核員工也需要做好相應的準備工作。我們建議考核雙方從以下方面進行準備。

考核主管需準備如下事項。

1. 收集績效面談參考資料

績效面談的參考資料包括員工的績效計劃、目標、職位說明書、員工績效自評表、績效考核表、日常觀察員工的工作記錄表或關鍵事件記錄、員工的績效檔案等。考核主管需要事先收集並將這些材料消化，以免在面談的時候，因要而臨時尋找，或因為對相關資料不熟悉，而不能有效地和員工溝通。另外，對員工的自評尤其應該重點閱讀，這是了解員工績效期望的重要參考。我在和下屬進行績效面談前都會做足準備工作，充分預測員工對績效意見可能產生的看法，確保溝通中始終掌握主導權。

2. 擬定面談計劃

面談計劃應該包括面談內容、地點、時間、參加人員、順序，是否邀請相關人員共同參與溝通等事項。

選擇恰當的績效面談地點和時間，對於獲得良好的溝通效果是非常重要的。對於與低績效員工的溝通，建議不要在週末進行，尤其對於情緒控制力比較差的員工，以免其在週末發生情緒波動，主管無法觀察。績效面談的地點要安靜、避免被打擾，並應選擇合適的溝通位置。如果要加強溝通的嚴肅性，則選擇 A 模式，如果想拉近雙方的親近感，則選擇 B 模式，如果想讓雙方更加平等地交談，則選擇 C 模式。績效面談位置圖，如圖 5-1 所示。

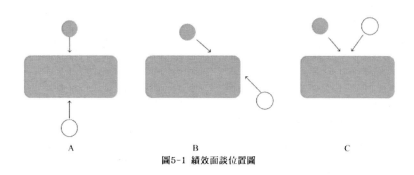

圖5-1 績效面談位置圖

如果感覺溝通難度較大，考核主管也可以請比較有威望的越級主管或者有經驗的 HR 一起參加，以使溝通順利進行。

3. 下發面談通知

主管需要將面談時間、地點、目的提前告知被考核員工。績效溝通的時間一般不少於 30 分鐘，一定要提前通知員工，以使員工做好準備，避免臨時「抓人」收不到良好的面談效果。如有必要，可下發正式的面談通知書，如表 5-2 所示。

表5-2 面談通知書

面談通知書
被通知人：
主旨：績效面談
時間：　　月　　日　　點
地點：
準備事項：
1.填寫自我評估表
2.事先詳細閱讀工作職位說明書

被考核員工需準備如下事項。

(1) 整理好績效自評表或總結，包括績效過程回顧、成績總結、思考改進等；

(2) 個人下一步發展計劃及需要主管提供的支持；

(3) 個人關心的問題；

(4) 安排好工作，抽出面談的時間。

5.2.2 績效面談內容

1. 面談內容應涵蓋的資訊

績效面談的內容主要應該圍繞員工在上一個績效週期的工作業績、表現，提出改進和下一步期望。績效面談大致包括如下事項。

（1）考核主管向員工說明面談目的和程序；

（2）被考核人員結合上個週期的績效計劃和自評，進行簡要匯報；

（3）考核主管告知考核結果，並對考核結果的原因進行說明；

（4）共同探討本次績效週期中需要改進的地方；

（5）提出下一階段的重點工作計劃、個人發展計劃。

2. 面談資訊的確認和彙總

績效面談是一個雙方溝通的過程，是兩個人的談話而非主管的個人演講，考核主管應鼓勵員工充分地參與，並認真聆聽員工的想法。此外，績效結果雖是對過去的總結，但績效面談則是為了更好地鼓勵員工暢所欲言，並助其提煉出對其自身未來發展有益的東西。企業績效面談進程指導如表 5-3 所示。

表5－3企業績效面談進程指導（示例）

面談階段	目的	面談要點
暖場	營造良好的談話氛圍	1、感謝員工前期的努力工作 2、營造眞誠信任的氣氛，讓員工放鬆 3、說明談話的目的
面談階段	鼓勵員工自我總結	1、員工自我總結考評週期內的重要成績與不足 2、主管用開放式問題進行引導
	點評考評意見	1、從員工優點開始點評其工作表現 2、分析員工前期不足之處 3、肯定員工的進步和努力
	告知考評等級結果	1、告知員工考評等級的評議程式 2、告知考評結果
	鼓勵員工發表意見	1、主管多用開放式的問題探詢員工的意見 2、主管認眞傾聽員工的意見 3、主管感知並認同其情緒並給予建議 4、諮詢員工對於團隊、部門管理、主管個人的意見 5、對考核結果進行再次確認，如有異議，確定下一步的溝通方式和時間
	員工發展建議	1、諮詢員工關於個人發展的計劃 2、雙方就此進行討論，主管承諾支持
	績效改進	1、對於績效不理想的員工，主管和員工共同制訂績效改進計劃 2、初步確定下一階段的工作目標
結束階段	總結和確認	1、主管和員工對上述內容加以總結和確認 2、約定下一次面談時間 3、感謝員工參與 4、員工或主管整理面談記錄

　　在績效面談結束後，主管可以請員工做好績效面談記錄，整理後回饋給主管存檔。如果感覺員工的記錄理解有偏差，主管可以結合員工回饋的績效面談記錄表進行再次澄清。當然，如果確認員工理解正確，主管可以自行記錄面談意見並存檔。績效面談記錄表更多是主管和員工的溝通記錄，我們鼓勵將員工和主管之間的談話「原汁原味」地記錄，原則上我們不需要收集，但是為應對員工後續的績效投訴等，績效考核專員也可以向主管索取當時的面談記錄表（如表 5-4 所示）。

表5-4 企業績效面談紀錄表(示例)

面談參與人員		資訊紀錄者	
面談時間			
面談內容		資訊紀錄	
上一階段工作成果			
改進點			
對考核結果的意見			
對團隊、部門、主管個人的意見			
員工個人發展計劃及所需的支持			
下一階段工作計劃			

5.2.3 不同績效人員的面談策略

在績效面談中,對於不同的人群,主管可以選擇不同的面談策略,這往往有助於談話取得良好的回饋效果。考核主管應該是面談的第一責任人,但對於面談難度比較大的,在實施以下面談策略外,我們也可以邀請越級主管或員工比較信任的高接主管協同參加。不同績效人員的面談策略,如表 5-5 所示。

表5-5 不同績效人員的面談策略(示例)

績效	工作態度	人群特點	主管面談策略
好	好	團隊業績創造的主力,團隊標竿,是最需要維護和保留的	予以激勵,但同時需要提出更高的目標和要求
	差	能力較強,但往往比較有性格,或者非常看重溝通,對公司認同度一般	袒露心扉建立信任,但對其消極的態度,要明確指出決不遷就,能力越大責任越大;反之,則對組織的破壞越大
差	好	工作認真,對公司和主管認同度高,但績效產出差	制訂明確的績效改進計畫,促使其改進;如不行,則調整職位以使其能發揮出價值。不能以態度好掩蓋業績不好,更不能用態度來替代績效結果
	差	懈怠、不思進取,經常為業績不佳找藉口	強調工作目標,明確表示看法,管理好員工期望,引導員工反思,也為後續可能的淘汰等埋下伏筆

5.2.4 績效面談技巧

為了收到更好的面談效果,溝通主管應該針對不同的場景採用不同的面談技巧。

1. 建立信任,營造氛圍的四種方式

如果交談氛圍比較緊張,雙方信任感沒有完全建立,員工把績效溝通理解為走過場,這樣的溝通效果自然大打折扣。由此可知,建立良好的溝通氛圍是非常重要的。不同面談氛圍的對照,如表 5-6 所示。

表5-6　面談氛圍對照

和諧的氣氛	不夠融洽的氣氛
自在、輕鬆	緊張、恐懼、急躁
舒適	不舒服
友善、溫暖	正式、冷峻
敢自由開朗地說話	不敢放開地說話
信任	挑戰、辯解
傾聽	插嘴
明白	不明白
開放的胸懷	必塞的胸懷
接受批評	怨恨別人的批評
不同意別人的意見時，也不攻擊對方	爭辯、侮辱對方

我們可以採取如表 5-7 所示的 4 種方式來建立良好的溝通氛圍。

表5-7　氛圍控制技巧

方式	內容
聯合	以興趣、價值、需求和目標等強調雙方所共有的事務，營造和諧的氣氛從而達到溝通的效果
參與	激發對方的投入態度，創造使目標更快完成的熱忱，並為隨後進行的推動營造積極氣氛
依賴	創建安全的情境，如強調保密，營造私密溝通空間，提高對方的安全感，並接納對方的感受、態度與價值等
覺察	觀察對方情緒，將潛在的衝突狀況予以化解，避免討論轉向負面或具有破壞性

2. 告知考績結果的三明治法則

在告知考績結果的過程中，我們要注意對績效結果、績效行為進行描述，而非定性地判斷，描述要具體而不籠統，即使是正向評價的同時也要指出不足。先表揚、後批評、再表揚的三明治法則是一種較常見的告知考核結果的辦法。我們建議主管這樣與員工進行考核結果的溝通：「你的工作做的還是很不錯的嘛，比如……，但是，這其中也存在一些問題，……，所以這次的考績等級是……。無論如何，成績還是主要的，我對你充滿了信心，相信你會更加努力，工作會更加出色。」

案例：「三明治」溝通辦法

出納 Amy，有一段時間總是遲到，財務部經理採用「三明治法則」對她進行了批評。

第一步，表揚特定的成就，給予真心的肯定。經理找到出納，笑著說：「Amy，最近工作做得不錯，帳目沒有什麼差錯，主管很滿意。」出納面露喜

色。第一步就完成了。

第二步,提出需要改進的特定行為表現。「但是你最近總是遲到,這個星期已經遲到兩次了吧?」會計點頭。「銷售部的同事找你報銷,幾次沒找到你,對你很有意見。」會計面有歉意。第二步就完成了。

第三步,最後以肯定和支持來結束。「你一向工作是很認真的。希望你能改了遲到的毛病,如果有什麼困難可以提出來,大家幫你一起解決。」第三步就完成了。後來,這位出納果然不再遲到。

3. 有效傾聽技巧

(1) 在溝通中要保持良好的目光接觸,強化「我在認真傾聽」的資訊,讓員工感到友好和信任,但要注意不要直勾勾地盯著對方,避免使對方感到不適。

(2) 在傾聽過程中,進行恰當的以開放式問題為主的提問,既能讓員工明白主管確實在認真傾聽自己所講述的內容,又能獲取充分的資訊。如「為什麼你會這麼看呢」、「你覺得這其中的問題是什麼呢」。

(3) 在溝通中與員工確認看法,一是及時澄清資訊,防止誤解,二是為溝通和回覆贏得思考的時間。例如「你是說……」、「你的意思是……?」

4. 消極、對立情緒的處理技巧

在進行績效溝通之前,員工多數對績效等級都有一定的期望,在得知實際結果不如自己預期的績效結果後,必然會有一定的情緒。我們需要先解決員工消極、衝突情緒的問題,接納員工的感受,只有待其情緒得到平復後,員工才能全身心地轉移到具體的事實和行為的溝通中。

(1) 同理心思考,接納員工的感受,讓員工把情緒說出來,表達出來,是緩解溝通衝突重要的一步。如「我能理解你此時的感受,你是不是覺得……」、「我能感覺到你現在……,我們來看看是哪裡出了問題」。

(2) 對於員工具有攻擊性或強烈報復性的言辭進行轉換。如員工情緒激動,並在言語上對主管進行反擊,遠離績效結果,卻對他的各類抱怨侃侃而談,可以說「我很願意聽你說,但是這個並不是我們現在要談論的話題」。

(3) 對於員工沮喪逃避的情緒進行轉換。對於員工的沮喪,不要有罪惡感,可以試著以一些開放式的問題探詢導致這種情況的原因,引發員工對未來工作的

改進，也可以更多地表達對其的關心。

5.2.5 績效面談效果衡量

　　績效面談後，需要對績效回饋的結果進行評估，以便衡量績效回饋的效果，以進行後期的改進。對於績效面談效果的評估，考核主管可以針對面談過程進行評估，以期不斷提升面談的回饋能力；另一方面，我們可以對員工進行問卷調查，了解員工對於本次績效考績的回饋。對於部分員工，我們也可以觀察，以了解績效回饋的效果。

1.考核主管對績效面談效果的自我評估

　　績效回饋面談後，面談主管需要對面談效果進行自檢，以便調整績效回饋面談的方式，取得更好的面談效果。主管自我評估績效面談的要點，如表5-8 所示。

表5-8　績效回饋面談效果主管自檢表

(1)此次面談是否達到了預期的目的？
(2)再次進行面談時，應該如何改進談話方式？
(3)有哪些遺漏需要加以補充？又有哪些無用的討論需要刪除？
(4)此次面談對被考核者的工作是否有幫助？
(5)自己應用了哪些面談技巧？
(6)面談中考核者是否充分發言？自己是否真正注意到對方所說的話？
(7)對於此次面談的結果，自己是否滿意？面談結果是否增進了雙方的理解？

2.對員工的績效面談效果的問卷調查

　　問卷可以圍繞績效溝通的形式、面談的客觀性、面談的建設性來展開。績效溝通調查問卷，如表 5-9 所示。

表5-9績效溝通調查問卷

為更好地瞭解本次績效溝通的情況，感謝您配合如下問卷調查。問卷調查的結果僅供績效管理工作改進，我們會對您的回饋進行保密。請您在相應選項進行選擇，如選擇「□其他」，請進行具體描述。謝謝！

1、主管是否和您就績效考核結果進行了溝通？

□是 □否

2、主管採用什麼方式和您進行績效溝通？

□面談 □電話 □郵件 □其他____

3、您認為本次績效考核結果的情況是否符合實際？

□完全符合 □基本符合 □完全不符合 □其他_____

4、您對本次績效溝通的效果是否滿意？

□非常滿意 □滿意 □不滿意 □其他_____

5、經過溝通，您是否明確了下一步的工作目標和重點？

□非常清晰 □基本清晰 □不清晰 □其他_____

6、您對本次績效考核工作的意見和建議

_____

3. 對於員工行為的觀察

績效回饋是為了未來的改進，重心在員工的後期改善。因此，對於部分員工，如高績效員工、低績效員工、績效突變的員工，在績效面談後，我們可以進行行為觀察以了解回饋效果。一般而言，員工在績效回饋後的工作行為方面會有以下4種反應。

（1）更積極、主動地工作；

（2）保持原來的工作態度；

（3）消極、被動地工作；

（4）抵制工作。

透過對員工行為的觀察，我們可以了解到績效回饋取得的效果，但由於觀察成本較高，週期較長，建議抽樣進行。

小視窗：績效面談，「不看廣告看療效」

績效面談的最終目的是透過雙向溝通及時發現問題，齊心協力解決問題，透過績效溝通讓下屬明確下一步的工作方向和目標，而非懲罰員工。

5.3 績效結果公示

　　為更好地樹立標竿，鼓勵和鞭策員工積極向上，對於經過管理層初步審核的績效考核結果，可以由考核責任人在某個範圍內公示並徵求員工意見。

5.3.1 績效公示的條件

　　公開員工的績效結果，對很多考核者而言，這是一件非常具有挑戰性的事。考核負責人可能會擔心自己考核的公正性是否可以經受得起「群眾」的檢驗；對於被考核者而言，讓他人知道自己的績效，會在團隊內部造成一定的競爭態勢，績效優秀者會不會被孤立，績效不佳者會不會有過大的壓力，這些情況都是有可能發生的。因此，績效公示必須創建一定的條件。

1. 績效標準是清晰的

　　績效標準越清晰，績效公示的風險就越小，因為績效結果是顯而易見的，管理者「人工判斷」的影響很小，這個公示更多地還是要考慮低績效員工的「面子」問題。

2. 員工對績效考核的理念是認同的

　　如果員工將績效考核理解為管理者行使管理權力的「大刀」，那麼公示績效結果將會是一場激化管理者和被管理者矛盾的災難，可能所有對不公的埋怨都會在這一刻爆發。如果員工接受績效管理是個人持續改進的工具這一理念，同時借績效管理形成對管理者陽光考績的監督，那麼對績效結果公示的牴觸就必然減少。

3. 團隊氛圍是高績效的文化氛圍

　　如果團隊內部是百舸爭流、良性競爭的高績效氛圍，那麼透過績效公示樹立高績效標竿、明確員工學習導向是非常好的手段。但如果團隊內部氛圍消極，那麼高績效者很可能會被孤立，很多員工就會說既然你都「優秀」了，那你多做點就是應該的，不但整體團隊沒有跟上，反而形成了「鞭打快牛」的現象。

4. 不與法律和文化衝突

　　我曾經在海外員工群體中嘗試進行績效公示，結果遭到了很多本地員工的直

接牴觸。因為很多本地員工認為，績效等級屬於個人隱私，不應該被公開；如果強行公開，甚至會有違當地的法律。由上例可知，績效公示一定要符合當地的法律法規。

5.3.2 績效公示的策略

如上所述，績效公示是把雙刃劍，必須要有清晰的策略，隨著管理成熟度的提升，公示可以由淺入深逐步深化，公示什麼內容、公示哪些人員、公示範圍、投訴管道等，都是必須要考慮的。

1. 公示什麼

考核員工的因素主要包括業績、能力、態度、行為，在這些考核因素中，先公示行為是比較合適的，因為這顯然是對事實的描述，如 ×× 員工在三個月內從無遲到。

2. 公示人群

哪些人群應該被公示？建議優先選擇績效最優秀等級的員工，設立標竿，逐步包含中等績效的員工。為營造合作的團隊氛圍，低績效員工的考核等級在初期不建議公示。

3. 公示範圍

公示範圍太廣，人員互相不了解，沒有可比性，公示標竿和牽引作用就不大；公示範圍過小，矛盾容易聚焦。因此，建議在大部門範圍而非小組內部進行公示，規模以 20 人以上為宜。

4. 公示部門和職位

可以根據前述績效公示的條件逐步公示，成熟一個，公示一個，不建議「一窩蜂」全面公示。

5. 投訴回饋

由於公示的績效等級多數以本層企業考核的意見為主，所以員工對於績效結果的投訴可以設立本部門主管和人力資源部兩條途徑。多數情況下，我們還是希望員工可以和考核部門主管進行直接回饋，矛盾解決在一線。

以下提供某部門績效公示的樣例供參考。

關於 ×× 部門 2020 年上半年度績效公示的通知（模板）

根據公司 2020 年度上半年度績效考核工作的安排，經部門管理團隊評議，並報公司人力資源部審核，現將部門內 2020 年度上半年績效考核優秀人員名單公示如下，公示期為 7 月 5 日—11 日。

XX公司2020年優秀人員績效公示表

姓名	工號	績效等級	績效點評
張三	12345	A	(1) 作爲產品經理帶領團隊按時完成A產品的交付，遺留缺陷密度0.1個/千行 (2) 團隊士氣高，持續作戰，核心人員零缺席 (3) 作爲新3.0流程的第一個專案事件，提出了三個重大改進建議並被採納，爲流程最佳化作出重要貢獻
李四	23456	A	(1) 作爲重點模組瀏覽器模組的owner，實現重大技術突破，性能達到業界最佳 (2) 爲部門進行了兩場關於性能最佳化的技術培訓，提升了組織能力 (3) 參與周邊部門的攻關，解決儲存模組的重大技術難題，得到了周邊的好評
王五	34567	A	(1) 作爲新員工，業務能力成長迅速，獨立擔當起功耗小組的組長，解決了後台功耗長期偏高的問題 (2) 提交了三個專利申請，在本部門排名第一

若對公示結果有異議，請向部門總監 ××× 進行回饋。也可以向人力資源部績效經理進行回饋，回饋郵箱：HR@enterprise.com。

希望您實名回饋，我們會對您的回饋進行保密。

×× 部門總監 張華

×××× 年 × 月 × 日

5.4 績效改進

績效考核等級確定後，我們會將績效考核的結果作爲確定員工薪酬、職位異動等人事決策的重要依據。但事實上，績效管理本身是個循環系統，透過一次次的考核，發現問題、發現差距使績效持續改進才是績效考核的主要目的，要實現這一目的，就需要開展績效改進的工作。

5.4.1 績效改進流程

績效改進是一個管理者與員工互動達成改進效果的過程，可以分爲 4 個階段。

（1）第一階段：確定期望與績效的差距。

（2）第二階段：進行差距分析，可以從企業流程和員工自身這兩個角度進行分析。

（3）第三階段：制訂績效改進計劃，如果是企業流程的因素導致的績效差距，則進行企業流程改進；如果是員工自身的因素，則可以制訂個人的績效改進計劃。

（4）第四階段：實施績效改進計劃。

績效改進實施的管理流程如圖 5-2 所示

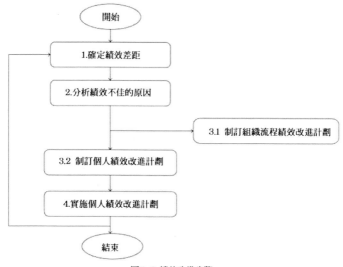

圖5-2 績效改進步驟

對員工績效不佳原因的正確分析，是制訂個人績效改進計劃的基礎。那麼，導致員工績效不佳的自身原因會有哪些呢？我們發現如下的常見現象。

（1）員工不知道為何該做這項工作；

（2）員工不知道如何做這項工作；

（3）員工不知道自己該做什麼工作；

（4）員工覺得你的做法行不通；

（5）員工覺得自己的做法比較好；

（6）員工不能理解你的指示；

(7) 員工覺得其他事情更重要；

(8) 員工沒有做該做的事，卻受到獎勵；

(9) 員工做了該做的事，卻受到懲罰；

(10) 員工的努力得不到任何回報；

(11) 員工覺得做對了事反而會招來負面結果；

(12) 即使員工表現差勁，也不會招來任何負面後果；

(13) 員工個人能力不足，無法有良好表現。

以上問題綜合起來可以從認知、能力、態度、外部障礙角度來看，並採取相應的辦法來處理。

(1) **員工對績效目標的理解度**：員工不知道做什麼（What）、為什麼要做（Why）、什麼時候做（When）和怎麼做算做好或做壞（How）。

處理方法：把任務安排得更加清楚明確，如具體工作內容、做該工作的原因和價值、起始時間、考核標準。

(2) **員工知識技能水準**：員工不具有完成績效的相應知識、技能和經驗。

處理方法：導師帶班，實行職位技能培訓，輔助以經驗分享和討論等各種提升個人技能水準的方法，甚至淘汰培訓不合格者。

(3) **員工工作態度**：員工對績效不重視、沒緊迫感，牴觸或是冷處理，不知道做好有何獎勵和做壞有何處罰。

處理方法：建立明確的獎懲制度，嚴格地執行，及時溝通回饋。

(4) **員工周圍環境的現實障礙**：員工不能及時得到應有的支持和援助，個人生活家庭壓力過大等。

處理方法：了解實情，協調支援，多多關心，及時幫助。

5.4.2 個人績效改進計劃

分析出個人績效不佳的原因，接下去，就要進行績效改進，個人績效改進計劃是一個常見的績效改善管理工具，不少公司都在使用這套方法。個人績效改進計劃又稱個人發展計劃（Individual Development Plan，IDP），是指根據員工有待發展提高的方面所制訂的一定時期內完成有關工作績效和工作能力改進與提高的系統計劃。由於績效評估的最終目的是為了改進和提高員工的績效，因

此，制訂與實施績效改進計劃是績效評估結果最重要的用途，也是成功實施績效管理的關鍵。

1. 制訂績效改進計劃的基本原則

在制訂績效改進計劃之前，主管和員工應該把握住如下 5 個基本原則。

（1）**平等性原則**。主管和員工在制訂績效改進計劃時是一種相對平等的關係，他們為了員工業績的提升而共同制訂計劃。

（2）**指導性原則**。主管主要從企業和業務單位的目標出發，結合員工個人實際，對員工績效的改進提出中肯的建議，實施輔導，提供必要的資源和支持。

（3）**主動性原則**。員工是最了解自己所從事工作的人，因此，在制訂績效改進計劃時，應該更多地發揮員工的主動性，更多地聽取員工的意見。

（4）**SMART 原則**。績效改進計劃一定要有可操作性，其制訂的原則也要符合「SMART」原則，即做到具體的、可衡量的、可達到的、現實的和有時限的。

（5）**發展性原則**。績效改進計劃的目標著眼於未來，所以，在制訂與實施計劃時，要有長遠的、策略性的眼光，把員工個人的發展與企業的發展緊密結合起來。

2. 制訂績效改進計劃

是不是所有員工都需要績效改進，這是肯定的，因為即使是最優秀的員工也需要有持續改進的目標。因為，績效改進可以作為主管和員工確定績效考核結果時溝通的正式輸出，這個計劃的實施可以由主管和員工共同來管理。那麼，我們是不是要去管理所有員工的績效改進計劃呢？由於這會帶來較高的管理成本，因此，需要根據不同企業的策略來決定，但至少低績效員工的績效改進計劃應該在人力資源部備案，或者由人力資源部直接發起，其實施過程和結果應該受到人力資源部的追蹤。因為如果要實施績效淘汰的話，績效改進計劃的制訂和實施往往是一個必備的過程。當員工表現令人不甚滿意時，經理可以運用績效改進計劃工具考核員工的績效表現。這個工具同時也為員工提供一個機會，旨在幫助員工提高不佳的績效表現。

改進績效的方法很多，許多人一想到績效改進就會想到送員工參加培訓，其實，除了培訓之外，我們還可以透過許多方法提升員工的績效，而且，其中大部

分方法並不需要公司進行額外的經費方面的投入。這些方法包括徵求他人的回饋意見、工作輪換、參加特別任務小組、參加某些協會企業，等等。

　　當然，工作的能力、方法、習慣等方面的提高是一項長期的任務，需在一個較長時間段中才能得到準確評估。如果評估週期過短，有可能使員工產生逆反心理，這樣不但分散了員工的精力，影響工作進度，還有可能使員工疲於應付評估，使得評估達不到應有效果，所以建議將改進的評估週期設定為一個月到一個季度。績效改進計劃表如表 5-10 所示。

表5-10 績效改進計劃表

部門/處			時間		年　　月　　日	
被考核人	姓名：		職位：			
考核主管	姓名：		職位：			
不良績效描述(含業績、行為表現和能力目標，請用數量、品質、時間、成本/費用、顧客滿意度等標準進行描述)						
原因分析(如態度、技能、知識等)：						
績效改進措施/計劃： 績效改進計劃開始時間：＿＿＿＿＿　　　　　績效改進計劃結束時間：＿＿＿＿＿ 　　　　　　　　　　　　直屬上級：　　　　　被考核人：　　年　月　日						
改進措施/計劃實施紀錄： 　　　　　　　　　　　　直屬上級：　　　　　被考核人：　　年　月　日						
期末評價： 　　優秀：出色完成改進計劃 　　符合要求：完成改進計劃 　　尚待改進：與計劃目標相比有差距 評價說明： 　　　　　　　　　　　　直屬上級：　　　　　被考核人：　　年　月　日						
期末簽字：被考核人＿＿＿＿　　　考核主管＿＿＿＿　　　HR專員＿＿＿＿						

小視窗：個人績效改進計劃是後續管理動作的潤滑劑

　　如果員工不勝任工作，按照勞基法的要求，必須給予培訓、調職等機會，而不能直接解除勞動合約，個人績效改進計劃（如果真的是為了低績效的改進，就是 PIP 而不是 IDP 了）是非常有必要的潤滑和緩衝手段，給了公司和員工雙方

一次機會，從低績效員工鳳凰涅磐成為明星員工的例子也不鮮見，實在不合適，
員工也會比較心平氣和地接受後續的管理行為。

第 6 章　員工績效投訴的處理

　　再好的績效考核方案和實施總會有令人不滿意的地方，因此，考核遭遇投訴是正常的。對員工投訴的有效處理不僅能使績效考核順利推行，同時也能有效提高績效考核的效果。如果處理不好，員工對於公司的考核制度和考核的公平性將失去信心，並產生不良的企業氛圍和績效導向。因此，認真應對和妥善處理各種投訴，是各級考核主管和績效管理人員不容忽視的。

6.1 績效投訴的類型和處理技巧

　　應當說，績效考核有員工投訴是好事，因為它能使我們更好地修正績效考核中存在的偏差。我們應該在績效考核管理辦法中，明確員工有投訴的權利，公司有調查、核實和處理的責任，表明「任何有失妥當的行為和措施都將得到及時地糾正和處理，公司對投訴者採取強有力的保密措施，對一切打擊報復行為進行嚴肅處理」。

　　員工對於績效考核的投訴有很多種，有對考核方式、程序不滿的，有對考核結果有意見的，有認為受到不公平對待的，等等，面對這些對績效考核的投訴。我們都要妥善處理。當然，這些投訴中難免有些是惡意中傷、無中生有的，這需要我們客觀分析、冷靜對待。

6.1.1 對考核方式的投訴和處理

　　部分員工對於績效考核的制度或方式不認同。這主要是由考核制度變革的初期，制度層面的設計還處在摸索階段或是員工對於考核本身理解有偏差所導致的。員工對於考核的理解偏差不盡相同，有些人員對考核制度不滿意，抵制考核，還是存在大家都一樣的管理思想；有些員工對考核模式、方式、流程設計不滿意，對於是用 360 度考核、平衡計分卡還是基於素養考核等理解不一致，對絕對考核還是相對考核理解不一致；有些員工對考核指標設置或者權重設置不滿意，比如財務部為什麼要背營收指標，採購部為什麼要背品質指標等；有些員

工對於評價主體和程序不滿意,如「他又不了解我的工作,為什麼要對我進行考核」、「主管說了算就行了,上層企業為什麼還要橫向評議」。

我們應該正視員工在考核方式方面的投訴,因為這反映了不同人群對考核的理解程度和角度的差異性。對此的處理方式最主要的還是制度設計層面的溝通和解釋,可以同相關部門一起,對問題的解決加以研討,並讓員工參與這方面的討論;如果是設計上的問題,則更需要對制度、方式、流程進行調整;如果是理解上的偏差,則需要在更大的範圍進行宣傳和溝通。這種問題解決和溝通得越多、範圍越廣,績效考核的思想越能深入人心。

6.1.2 對考核結果的投訴和處理

對自身的考核結果不滿意,往往是在績效考核投訴比例中占最高的。因為績效考核的最終結果與個人的薪水收入與晉升提拔、培訓再造等息息相關,這些也是員工一直以來最重視的。在對考核結果的投訴中,多數員工都認為自己的表現應該高於公司給予的績效評價,認為考核不公平。

(1) 對考核標準提出質疑,如「我都完成了,為什麼是需改進的考核等級」。

(2) 期望和結果偏差很大,「主管從來沒說我做得不好,上次還表揚了我,為什麼考核的時候說我不合格?」

(3) 橫向不公平,「我為什麼得 D,我至少比 ×× 好吧,得 D 的為什麼不是他」。

(4) 投訴主管不公,「他任人唯親,容不得不同意見,對我打擊報復」。

對於考核結果的投訴,可以從幾個維度考慮。

(1) 首先我們要接納員工的感受。一般情況下,如果不是員工確實有怨言,是不會採取「投訴」這樣比較過激的方式解決問題的,這種情況下,即使問題得到解決,主管和員工的關係也會出現裂縫。

(2) 解鈴還需繫鈴人,初期解決問題的機會還是要留給考核主管。作為企業 HR,我們需要讓主管和員工進行開誠布公的溝通,消除誤解。如果主管溝通失敗,我們再行介入,聽取雙方意見,從第三方角度判斷評價的公正性。

(3) 確保績效評定程序的公正性。如員工是否有機會自評、主管是否蒐集了周邊意見、結果是否進行了管理層評議或審批等;如果程序有問題,則需要請雙

方按照正確的績效考核程序再次審核。對此主管應該承擔管理責任。

(4) 審視評價結果的公平公正。如果程序是合規的，則請雙方提供各自的評判意見，必要時，由績效考核委員會進行評判。如果是主管管理風格和方法的問題，則支持主管意見，但對此，主管要進行相應的績效管理培訓；如果發現主管打擊報復，拉幫結派，則需再次進行客觀審查，確定員工績效結果，對主管則按照公司規定進行處理。

(5) 解決員工拉人墊背的心理。如果評價結果是公正的，但員工糾結於「××還不如他，為什麼不是他得 D」。這時，需向員工強調：首先，個人要對照自己的績效標準；其次，我們做的是全面績效評價，最了解員工全面績效的還是主管；再次，×× 員工是否應該得 D，不在本次討論範圍之內。這麼做是為了避免使績效投訴複雜化。

(6) 正式和坦誠的調查結論溝通是有益於矛盾化解的。如果經過確認，員工績效依然維持原先的結果，我們需要就調查過程和結論向員工進行正式的溝通和解釋，如有必要，可以聯合主管，強調是對工作結果而非對個人的評價，對事不對人，鼓勵員工向前看，並請主管作出在後續工作中給予支持的承諾，在感情上幫助員工渡過這個「低谷期」。

6.1.3 對結果應用的投訴和處理

在很多公司，績效考核的結果會應用於晉升、調薪、獎金、培訓等人力資源的各個模組。因此，在績效考核之後，隨之而來的就是對於這些方面，即考核結果應用的投訴。

精神永遠要領先於物質，對考核結果的認同要先於考核結果的應用。對屬於考核結果應用的投訴，首先要解決的是績效等級認同的問題，這是最基礎的。某一次調薪，我部門有個優秀的員工感覺我對她的調薪幅度不夠，但當我告訴她，她的考績結果是優秀（部門內的 10%）的時候，她便不再一味地糾結於調薪的幅度。因為此時，調薪的絕對幅度本身已經不再重要，某種程度上，她更需要的是工作上的被認可你給他了，而調薪幅度又不完全和個人績效相關，所以員工也就對這事釋然了。要知道，如果員工得不到認同，結果應用的基礎就不在了。

其次，要讓員工清晰地理解績效結果與這些模組應用之間的關係。是不是

一次的高績效結果就會加薪？獎金是否由個人績效決定？績效和晉升之間究竟具有怎樣的關係？要系統地解決這個問題，公司需要有公開透明的人力資源管理制度，即讓員工對自身的行為結果會對個人利益產生什麼樣的影響有個正確的預期。

6.2 績效投訴的處理過程

為了公平地解決員工的績效投訴，我們應該設立相應的績效投訴處理過程，即投訴受理、投訴調查、投訴處理。

6.2.1 投訴受理

在投訴受理階段，負責申訴處理工作的人員要充分重視員工的申訴，傾聽員工的心聲，不要過多解釋或提出質疑，應詳細記錄申訴內容，告知員工問題處理流程以及所需時間，讓員工看到公司處理問題的誠意。對員工績效投訴的受理要注意以下幾個方面。

（1）認真仔細地了解投訴要點。

（2）分析對方的投訴態度。

（3）傾聽對方的可接受方式。

（4）做好投訴記錄。

（5）明確告知回饋時間。

（6）了解為什麼要投訴，有沒有特殊問題？

（7）投訴什麼：對結果不滿意？對方式不滿意？對程序不滿意？

對於績效投訴的接收，原則上可以用紙件或者郵件方式，人力資源部可以設立統一的投訴郵箱進行受理。建議投訴人寫一份比較詳細的投訴報告，寫明投訴的原因、造成爭議的內容等，這不僅可以體現投訴的嚴肅性，也更加方便我們對後續報告的內容進行核實。績效考核員工投訴表，如表 6-1 所示。

表6-1 績效考核員工投訴表

申述人		職位		部門		直屬主管	
申述事件							
申述理由(可以附頁)							
申述處理意見　　　　　　　　　　　　　　　　上級部門負責人簽名： 　　　　　　　　　　　　　　　　日期：							

(續表)

申述處理意見
人力資源部負責人簽名： 　　　　　　　　　　　　　　　　日期：

(1) 申述人必須在知道考核結果 3 日內提出申述，否則無效。

(2) 申述人直接將該表交人力資源部。

(3) 人力資源部須在接到申述的 5 個工作日內提出處理意見和處理結果。

(4) 本表一式三份，一份交人力資源部存檔，一份交申述人主管，一份交申述人。

6.2.2 投訴調查

我們分析投訴問題時，要有專人負責對申訴的內容進行詳

細調查，找申訴員工的上級、同級、下級對申訴人做相關了解，並且從側面了解該部門同職位工作人員的績效考核情況，以確認申訴問題產生的根源，是公司制度或流程出現疏漏，還是績效考核指標或考核方法不合理；是員工內在原

因，還是由外在特殊原因引致；是個案，還是共性問題；是可以避免的，還是不可避免的。

我們在整理出申訴分析文件後，需要企業其部門經理、直接領導人及相關人員進行會議討論，討論這個申訴能不能夠得到解決，如何解決，需要哪些資源及人員配合。討論結束後，需要給出覆核意見，並採取相關的處理辦法。

在投訴調查階段，為保證調查的客觀性，需要關注以下幾點。

（1）不要先關注誰對誰錯，應對事不對人。

（2）關鍵是要找出發生問題的原因，如流程接口、溝通、考核者技能等。

（3）調查中要注意保密。

6.2.3 投訴處理

在投訴處理意見回饋溝通過程中，作為代表調查方的績效管理人員，必須保持中立，不偏不倚，對事不對人地告知申訴者問題出現的根本原因是什麼，公司的處理方案是怎樣的，需要申訴人配合的工作有哪些。

投訴問題處理不當，很可能為企業帶來法律上的糾紛。因為績效考核結果是後續調薪、人事任免、培訓開發甚至年終獎金發放的重要依據，因此，在處理績效考核申訴時，我們應儘可能與申訴人達成共識，在告知投訴人處理意見的時，我們要告知的內容包括以下幾點。

（1）告知產生問題的原因而不是告知誰對誰錯。

（2）告知處理的結果。

（3）告知改進的內容與方式。

溝通結束後，請申訴人在申訴方案上簽字，並將該方案備案，作為投訴處理的證據。

小視窗：「說法」比結果更加重要

無數次的投訴處理告訴我，坦誠和信任是解決問題的基礎，先建立信任，再給員工一個能接受的說法，比給員工一個直接的結果更加重要。績效結果並不是員工最看重的，上級對個人的真實看法是員工更看重的。

第6章 員工績效投訴的處理

6.2.4 員工申訴制度

績效投訴只是員工申訴的一種，為了更好地處理員工的申訴，建議公司建立相應的申訴制度。以下提供某公司員工申訴制度示例，以供參考。

員工申訴制度（示例）

第一條 為了維護公司與員工的合法權益，保障員工與職能部門及公司管理層的溝通，及時發現和處理潛在的問題，從而建立和諧的勞動關係，強化企業凝聚力，特制定本制度。

第二條 本制度適用於××公司所有正式員工、××派遣人員、公司臨時工（含短期合約工）。

第三條 申訴人應依據事實，按照本制度的規定進行申訴，如經查證表明申訴人有欺騙行為的，公司將依據相關規定進行處罰。

第四條 申訴範圍應在人力資源管理職能的範圍內，包括但不限於以下情形。

(1) 對職位、職級的調整有異議的；

(2) 對績效考績及獎懲有異議的；

(3) 對培訓、薪酬、福利等方面有異議的；

(4) 對勞動合約的簽訂、續簽、變更、解除、終止等方面有異議的；

(5) 認為受到上級或同事不公平對待的；

(6) 申訴人有證據證明自己權益受到侵犯的其他事項。

第五條 申訴管道及方式

(1) 公司成立申訴處理委員會，由執行長、副執行長、工會主席、人力資源部經理、申訴人所在的部門經理及員工關係經理組成。如果申訴提交到了人力資源部，員工關係經理將負責調查、取證、提出初步處理意見、參與研究、回饋答覆意見等工作。

(2) 申訴人可以選擇口頭申訴或書面申訴，但不論選擇哪種方式，均應填寫人力資源部提供的《員工申訴／答覆表》作為記錄。建議申訴人採取書面申訴方式，以便於申訴的處理。

(3) 申訴人可選擇下列任一對象作為申訴受理人進行申訴，如果申訴人係口

頭申訴的,申訴受理人應提供《員工申訴／答覆表》並做好記錄,記錄完成後,應要求申訴人簽字確認。

①申訴人的直屬主管;

②申訴人的部門經理;

③人力資源部員工關係經理;

④人力資源部經理。

以上申訴受理人均可在權限範圍內對申訴事項進行解答,如果申訴人接受該答覆,即可終結申訴。如果申訴受理人無法對申訴作出解答,可按照本制度第六條的申訴處理程序進行處理。

(4) 申訴人在等待處理期間應嚴格遵守公司相關規章制度,保證正常上班。

第六條 申訴處理須遵照以下程序進行。

(1) 申訴人採取書面申訴方式的應在申訴事項發生之日起 10 日內到人力資源部領取《員工申訴／答覆表》並盡快填寫完畢交給自己選擇的申訴受理人;採取口頭申訴方式的應在申訴事項發生之日起 10 日內根據本制度選擇一名申訴受理人並申訴。

(2) 申訴受理人應在接收《員工申訴／答覆表》時或申訴人口述申訴事項後詳細分析申訴事項是否符合本制度第四條申訴範圍的要求,如果不符合要求,應當場告知申訴人終止申訴並在《員工申訴／答覆表》上註明。如果申訴事項符合要求,申訴受理人應立即告知申訴人自己能否對申訴事項作出解答,如果不能作出解答則應明確告知申訴人,並在《員工申訴／答覆表》上寫明由申訴處理程序的後一級進行解答。

(3) 在申訴人的直屬主管和部門經理兩個層面上,兩者均可直接對申訴事項進行調查、處理,申訴人對處理結果滿意的即可終結申訴;如果申訴人對兩者的處理結果均不滿意或申訴人直接向人力資源部提出申訴的,由員工關係經理負責申訴事項的調查、取證、回饋等工作。

(4) 任一申訴處理人員均應在 10 日內對申訴事項做好調查、取證等工作並得出最終結論。如果申訴人對調查結論不滿意的,可以在知道申訴結論之日起 10 日內提出再申訴,10 日內不提出再申訴即表示申訴人接受該結論。再申訴應

第 6 章　員工績效投訴的處理

按照申訴處理程序，由作出調查結論的申訴處理人員的後一級受理。但是，當申訴被送達申訴處理委員會並由其作出終結時，該申訴結論為最終結論，申訴人應無條件遵守。

第七條　申訴處理結果做成一式三份的《員工申訴／答覆表》，一份交申訴人保存，一份存申訴人個人檔案，一份由人力資源部代表公司保存。

第八條　在整個申訴處理過程中，相關人員應保守祕密，如有洩密者，將依據相關規定對其進行處罰；如有對申訴人進行打擊報復者，將根據相關規定從重處罰。

第九條　申訴結論得出後，由人力資源部員工關係經理負責對結論的執行情況進行追蹤和監督。

第十條　本管理制度在 __ 年 __ 月 __ 日經 ×× 公司員工代表大會透過，自 __ 年 __ 月 __ 日起實施。本制度的解釋權歸人力資源部。

附表　員工申訴處理流程表

第 7 章　員工績效考核結果應用

　　各級主管和員工為什麼會重視績效考核，其實，這在很大程度上源於對考核結果的應用。考核結果出來後，如何兌現員工的「期待」，是我們必須處理好的問題。很多公司建立了績效考核制度，考核工作也搞得轟轟烈烈，唯獨對考核結果的運用差強人意。

　　考核結果中看不中用，成了個擺設，自然，下次也不會再有人重視員工績效考核了。因此，可以說，績效考核結果的應用是保證績效考核循環的關鍵。

7.1 員工考核結果應用方向

　　員工的考核結果到底該應用到哪些地方呢？是否可以根據各考核因素的情況有針對性地應用呢？

7.1.1 考核結果應用方向

　　就公司內部的人力資源體系而言，我們可以把績效結果應用於獎金分配、薪酬層級調整、刺激沉澱、員工培訓與職業發展、員工淘汰、管理診斷等多個方面。績效考核結果也必須與有效的人力資源管理決策掛鉤，才能真正發揮作用。績效結果的應用方向，如圖 7-1 所示。

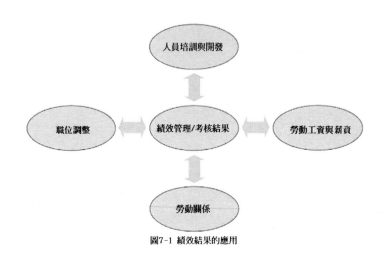

圖7-1 績效結果的應用

7.1.2 考核因素應用方向

對於績效考核的因素，我們可以從態度、能力和業績的角度對個體進行分析，從而找到提升績效的關鍵因素，並在相關模組加以應用。對於態度、能力和業績的不同考核結果，可以與各模組的強相關應用進行關聯，供實際使用時參考。考核結果強相關應用說明，如表 7-1 所示。

表7-1 考核結果強相關應用說明表

態度	能力	業績	勞動薪資與報酬	人員培訓與開發	職位調整	勞動關係解除	說明
好	好	好	●		●		晉升/加薪
好	差	好	●	●			在職培訓/獎勵
差	差	好	●	●			培訓/獎勵
差	好	好	●				績效改進溝通/獎勵
好	好	差			●		績效改進溝通/調崗
好	差	差		●	●		降職/培訓
差	差	差				●	績效改進溝通/淘汰
差	好	差			●		績效改進溝通/調崗

當然，考核結果可以應用於人力資源各模組，此處為我們建議採用的強相關應用，但並不代表只能應用於此方面。除了以上普遍的應用外，績效管理作為一個很好的策略性管理工具，還可應用於招聘，如具備哪些特質的員工其績效結果更好，或相對性價比（投入產出）更高，這就給我們招聘選才指明了方向。可從績效目標的制訂、考核指標的設計上下功夫，更好地實現策略導向、員工行為引

導和企業文化價值觀指引等。其應用很廣泛，在此不再詳述了。

7.2 績效考核結果應用於薪酬

將績效考核結果應用於績效薪水或獎金的發放，以及員工的調薪是企業最普遍的做法，很多企業把考核的時間直接安排在調薪或獎金發放之前也是由於這個原因。

7.2.1 績效考核結果應用於薪水

考核結果出來了，要調薪，很多人都沒有意見，但調多少、怎麼調，卻有學問。我在一家公司做人力資源部負責人的時候，適逢考核結束，很多員工都嚷嚷著調薪，老闆就說沒問題，人力資源部正在做方案，給員工吊足了胃口。老闆私下又和我說，調薪沒有問題，該漲的人漲，該降的人降，薪水總額不能變。不論漲多漲少，給張三漲還是給李四漲，有難度，但畢竟還算是皆大歡喜的事，但降薪水，憑什麼降，怎麼降，實在是一件讓人困擾的事。

為了解績效考核結果之於薪水的應用，我們先從薪水的決定因素說起。我們知道，薪水是由外部市場的競爭因素和內部的職位責任、能力、績效貢獻等因素決定的。雖然不同公司會有不同的薪水體系的設計，但其總體設計總是會考慮一定的梯度。這也意味著，某次的績效考績不能決定員工薪水的全部，即某個年度經營業績不佳的 CEO，薪水如果因此降到操作員人的水準，那將是非常不合理的。為此，多數公司把薪酬的組成分為了固定薪水和浮動薪水，並往往由當期績效來決定浮動薪水的多少。這樣，既能保證員工相對穩定的收入安全感，又能激勵員工努力工作獲得更高的浮動薪水，此類浮動的薪水稱為業績薪水或績效薪水。業績薪水是直接與員工個人業績相掛鉤的，這是績效考核結果的一種普遍應用。它是為了強化薪酬的激勵效果，在員工的薪酬體系中部分與績效掛鉤，薪資的調整也往往由績效結果來決定。在此，需要注意的是，此績效調薪並不調整員工的級別，員工的績效薪水只能在該員工所在職位的薪水範圍內進行調整，即不考慮員工當前薪水和其目標薪水的比率。

對於績效影響績效薪水的應用，多數企業都採取的是根據考核結果分等級發

放績效薪水或以考核結果分數所占比例乘以既定的績效薪水這兩種方式。

　　我們可以用員工的本期績效和其績效薪水基數來決定下一績效週期的績效薪水。如，績效薪水＝績效係數 × 績效薪水基數。以季度考核的某公司的績效考核等級與績效係數對照，如表 7-2 所示。

表7-2 績效考核等級與績效系數對照表(示例)

季度績效考核等級	S	A	B	C	D
季度績效系數	130%	115%	100%	80%	50%

　　按考核週期波動的績效薪水具有以下優點。企業支付給員工的績效薪水不會自動累計到員工的基本薪水之中，員工如果想再次獲得同樣的獎勵，就必須像以前那樣努力工作，以獲得較高的評價等級。但如果考績週期比較短，這樣的高頻率強相關的調薪容易鼓勵員工沖短期業績而非長遠貢獻，頻繁調薪也會增加管理成本。因此，也可以根據年度績效或者多個績效進行調薪等級的測算，這對於使用傳統等級薪資結構的公司是比較適用的。績效考核等級（月度）與薪水等級調整掛鉤考核表，如表 7-3 所示。

表7-3 績效考核等級(月度)與薪資等級調整掛鉤考核表

條件：績效等級	控制	調級
全年至少8個A	占總人數的5%	+2級
全年至少8個B或A	占總人數的20%	+1級
不符合上面或下面的條件占總人數的50%	0	不符合上面或下面的條件占總人數的50%
全年8個D或E，或連續3個E	占總人數的20%	-1級
全年8個及8個以上E	占總人數的5%	-2級

　　對於新轉正的員工在第一個考核期內業績薪水發放，可以按照轉正等級對應的績效係數為其進行測算。比如，某公司為季度績效考核，某員工在 7 月 15 日轉正，則該員工 7 月分業績薪水＝ 7 月 15 日後實際工作天數 /23× 該員工業績薪水基數 × 轉正績效係數。該員工 8 月、9 月業績薪水＝該員工業績薪水基數 × 轉正績效係數。

　　根據考核結果分等級發放績效薪水適合強制績效比例分布的情況，如果沒有績效比例的限制，為避免各部門績效等級尺度不一致導致的績效薪水不可控，可以實行總額控制的原則。即根據公司業績情況給予各部門一個績效調薪表，各部門根據員工績效係數和績效薪水基數的占比進行二次分配，個人績效薪水和部門

績效紅利的關係，如表 7-4 所示。

表7-4 個人績效工資和部門績效薪酬表的關係

個人績效工資	A	
員工績效工資基數	B	$A=\dfrac{B_1X_1}{\sum(B_1X_1+B_2X_2+\cdots)}\times V$
員工績效系數	X	
部門總績效調薪包	V	

7.2.2 績效考核結果應用於獎金

為了使薪酬更有激勵效果，把短期激勵和中長期激勵組合起來是大部分公司通常採取的做法，即採用把當期績效考核等級的月度績效薪水和年終績效獎金組合發放的方式。年度績效獎金是企業依據員工的年度績效評估結果，確定獎金的發放標準並支付獎金的做法。表 7-5 為某企業年度績效考核等級與年度獎金係數掛鉤表。

表7-5 績效考核等級與年度獎金系數掛鉤表(示例)

年度績效考核等級	S	A	B	C	D
年度獎金系數	130%	115%	100%	70%	40%

某員工個人的年度效益獎金 = 該員工職位薪水 × 該員工年度獎金係數 × 員工年度獎金基點值 ×N/12

$$員工的年度獎金基點值 = \frac{員工年度獎金總額}{\sum(員工崗位工資 x 員工年度獎金系數 x N/12)}$$

注：N 指該員工本年度轉正後的工作月數。

由於績效獎金制度和企業的績效考核週期密切相關，因此，這種制度在獎勵員工方面也有一定的限制，即缺乏靈活性。當企業需要對那些在某方面特別優秀的員工進行獎勵時，特殊績效獎金認可計劃也是一種很好的選擇。我們在員工的努力程度遠超過標準的時候或者在員工作出重大貢獻的時候，給予物質或榮譽的獎勵，靈活度高。以往的和薪水相關的績效獎員工每當獲獎總有種理所當然的感覺，但特殊績效獎金計劃會讓員工有被重視並獲得額外獎勵的感覺。

小視窗：人的因素是績效公平應用最重要的基礎

　　員工的變動收入比例越高、不同績效員工之間的收入差距越大，越會鼓勵員工爭取高的績效等級。由於知識工作者的績效等級多由主管主觀進行評價，而主觀的績效等級並不完全等同於客觀的績效貢獻，因此容易使員工養成「唯上」的傾向，這就要求各級考核者對於考核的導向和尺度理解一致、公平公正。一支不合格的團隊也不可能有合格的考績意見，而貿然應用績效結果則易產生巨大的人員流失風險。

7.3 績效考核結果應用於培訓與開發

　　績效考核的結果可以讓我們對每個員工的優缺點和未來的發展方向有更全面的認識，從而可以著手當下的培訓、著眼未來的發展。我們要根據員工的績效考核結果評價出員工的素養能力與職位能力需求的配合度，找到差距，同時考慮員工的個人發展要求，為其選擇、安排相關培訓課程或職業發展計劃，促進其能力水準提升。

7.3.1 績效考核結果診斷

　　績效考核結果是員工能力長短和綜合表現的晴雨表，我們可以透過對績效結果的分析，找出影響員工績效的原因和問題所在，以此確定其培訓和提升需求，加以培訓培養，從績效差距得來的培訓需求是培訓規劃的重要輸入。

　　在實踐中，多數公司都明白這個道理，但執行效果卻不理想，主要是對績效問題的短板沒找清楚。如何準確找到績效短板，可從員工自身的態度、能力、工作方式方法等來分析，員工績效診斷箱是一個非常好的工具，如圖 7-2 所示。

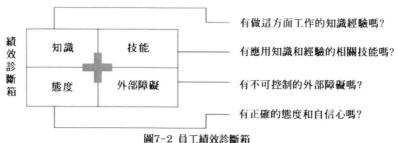

圖7-2 員工績效診斷箱

從績效診斷箱可看到，一般而言，導致員工績效不佳的原因可以從知識、技能、態度和外部障礙這 4 個方面進行考慮，判斷其真正的原因，然後有針對性地採取措施進行改善和解決。

（1）如果是知識和技能方面的問題，可以採用培訓培養的方式進行改善；但如果是「態度」和「外部障礙」的問題，就應該用其他的管理策略來解決了。

（2）如果缺乏知識、經驗和技能，可以透過在職培訓、導師制、職位輪班、職位實際訓練或競賽等在職訓練方式和自我啟發、脫產培訓等培訓培養的方式方法來解決。

（3）如果是態度問題，這意味著他對工作有牴觸情緒，首先必須要消除這一牴觸情緒，否則，後期的績效改善就不可能發生。這個類型的員工的主要特徵有以下幾個。

①自身價值觀與公司的價值觀不相符；

②在認知上與公司存在差異；

③在情感上，對公司的氛圍以及文化不能接受。

對於這類員工的績效問題，其能力已經不是解決問題的重點了，關鍵在於要爭取他們的配合、協調與他們之間的關係並儘可能與他們加強溝通。

（4）如果存在外部障礙，我們應最大限度地幫助員工排除障礙，或儘量減少其影響，然後尋求其他主管或同事的支持。

7.3.2 績效考核結果應用於培訓開發

在實際操作中，對於知識、技能欠缺的個體分析可以由員工本人和考核主管來完成，但我們需要對考核主管進行培訓，以使他們掌握診斷員工績效的方法，

第 7 章　員工績效考核結果應用

進一步強化管理者頭腦中培訓培養員工是其自身職責的意識。掌握了這些技能，主管對於員工在工作中存在的知識和技能的不足，就可以給予針對性的培訓和提升。作為績效考核企業者，我們可以對員工的績效改進表進行分析，或在績效考核之後做一次專門的培訓需求收集，以便盡快形成共性的培訓計劃。績效改進培訓開發卡如表 7-6 所示。

表7-6 績效改進培訓開發卡

部門		職位				姓名			員工編號	
所承擔的工作			上級評價			自我評價			能力描述	
			完全勝任	勝任	不勝任	完全勝任	勝任	不勝任		

教育培訓計劃	培訓方向	課程名稱/項目名稱
(1)脫產培訓	知識	
	技能	
(2)在職培訓	知識	
	技能	
(3)自我學習	知識	
	技能	

員工簽名：　　　　　主管簽名：　　　　　　　　　　年　　月　　日

除了培訓之外，我們也可以用培養的方法來解決員工知識、技能不足的問題。這裡介紹幾種員工培養的實施方法。

1. 工作指導法

由一位有經驗的員工或直屬主管人員在工作職位上對要培養的員工直接進行指導。主要是要教會培養對象如何做，並由其提出如何做好的建議，對培養對象進行激勵。

2. 工作輪換法

讓培養對像在預訂的時間內變換工作職位，使其獲得不同職位的工作經驗，加強培養對象對整個企業各環節工作的了解。

3. 特別任務法

為某些員工分派特別的任務對其進行潛力開發。

(1) 分派至委員會或初級董事會。讓有發展前途的中層管理者有機會分析全

公司範圍內的經驗和問題，可提供給培養對象分析高層問題的機會和參與決策的機會。

（2）進行行動學習。讓培養對象將全部時間用於分析、解決其他部門而非本部門問題的一種課題研究，可提高培養對象分析、解決問題和制訂計劃的能力。

4. 個別指導法

個別指導法，相當於「師帶徒」，很多公司稱為導師制，主要是透過資歷較深的員工的指導，使員工能夠迅速掌握技能。

對於這種綜合性的培養方式，可以採用例行更新（Update）的員工個人發展計劃（IDP）進行管理。個人發展計劃可以幫助員工在現有工作上改進績效，也可以幫助員工發展潛能，在經過一系列的能力發展後獲得晉升，當然，重點還是能夠改善本職位的績效。員工個人發展計劃表如表 7-7 所示。

表 7 - 7 員工個人發展計劃表

制訂日期：						有效期：	
姓名		員工編號		部門		職位	
主管姓名			主管職位				
發展計劃內容	達到目標		實施方式			評估時間	
(1)							
(2)							
(3)							
(4)							
(5)							
(6)							
員工簽名：				主管簽名：			

注：

1. 本計劃指結合員工職位需要及個人發展意向，雙方經溝通協商達成的促進員工個人發展的計劃。該項計劃可以發揮員工自身的潛力及利用部門或公司的資源，如參加培訓、特別指導、職位輪換等。

2. 該計劃至少每半年制訂一次，一式三份，員工與主管各留存一份，交人力資源部門存檔一份。

7.4 績效考核結果應用於人員異動

很多公司也會把績效考核的結果應用於員工的職位調整，但要注意的是，績效考核結果是職位調整的必要條件而非充分條件，還需要建立一套明確和系統的制度。

7.4.1 績效考核結果應用於職位調整

把績效結果直接應用於職位調整，需要非常謹慎，建議要注意以下幾條原則。

(1) 職位調整要依據公司的人力資源規劃，需要有計劃地進行，有空缺才有調整，因此，比例要合理，避免職位頻繁變動對業務產生影響；

(2) 員工在職位上的產出和能力提升需要積累，用某次的績效考核結果直接應用於職位調整會使員工變得短視，不利於長遠目標的實現，要注意在本職職位上的持續貢獻和短期績效表現的均衡。原則上，至少需要在本職職位工作一年以上。

(3) 績效結果應用於職位調整，必須保證公開、公平和公正，即需要有公開的事前制定的績效管理制度，在此基礎上再進行人員異動，最忌諱事後算帳。如果把績效等級強制分布和自動降級聯動起來，那整個團隊的壓力感就非常強了。

(4) 職務的不同，要求的能力也不同，有的人在一個職位上可以取得很好的業績，但是如果換個職位，可能就不能勝任。所以，在將績效與晉升掛鉤的同時，應注意對員工的業績、能力和態度進行全面的考核，尤其是對於將要晉升為管理職的員工來說，其態度和價值觀與公司經營的一致性更是非常重要的條件。

表 7-8 是某公司將職位調整與績效考核結果的聯動（5 級考核）。

表7-8 職位調整與績效考核結果的聯動

職位調整	年度績效等級	半年度績效等級	原職位	在原職位時間
主管職位競聘要求	A/B	B以上	員工、主管	≥1年
經理職位竟聘要求	A	B以上	主管級以上	≥2年
內部調職	C	C以上	已轉正員工員工、主管	不限
降職/級	D	C及以下	已轉正員工員工、主管	不限
辭退	E	D及以下	已轉正員工員工、主管	不限

7.4.2 績效考核結果應用於員工淘汰

雖然績效考核結果經常被不少公司用於末位淘汰，但一旦過程中處理不當，也將帶來很大的法律風險。要注意的是，相對考績中員工排在「末位」，不代表員工可以作為不勝任而被淘汰。在實行淘汰過程中，必須處理好以下幾點。

(1) 考核制度要明晰，包括什麼情況下可以判定為不勝任，也要讓員工非常清楚。需要使用時，必須完善相關制度，避免引發勞動爭議。

(2) 績效標準要明確，員工無法達到工作標準的溝通要充分，我們可以用考核主管和員工雙方簽字的績效考核表來表明溝通的一致性。

(3) 對於無法達到勝任工作的員工，要給予績效改進的機會，建議以簽訂績效改進計劃的方式予以明確，績效改進的標準在計劃中要清晰。

(4) 在改進過程中，要給予員工有效的工作指導或培訓。企業招聘和培養一個員工是非常不容易的，這部分的成本也很高，因此對於績效差的員工，我們應設置緩衝期，對員工進行再培訓。我們應該給員工內部職位調整的機會，或是到企業內部勞動力市場競爭上崗的機會，如果最終競爭不到合適職位，才終止勞動關係。

(5) 在對不勝任工作的員工進行淘汰的過程中，要充分認識到，只有相對不適合的職位，沒有絕對的不勝任的員工。如果發現員工不適合公司的文化或者職位要求，及早放手對雙方都是負責任的做法。當然，在這個過程中，一定要注意和員工進行良好的溝通，並盡力對員工下一步的職業生涯給予指導和幫助。

第 8 章　員工績效考核管理工具

　　了解了整個考核的過程，我們可以進行實際的考核操作了，但如果沒有合適的管理工具，或者選錯了管理工具，就會直接影響考核的效果。績效管理經過這幾年的發展，已經有了不少考核的工具，從實踐中來看，量表法、比較法、描述法是比較常見的三類考核工具。

8.1 量表法

　　量表法就是採用標準化的量表來對員工進行考核。這方面的方法也有很多，如評價量表法、等級擇一法、普洛夫斯特法、行為錨定評價法、行為觀察法、混合標準測評法等。評級量化法和行為觀察法分別是對績效因素達標等級和行為發生頻率的測量，比較基礎且延展性最廣，我們在此進行詳細介紹。

8.1.1 評級量表法

　　評級量表法是各種考核中最普遍採用的方法，即用一種評價尺度表，對員工的每個考核專案的表現作出評價或者計分。採用這種方法，我們可以在一個等級表上對業績的判斷進行記錄。在等級分類中，通常採用 5 點量表，或者可以採用諸如「優秀」、「一般」和「較差」等形容詞來定義。在我們知道績效的構成因素，並且對每一因素可以有不同層級評分的時候，可以使用這種方法。為了保證評價者對標準理解的一致，我們建議評價者在作出最高或最低的評價的時候，應該寫明理由。評級量表法（示例）如表 8-1 所示。

表8-1 評級量表法(示例)

考核要素	考核內容	考核評定	等級及得分	考評事實依據或理由
工作質量	所完成的工作的準確度、完整性	A. 91～100 B. 81～90 C. 71～80 D. 61～70 E. 60及以下		

（續表）

考核要素	考核內容	考核評定	等級及得分	考評事實依據或理由
生產效率	產品的生產的數量和效率	A. 91～100 B. 81～90 C. 71～80 D. 61～70 E. 60及以下		
知識技能	經驗和技術能力在工作中的表現	A. 91～100 B. 81～90 C. 71～80 D. 61～70 E. 60及以下		
紀律性	工作紀律和規章要求的符合度	A. 91～100 B. 81～90 C. 71～80 D. 61～70 E. 60及以下		
積極性	對任務分配不畏難，主動積極進行改進	A. 91～100 B. 81～90 C. 71～80 D. 61～70 E. 60及以下		
合作性	主動協助上級、同事做好工作	A. 91～100 B. 81～90 C. 71～80 D. 61～70 E. 60及以下		
總計				

說明：請根據被考績者的實際工作情況，對照上表的內容進行評分，最後彙總平均分得出結果分數。

非常優秀（A）：在所有的工作領域中表現突出並遠遠超出其他人。

優秀（B）：很好地完成工作中的主要要求，工作品質高。

良好（C）：能勝任和獨立完成工作，基本滿足公司要求。

待改進（D）：在某些方面，存在影響績效達成的明顯缺陷。

不滿足要求（E）：不能勝任。

這個方法適用的關鍵在於對於因素的提煉和等級的定義，因素提煉越準，等級定義越清晰，評價就越準確。當每個評價者對每個因素和等級都有一致的解釋時，不同個體間的評價就有了一致性。

8.1.2 行為觀察量表法

　　行為觀察量表法,也有人稱為行為觀察法,我們通常用來測量被測評者表現出的某種行為的頻率。如果我們知道成功績效所需要的一系列合乎希望的行為,就可以採用這種方法。主要的思路就是,收集達成績效的關鍵事件並按維度進行分類。例如,將一個 5 分的量表分為「幾乎沒有」到「幾乎總是」5 個等級,透過將員工在每一種行為上的得分相加得到各個評價專案上的得分,最後根據各個專案的權重得出員工的總得分。如評價工作的可靠性的行為觀察量表(示例)如表 8-2 所示。

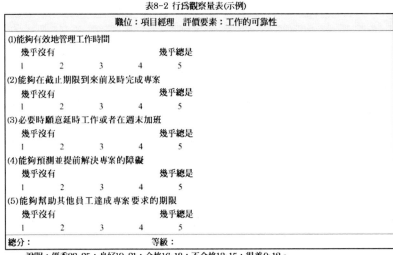

表8-2 行為觀察量表(示例)

職位:項目經理　評價要素:工作的可靠性				
(1)能夠有效地管理工作時間				
幾乎沒有				幾乎總是
1	2	3	4	5
(2)能夠在截止期限到來前及時完成專案				
幾乎沒有				幾乎總是
1	2	3	4	5
(3)必要時願意延時工作或者在週末加班				
幾乎沒有				幾乎總是
1	2	3	4	5
(4)能夠預測並提前解決專案的障礙				
幾乎沒有				幾乎總是
1	2	3	4	5
(5)能夠幫助其他員工達成專案要求的期限				
幾乎沒有				幾乎總是
1	2	3	4	5
總分:　　　　　　　　　等級:				

說明:優秀22~25;良好19~21;合格16~18;不合格13~15;很差0~12。

　　行為觀察量表法的使用要基於系統地工作分析,使員工也能得到有效的資訊回饋,並明確指導員工如何得到高的績效評分。這個方法使用起來也很簡便,員工也能參與進來,很多企業都用這種考核方法去牽引員工的行為。但由於每個職位的行為差異很大,必須要花費大量的時間來開發這個量表,而且這個方法比較適合行為穩定、不太複雜的工作,因為只有這類工作才能找出有效的績效影響行為從而設計出量表,而對於研發類職位、中高層管理者等這個方法就不太適用了。

8.2 比較法

比較法是一種相對評價方法，就是透過員工之間的互相比較得出考核結果。比較法的工具也有很多種，在績效考核中，我們可以採用個體排序法、標竿比較法和配對比較法。

8.2.1 個體排序法

排序法很好理解，就是按一定的評估因素的表現給員工排隊，比如，部門中績效最好的排前面，最差的排後面。其實，相對考核就是排序法的一種表現形式，就看這個比例的刀切在哪裡而已。

排序法就是將所有參加評估的人列出來，分別針對每一個評估因素開展評估，先找出該因素上表現最好的員工，將他排在第一的位置，再找出該因素上表現最差的員工，將他排在最後一個位置上；接著再找出次最好的員工，將他排在第二的位置上，再找出次最差的員工，將他排在倒數第二的位置……這樣不斷反覆，直到所有人排完。然後，再以同樣的方法就第二個因素進行評估，排列順序。最後的綜合排名可以根據其各項評價因素的綜合排名確定。個體排序法（示例）如表 8-3 所示。

表8-3 個體排序法(示例)

業績		能力		態度	
名次	姓名	名次	姓名	名次	姓名
1	張xx	1	李xx	1	張xx
2	李xx	2	王xx	2	劉xx
3	王xx	3	劉xx	3	羅xx
4	馬xx	4	馬xx	4	馬xx
5	劉xx	5	張xx	5	王xx
6	羅xx	6	羅xx	6	李xx

個體排序的方法對於小團隊非常簡單實用，評價結果也一目瞭然，但對員工的心理會造成很大的壓力，也不利於內部合作氛圍的建立。另外要注意的是，相當層級的人可以在一起排序，但不要把位置或等級懸殊的放在一起比，這將使比較失去意義。例如，一個有五年工作經驗的老 Sales 其銷售業績往往比工作半年的新員工要好，此時，對於二者，用一個尺子去比較就不合理了。

8.2.2 標竿比較法

　　標竿比較法是確定團隊內部排序的一個簡便易行的辦法，就是在考核之前，先選出一位員工，以他的各方面表現為標準，對其他員工進行考核。

　　和個體排序法類似，標竿排序法也是針對每個評估因素進行排序，然後根據綜合排序結果進行評定，但不同的是，排序的基礎是將某位員工選為標竿。我們要先選出一個團隊中比較典型的員工，這個典型員工往往不是這個團隊中最優秀的，也不是最差的，然後再將其他員工與其進行對比，根據對比結果進行綜合排序。標竿比較法（示例）如表 8-4 所示。

表8-4　標竿比較法(示例)

標竿員工：xxx考核要素：客戶意識

比較等級 被考核者	A	B	C	D	E
馬xx					
李xx					
王xx					
趙xx					
江xx					

　　說明：與標竿員工相比，在對應的欄目中打「√」。

　　A —— 絕對更優秀；B —— 比較優秀；C —— 相似；D —— 比較差；E —— 差距很大。

　　需要注意的是，標竿員工不能一成不變，這樣可以激勵員工努力做到更好，而不是一味縱容他們保持剛好可以的心態。不過和個體排序法類似，這種方法的刺激性比較大，會給團隊造成較大的心理壓力，因此，一定要注意團隊導向的變化，避免發生惡性的競爭。同時，更不能讓標竿員工成為員工心目中的「靶子」，員工比的應該是和高績效相關的關鍵態度、行為和結果，而不是評出來一個「完美」的人。

8.2.3 配對比較法

　　配對比較法就是把每個員工和其他員工一一配對，進行兩兩比較，從而決定優劣的評價方法。配對比較法可以對人進行比較，也可以在對各個職位進行評估時使用。

在對兩個人進行比較的時候,表現相對好的記「+」,另一個員工就記「-」,所有員工比較完了之後,計算每個人的「+」數,按照「+」數的多少進行排序。配對比較法(示例)如表 8-5 所示。

表8-5 配對比較法(示例)

某部門參加績效評定6人,探取配對比較法,縱列比橫行優計為「+」,否則計為「-」

	張xx	李xx	王xx	馬xx	劉xx	羅xx	「+」的個數
張xx		-	-	+	+	-	2
李xx	+		+	+	+	--	4
王xx	+	-		+	+	-	3
馬xx	-	-	-		+	-	0
劉xx	-	-	-	+		-	1
羅xx	+	+	+	+	+		5

由此,羅 ×× 以 5 個「+」排第一,以下依次是李 ××、王 ××、張 ××、劉 ××、馬 ××。配對比較法簡單易行,適合於人數較少的部門;如果人數多,而每個人的長處短處不一樣,配對比較起來就比較困難。另外,這個比較沒有考慮各評價因素的權重,比較的結果不一定是最符合公司的導向的。

8.3 描述法

描述法就是我們用敘述性文字來描述員工的工作業績、能力、態度、優缺點和關鍵行為事件等,在與員工作績效溝通的時候,這些描述都是非常好的評價素材,用於佐證員工相應的績效等級,但由於描述法只能作為某個時段員工行為的例證,所以據一兩個行為來直接對員工的績效進行評定是不客觀的,因此,描述法被更多地作為輔助的考核方法來使用。其中,最常用的描述法就是關鍵事件描述法。

此外,另一種模擬情境的考核方法 —— 評價中心法,近年來也日漸興起。由於這種方法也是對某一情境下員工的行為表現進行描述,因此,我們也可以把它歸為描述法。

8.3.1 關鍵事件描述法

關鍵事件描述法,就是觀察、書面記錄員工有關工作成敗的「關鍵性」事實作為員工績效評價的依據。事實上,很少有公司直接拿關鍵事件描述法作為一個

普遍的評價手段，但現實中，它確實是非常有價值的補充，尤其是對於優秀和差這兩頭的員工來說。

為什麼是兩頭，是這個事件中非常關鍵的因素。因為這兩頭足以代表非常積極和非常消極的兩個方向，而這樣的事件才能稱得上關鍵事件。有經驗的主管經常會保留最有利和最不利的工作行為書面記錄，在考績後期，運用這些記錄和其他資料對員工的業績進行評價。

關鍵事件描述法包含了以下三個要點。

(1) 觀察；

(2) 書面記錄員工所做的事情；

(3) 有關工作成敗的關鍵性的事實。

既然關鍵事件是非常重要的評價依據，記錄或描述的方法就非常重要了，我為大家推薦 STAR 法，這也是招聘中用於判斷後續行為和能力的最常用測評方法之一。STAR 法，又叫「星星法」，就像一個十字形，分成四個角，記錄的一個事件也要從四個方面來寫。

第一個 S 是 SITUATION —— 情境。這件事情發生時的情境是怎麼樣的。

第二個 T 是 TARGET —— 目標。他為什麼要做這件事。

第三個 A 是 ACTION —— 行動。他當時採取什麼行動。

第四個 R 是 RESULT —— 結果。他採取這個行動獲得了什麼結果。

案例：關鍵事件描述法

玉玲是公司的計劃員，主要負責將客戶從海外運過來的貨清關、報關，並把貨提出來，然後按照客戶的需求運到客戶那裡，確保整個物流的順利進行。

這家公司只有玉玲一人負責這項工作，除了玉玲再沒人懂了。在剛進行完 3 月分考績後，玉玲 80 多歲的奶奶，在半夜裡病逝了，玉玲從小由奶奶養大，奶奶的病逝使她很悲傷，人很憔悴，也病了。碰巧第二天，客戶有一批貨從美國進來，並要求清關後，要當天六點鐘之前準時運到，而且這是一個很大的客戶。玉玲怎麼做呢？她把喪事的料理放在一邊，第二天早上 8 點鐘準時出現在辦公室，她的經理王偉發現她臉色鐵青，精神也不好，一問才知道家裡出了事。玉玲什麼話也沒說，一直在準備進出口的報關、清關的手續，把貨從海關提出來，並且在

下午 5 點鐘就把貨寄出去了，及時運到了客戶那裡。然後，五點鐘時，她就提前下班走了，去料理奶奶的後事去了，可公司規定正常是六點鐘下班的。

這是一個關鍵事件。如果這件事情王偉沒有發現，不記下來，或者人力資源部也沒有發現，那在別的同事眼裡，六點鐘下班，她五點鐘就走了，會認為是早退。好在經理王偉善於觀察，發現了這件事情，問清楚是怎麼回事，他認為這是件很令人感動的事情。如果沒有這場變故，幫助客戶快速辦理貨物，這是一個正常的工作，是不會記下來的。但這一天，她置個人的事情於不顧，首先考慮公司的利益，為了不讓客戶受損失，克服了種種困難堅守職位，完成了任務。這是一件值得表揚的事情，因此決定把這件事情記錄下來。王偉是這樣記錄這件關鍵事件的。

情境 S：玉玲的奶奶頭一天晚上病逝了。

目標 T：為了第二天把一批貨完整、準時地運到客戶那裡。

行動 A：她置家裡的事於不顧，堅守職位，提前把貨寄出去了。

結果 R：客戶及時收到了貨，沒有使公司的信譽受損。

STAR 的四個角就記錄全了。

上述案例就是利用 STAR 進行關鍵事件的描述，記不光彩的事情，同樣要用情境、目標、行為和結果這四個角的 STAR 法。但關鍵事件考績方法一般是不會單獨使用的，因為它所記錄的只是一些好的或不好的事情，記錄並沒有貫穿整個的過程。這個考績方法，只是為以後的打分提供有利的依據。但關鍵事件描述的評價方法又深受大家喜歡，第一，有理有據，因為時間、地點、人物全都記錄全了。第二，成本很低，也不需要花太多的時間，只是花幾分鐘將這四個角給寫下來而已。第三，還有一個很大的優點，回饋及時，可以快速提高員工的績效。

在以上案例中，王偉在玉玲 5 點鐘下班走了以後，給部門所有的員工發了一封電子郵件，用 STAR 方法羅列出這件事：當時怎麼回事，她為什麼要這麼做，採取了哪些行動，結果是什麼。最後，王偉在這個郵件裡還總結了一句，她這個行為體現了她顧全大局，為公司利益放棄了自己的利益，這是非常值得表揚的行為，希望所有的人向她學習。這樣一個簡單的郵件，不僅打消了大家可能產生的「誤解」，又會讓玉玲覺得心裡暖洋洋的，她心想原來我的事情，經理都看在眼

裡，那我以後更要好好表現。公司剛起步，在成長階段，沒有自己考核系統的時候，一定要用關鍵事件法記錄員工的光彩和不光彩的行為，以便為日後員工的加薪、發獎金、降級、離職等留下有利的依據。

　　關鍵事件法不能單獨用於系統的考核。另外，運用關鍵事件法時，還要注意以下幾點。

　　(1) 關鍵事件應具有職位特徵的代表性；

　　(2) 關鍵事件的數量不要求多，有代表性即可；

　　(3) 記錄時要言簡意賅，清晰準確。

8.3.2 評價中心法

　　近年來，透過情境模擬來考核的方法 —— 評價中心法，越來越受到重視。其實，評價中心法的原理和關鍵事件法類似，兩者都是基於對行為的分析從而進行評價，只是前者是基於模擬情境，而後者則是基於真實的工作場景。

　　評價中心法是將被測試者置於某種模擬的情境中，透過被測評者的行為表現對其進行評價。這個方法首先被美國電話電報公司（AT&T）採用，最先被用於評價高層管理人員，目前已經成為很多公司進行人員測評的方法，不僅用於人員管理，還可以應用於對專業、技術人員進行基礎素養的測評。評價中心法的主要特點是，使用情境性的測驗方法對被評價者的特定行為進行觀察和評價，有很高的針對性和有效性。

　　一個標準的評價中心一般可採用如下的評估方法。

　　(1) 「籃子練習」。被評估人拿到一個裝滿各種工作計劃、備忘錄、電話記錄、需解決問題清單的「籃子」，應迅速作出判斷，排出先後順序，區分不同的重要性，將要處理的工作分派妥當。此方法意在檢驗當事人的工作能力。

　　(2) 「無領導小組討論」。讓若干被考績者參加針對某一問題的討論會，規定會議時間。考績者要留意觀察，誰實際上主持了或控制了討論，誰對問題的實質有更快的反應和更準確的判斷。

　　(3) 個人發言。給被考績者一個題目，讓其在 5 ～ 10 分鐘時間內準備一個 10 ～ 15 分鐘的發言，考察發言人的溝通能力、企業思路能力，看其

是否鎮靜沉著，講得是否入情入理。

(4) **心理測試**。主要測量被評估人的特定的心態和能力。各種各樣的心理測量表已經在實踐中得到了廣泛的應用。

(5) **問卷法**。就是被考績者的自我評價。

你可能會覺得，這不就是我們招聘人員甄選時的一些方法嗎？是的，評價中心的方法應用在人員甄選環節已經在很多大型公司得到了較廣泛的使用，這種方法對於問卷、量表、小組討論等考績技術，往往選擇其中多種，綜合實施，其信度已經得到業界的廣泛認可。但是，評價中心法也有不足之處。評價中心法多用於對個人能力的評價預測，而比較難應用於對過去業績的評價，同時，該方法在能力評估方面的使用還是有一定門檻的。因為不同的工作職位需要不同的能力，評估標準必須與要求相適應，評價人員也需要透過專門的訓練才可以掌握這些評價技術，因此，評價品質往往需要很長時間才能得到鑒定。

如果你已經掌握三種以上的方法，恭喜你，你已經是半個測評專家了。

小視窗：結合「人」、「數」、「事」用好各績效管理工具

績效考核方法太多，有時也會讓人無所適從。量表法重「數」、比較法重「人」、描述法重「事」，我們應該針對具體職位靈活運用各種績效管理工具，把對「人」、「數」、「事」的考核系統地結合起來，找到適合每個職位的最有效的方法。

第 9 章　關鍵因素考核表的設計

　　學了第 8 章幾個績效考核的管理工具，別以為就找到了績效考核方法的捷徑。當兩個活生生的人站在你的面前，到底應該考什麼？怎麼考？是否要有所側重？方向如何？要知道，如果方向錯誤，那結果也就注定錯誤。還記得我們第 1 章績效考核給出的話題嗎？這章我們就來談談，怎麼確定考什麼和如何考的問題。

9.1 分層分類的考核設計

　　一個司機和一個廚師，要分優劣還真是一件難事，當然，可以將他們和各自領域內的其他人員相比，誰排名前面算誰贏。那麼，第一名的司機和第一名的廚師誰的績效更好呢？我們在上一章介紹的績效考核工具，多適用同一職位類型的考核。而公司是由不同職位類別和職級層次的員工組成的，從職位類別的角度看，有管理人員、操作人員、技術人員等，在管理人員中，也有高層、中層、基層管理人員，他們有各自不同的工作要求。你很難把一個司機和 CEO 放在一起進行績效評價，看誰的績效更好？也許有人會說，當然是 CEO 了，你說的恐怕是 CEO 比司機職位更加重要的問題，這是職位的比較，也是常規企業職位評估的結果。但績效評價是員工工作技能的比較，那麼一個優秀的司機和一個經營糟糕的 CEO，哪個績效更好呢？這個問題就很難回答。因此，對不同職位的考核應該分層、分類來進行，在設計考核量表之前，也要對員工進行分層分類。

9.1.1 考核職位的分層分類

　　考核的層次類別以多少為宜，這個我們可以根據實際情況來確定。分層分類太多，考核操作成本太高；分層分類太少，不能體現考核的針對性。

　　層級的劃分，上限是職位的等級數，各公司都不同，而現在提高管理效率、減少層級是個趨勢。即便如此，哪家公司也不會真正按照這麼多級來分層考核，多數公司是分 3 ～ 4 層來進行考核，如策略層、管理層、執行層；或者高層、中

層、基層等。

職位類別的劃分，主要會按照職位的性質來判斷，上限就是公司的職位數。多數企業分為管理類、專業類、技術類、事務輔助類、操作類等。職位分層分類示意圖，如圖 9-1 所示。

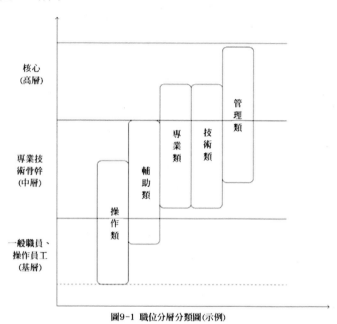

圖9-1 職位分層分類圖(示例)

9.1.2 考核因素的分層分類

層次和類別不同，考核的內容及其考核要求的側重點當然就不一樣。比如，基層操作員工主要是按照既定的流程和規範來操作，重點是保證不出錯，也就是把事做正確，判斷能力的考核就不是十分重要了，紀律性更突出。而對高層而言，在紛亂複雜的競爭和經營環境中及時作出決策，也就是要做正確的抉擇，在這裡，判斷力就至關重要。關於業績、能力、態度的分層分類考核的思路，可以參考表 9-1 分層分類的關鍵考核因素分布示意表。

表9-1 分層分類的關鍵考核要素分布表(示例)

考核要素	考核內容	高層			中層			基層	
		管理	專業	技術	管理	專業	技術	操作	輔助
工作業績		●	●	●	●	●	●	●	●
工作態度	合作性				●	●	●		
	紀律性							●	●
	主動性	●	●	●	●	●	●	●	
	責任感	●						●	
工作能力	業務技能					●	●	●	●
	判斷力	●			●				
	關係建立能力	●	●		●				
	應變能力	●	●		●				
	人際理解能力	●	●		●	●			
	策略思考能力	●	●	●					
	計劃管理能力	●			●				
	協調能力	●							

注：●表示對該類別員工而言，該考核要素是必須考核的。

表 9-1 是考核因素在不同層級和類別員工中的分布的示例，在具體設計考核因素與職位關聯的時候，要從企業的客觀實際出發，確定考核內容。考核因素與職位的關聯和公司策略、業務流程、企業和職位 KPI 有關，在後續的策略績效考核中我們會對其進一步加以介紹。

9.2 考核表的設計

設計考核表，是作為一個績效專業人員的最基礎的技能之一，可以設計一個綜合性的考核表，也可以按照業績、能力、態度來分類設計。

9.2.1 員工綜合考核表的設計

世界上沒有一個放諸四海而皆準的通用考核表，因為每個公司情況不同、職位不同、個體情況不同，考核因素也會不同，我們應該結合具體情況進行有針對性的設計，但多數情況下，考核表的設計都是圍繞著業績、能力和態度的考核進

行的。以下提供某公司的某部門人員年度考核表供參考，如表 9-2 所示。

表9-2 部門人員績效綜合評分表(示例)

被評價人員姓名　　員工編號　部門

考核項	權重	考核標準	5	4	3	2	1	評價意見
工作業績	70%	目標達成情況						
工作能力	20%	• 專業技能 • 合作能力 • 執行能力 • 溝通能力 • 理解能力						
態度(公司價值觀遵從)	10%	• 開放創新 • 成就客戶						

評價標準

傑出(S)	優秀(A)	良好(B)	合格(C)	不合格(D)
4.5(不含)~5	4(不含)~4.5	3.5(不含)~4	3(不含)~3.5	3(含)以下

注：請在對應的分數空格處打√。

對於小規模的公司，如果主管和員工日常溝通較多，例行工作相對較多，為了降低管理成本，透過業績、能力、態度這三方面的因素進行提示，即可以讓主管對員工進行考核了。形式還是服務於內容，只要主管把考核要求溝通到位、考核結果溝通到位，表格只是一個考核方向提示的載體而已。當然，我們也可如表9-2 所示，把業績、能力、態度的考核因素進行分解，設計出符合公司導向的業績、能力和態度的考核表。

9.2.2 員工工作業績考核表的設計

所謂業績，也應該是相對的，你無法比較 CEO 和司機的業績，具體的業績目標應該依據各職位的不同來設計，業績主要對照職位要求的業務目標的完成情況。如前所述，業績的考核因素一般可以從數量、成本、品質、時間等方面的屬性進行考慮，常稱為 TCQQ。

業績考核表一般可以包括以下主要內容：對所承擔工作內容的完成情況；自我評價；上級意見；分類考核。工作業績考核表，如表 9-3 所示。

表9-3 工作業績考核表(示例)

姓名		員工編號		部門		職位		
項目	工作內容	工作目標		自我評價		主管評價		指導與改進
工作內容完成情況				□超越目標 □達到目標 □低於目標		□超越目標 □達到目標 □低於目標		
				□超越目標 □達到目標 □低於目標		□超越目標 □達到目標 □低於目標		
				□超越目標 □達到目標 □低於目標		□超越目標 □達到目標 □低於目標		
				□超越目標 □達到目標 □低於目標		□超越目標 □達到目標 □低於目標		
業績要素考核	考核方向	考核要點		考核等級				
	工作數量(Q)			□優秀(A)	□良好(B)	□合格(C)	□須改進(D)	
	工作品質(Q)			□優秀(A)	□良好(B)	□合格(C)	□須改進(D)	
	投入成本(C)			□優秀(A)	□良好(B)	□合格(C)	□須改進(D)	
	及時性(T)			□優秀(A)	□良好(B)	□合格(C)	□須改進(D)	

1. 關於工作內容完成部分

(1) **工作內容**。主要基於員工的職責及當期工作重點,比如,對於銷售經理而言,工作內容可以為銷售產品、建立客戶關係、支持市場活動等。

(2) **工作目標**。為針對該項工作內容在某時間段內應該達成的期望結果,目標要可衡量。

(3) **自我評價**。這是員工對於每項工作內容完成情況的評價,將實際完成情況和目標對照,分別選擇超越目標、達到目標或者低於目標。

(4) **主管評價**。這是上級主管對於員工每項工作內容完成情況的評價,將實際完成情況和目標對照,分別選擇超越目標、達到目標或者低於目標。為保證評價的客觀性,主管評價和自我評價要分別進行。

(5) **指導與改進**。基於自我評價和主管評價的差異,雙方經過溝通找到改進點。

2. 關於業績考核因素部分

(1) 考核方向,按照 TCQQ,分為工作數量、工作品質、投入成本、及時性 4 個方向。

(2) 考核要點，指的是每個考核者具體的考核重點，可以根據被考核者的
工作特性進行設計，也可以從業績考核要點表中選擇。某職位工作業
績考核要點表，見表9-4。

表9-4某職位工作業績考核要點表（示例）

考核方向	考核要點
工作數量	(1) 工作是否覆蓋了所要求的內容？ (2) 工作挑戰和負荷如何？ (3) 是否已經為未來進行了一些前瞻性的工作？
工作品質	(1) 所完成的工作是否達到預期效果？ (2) 文件輸出經驗總結的品質如何？ (3) 上下游及客戶對交付品質的滿意度如何？ (4) 錯誤的比率如何？
投入成本	(1) 是否存在浪費導致成本增加？ (2) 所採用方案的性價比如何？ (3) 是否局部最優而導致總體成本增加？ (4) 預算完成情況如何？
及時性	(1) 在指定的時間內，完成工作的程度如何？ (2) 是否因自身問題出現退件的情況？ (3) 工作程序的合理性如何？ (4) 響應的速度如何？ (5) 上下游及客戶對交付及時的滿意度如何？

9.2.3 員工工作能力考核表的設計

簡單來說，工作能力就是一個人是否有適合的能力擔任一個職位。與業績一
樣，人的工作能力也是相對的。「職位面前，人人平等」，這句話不是說把員工
拉到一條水平線上去比，一個高職生和一個博士生怎麼比，而是說要把人的能力
與職位的任職要求相比，為適應職位，人的能力應提高到怎樣的程度。我們的目
標是讓員工勝任職位要求，而不是對其進行能力排隊。因此，具體的能力考核因
素也不應該設定統一的考核指標，而應該因人制宜。此外，能力考核不是考核能
力的絕對值，而應該透過考核要求員工在本來職位上，在原有的基礎上，快速、
大幅度地提高能力，這才能實現考核牽引的意義。

人的能力包括本能、潛能、才能、技能，它直接影響著一個人做事的品質和
效率。能力既包括了顯現出來的具體專業業務技能，銷售人員的演講能力、文件
製作能力，也包括人員的各項素養，如判斷力、關係建立能力、應變能力、抗壓
力、體能等。我們所考核的能力應該是基於職位要求的，即透過可以改善和培養
的，包括個人行為表現出來的顯性能力或可以透過學習或訓練表現出來的潛在能

力。人的性格類型（如內向型、外向型、保守型、開拓型）會對工作結果產生間接的影響，但這些是較難透過外在的訓練改變，因此，一般不作為績效考績的因素。工作能力考核表，如表 9-5 所示。

表9-5　工作能力考核表(示例)

姓名		員工編號		部門		職位	
項目	考核方向	考核要點		自我評價	主管評價	指導與改進	
專業能力	知識			□完全勝任 □基本勝任 □不能勝任	□完全勝任 □基本勝任 □不能勝任		
	技能			□完全勝任 □基本勝任 □不能勝任	□完全勝任 □基本勝任 □不能勝任		
核心素養	關係建立			□完全勝任 □基本勝任 □不能勝任	□完全勝任 □基本勝任 □不能勝任		
	溝通能力			□完全勝任 □基本勝任 □不能勝任	□完全勝任 □基本勝任 □不能勝任		
	應變能力			□完全勝任 □基本勝任 □不能勝任	□完全勝任 □基本勝任 □不能勝任		
	判斷能力			□完全勝任 □基本勝任 □不能勝任	□完全勝任 □基本勝任 □不能勝任		
	執行能力			□完全勝任 □基本勝任 □不能勝任	□完全勝任 □基本勝任 □不能勝任		

員工結合職位要求，根據具體的考核要點進行自我評價，主管進行上級評價，對於偏差給予具體的指導改進意見。考核要點是每個考核者具體的能力和素養的考核重點，可以根據被考核者的工作特性進行設計，也可以從能力考核要點表中進行選擇。某職位工作能力考核要點表，如表 9-6 所示。

表9-6某職位工作能力考核要點表（示例）

能力類別	考核方向	考核要點
專業能力	知識	(1) 是否具備該職位所要求的一般知識？ (2) 是否具備該職位所要求的專業知識？ (3) 針對相關知識的掌握程度如何？ (4) 對公司業務和產品的瞭解程度？
	技能	(1) 能否把知識充分運用到對複雜專業問題的處理上？ (2) 是否能為本領域的持續改進提出新構想？
核心素養	關係建立	(1) 是否能和他人快速建立友好、互利的關係？ (2) 是否能和他人保持友好、互利的關係？ (3) 業務開展中和上下游合作的融洽程度如何？ (4) 遇到困難是否能夠找到關鍵關係解決問題？

（續表）

能力類別	考核方向	考核要點
核心素養	溝通能力	(1) 是否具有良好的人際溝通技巧 (2) 是否可以用書面或口頭形式進行良好的表達並達到效果 (3) 是否善於傾聽和理解 (4) 是否能有效地回饋不同意見
	應變能力	(1) 能有效地處理各類突發事件 (2) 能夠快速把握機會提升組織效益
	判斷能力	(1) 是否能正確理解職位要求或上級指示 (2) 對本職位角色的認知是否清晰 (3) 對於新挑戰是否能根據經驗快速作出準確的判斷和決策 (4) 是否能對未來的變化進行預測或作出全局性的判斷 (5) 是否曾經因為決斷草率而帶來損失
	執行能力	(1) 是否服從組織安排，快速反應，堅決完成工作任務 (2) 遇到困難是否能夠積極主動尋求解決方案並解決問題

9.2.4 員工工作態度考核表的設計

　　有能力是否就有好業績？不一定，缺少把工作做好的意願，僅有能力也只是擺設。有好業績是否就是好員工？不一定，不走正道會把團隊帶向歧途。所以，幾乎所有的公司都會關注員工的工作態度，並有不少公司會對員工的態度進行考核。工作態度怎麼考，通常對員工工作態度的考核一般包括員工的合作性、積極性、責任心、紀律性等，當然在進行考核時要以不同職位的特性作為考核要點。另外，也要考慮公司文化的特性。工作態度考核表，如表 9-7 所示。

表9-7 工作態度考核表(示例)

姓名		員工編號		部門		職位	
職業態度	考核方向	考核要點		自我評價		主管評價	得分
	合作性						
	積極性						
	責任心						
	紀律性						
價值觀遵從	價值觀	具體要求		自我評價		主管評價	得分
	成就客戶						
	艱苦奮鬥						
	開放進取						
	持續改進						

備註：遠超出目標(5分)；超出目標(4分)；達到目標(3分)；低於目標(1分)；遠低於目標(0分)。

　　職業態度和價值觀的側重也需要根據各個職位的不同而不同，權重不同，也可以選擇具體的考核要點。對於公司的價值觀，則需要進行具體的解讀。某職位工作態度考核要點表，見表 9-8。

表9-8某職位工作態度考核要點表（示例）

態度類別	考核方向	考核要點
職業態度	合作性	(1) 是否善於與他人合作共事 (2) 是否充分發揮各自優點保持良好的團隊運作 (3) 是否與他人有無謂的爭執 (4) 是否在他人遇到困難的時候樂於幫助
	積極性	(1) 是否積極熱情地學習業務所需的相關知識 (2) 是否對解決困難有高昂的意願和熱情 (3) 是否存在消極的工作行為 (4) 是否能主動去做一些要求之外的「分外」事 (5) 是否沒有主管的指示，也能自覺開展工作
	責任心	(1) 是否誠實守信，一絲不苟，堅持原則 (2) 是否能對安排的工作負責到底 (3) 是否不用監督也能快速開展工作 (4) 對工作問題是否不推卸責任 (5) 工作完成品質是否精益求精
	紀律性	(1) 是否嚴格遵守工作紀律，很少遲到、早退、缺勤 (2) 是否嚴格遵守工作彙報制度，按時完成工作報告 (3) 是否遵守公司財經紀律，公私分明 (4) 是否遵守公司規章、作業流程和其他規定 (5) 是否注意社會公德、維護公司形象
價值觀	成就客戶	(1) 為客戶服務是公司存在的唯一理由，客戶需求是公司發展的原動力 (2) 為客戶提供有效的服務，是我們價值評價的尺規，只有成就客戶才能成就自己
	艱苦奮鬥	艱苦奮鬥體現在為客戶價值創造的活動中以及在勞動的準備過程中，只有艱苦奮鬥才能贏得客戶的信賴和尊重
	開放進取	為了更好地滿足客戶需求，我們需要積極進取、開放創新，我們堅持客戶需求導向，並圍繞客戶需求進行持續創新
	持續改進	我們需要不斷檢視自我，具有自我批判精神，不斷進步不斷改進，傾聽客戶聲音，持續超越

小視窗：不能牽引改進的績效系統必然走向「死亡」

　　績效考核表設計的重心是改進，無論是業績、能力、態度還是行為，該表的設計要科學地處理好人與人比、人與自己比、人與目標（標準）比之間的關係，牽引每個個體不斷改進，那麼，這個績效系統才是有生命力的系統。

第 10 章　中基層管理職分析

不同關鍵因素的考核設計，還是要結合不同的考核對象進行。如果把企業中的各類角色進行最簡單的分類，可以分為管人的和做事的。當官的就是在企業中直接監督和指導他人工作的人，他們透過擔任的職位，運用管理知識，對企業負有貢獻的責任。按照管理者的管理層級和責任大小，可以分為高層管理者、中層管理者和基層管理者。在企業中，有經營決策責任、對企業總目標完成情況負責的一般是高層；中層管理者則負責一個或幾個部門的工作，即對部門的計劃、控制和企業實施負責；基層主管則負責日常的指揮和監督。對於公司的決策層，往往由董事會進行考核，這在我們以後的講述中會逐步地加以介紹，而對於績效經理，則暫不會涉及。我們先來對中基層管理者的職位進行分析。

10.1 職位特點

只要是管理者，就要帶人，基層管理者是那些在企業中直接負責非管理類員工日常活動的人，通常稱為一線管理者。他們要確保完成上級下達的各項計劃和指令，關心具體任務的完成，他們要身先士卒，同時他們已經不再是個人貢獻者，而要依靠公司給其分配的「人手」來完成工作任務。作為一個管理者，他的時間資源已經不再是其本人的，而是團隊的；他的業績貢獻不再僅僅是本人的，而是團隊的，他的成就感也不再來自個人的成功，而更應來自團隊成功，這是基層管理者所具備的特點和面臨的挑戰。他們多數是深入基層的團隊負責人，稱謂有督導、團隊主管、經理、處長等。

中層管理者是指位於企業中的基層管理者和高層管理者之間的人。他們承上啟下，相對於一線基層管理者而言，他們既要對本領域的業務負責，同時也要帶領一線管理者而成為將「將」之人。如何「排兵布陣」抓好能力建設、如何建設氛圍提升團隊敬業度、如何平衡授權與監管避免越級指揮，是他們面對的挑戰。他們多數是各領域的負責人，稱謂有總監、區域經理、門市經理等。

10.2 職位角色

為什麼企業要設置管理者，很大程度上是因為各類待處理的資訊，需要由上至下進行傳遞，以至於不少人把中基層幹部戲稱為「傳聲筒」。不過也是，撇開專業能力而言，管理者一個很大的價值就在於，可以給員工的具體工作提供有價值的資訊，以便「最後一公里」不至於跑偏了。從資訊掌握的角度而言，無論是中層還是基層管理者，他們都要確保和其一起工作的人員能夠獲得足夠的資訊，從而能夠順利完成工作，中層管理者身分特殊，他們需要對資訊進行處理並作出決策。中層管理者在團隊中通常「扮演」以下角色。

(1) **資訊的監督者**。他們持續關注企業內外環境的變化以獲取對本企業有用的資訊，根據這種資訊，中層管理者可以識別企業的潛在機會和威脅。

(2) **資訊的傳播者**。中層管理者把他們作為資訊監督者所獲取的大量資訊分配出去。

(3) 資訊的發言者。中層管理者必須把資訊傳遞給企業以外的個人，這就叫影響力。

(4) **衝突調停者**。中層管理者必須善於處理內外部的各種衝突或解決問題，如平息客戶的怒氣，同不合作專案的供應商進行談判，或者對員工之間的爭端進行調解等。

(5) **資源分配者**。中層管理者要決定企業資源的去向。

10.3 職位職責

作為負責某一領域的業務和團隊的管理者，雖然每個職位的業務貢獻都不一樣，但他們都應該在業務交付、能力建設、團隊建設、企業流程建設等領域承擔相應的管理責任。由於層級不同，我們對中基層管理者的職位職責要求也應有所側重。中、基層管理職的職責對照，如表 10-1 所示。

表10-1 中、基層管理者職位職責對照

職責	中層管理者	基層管理者
業務交付	達成組織績效，對該領域的業務成功負責	完成主管布置的任務，對該領域的任務交付負責
能力建設	提煉本領域的知識和技能點，做好知識管理，確保本領域業務的持續成功和長遠發展	做好基礎作業能力的訓練，不斷提升團隊成員的產出效率
組織建設	構建流程化的組織，清晰責權，排兵布陣，做好梯隊建設	做好團隊分工

(續表)

職責	中層管理者	基層管理者
流程建設	是本領域流程建設的責任人	是本領域流程的營運者
氛圍建設	傳承公司價值導向，培育認同並踐行公司價值觀的一線幹部與員工	關懷員工，活躍團隊氛圍，加強團隊凝聚力

10.4 職位要求

相對於基層員工而言，管理者掌握更多的資源，承擔更大的職責，他們工作績效的好壞，對企業整體績效造成重大作用，因此，企業對於管理者的素養也會有更高的要求。作為企業的中基層管理者，為避免其在業務上紙上談兵、管理上照搬照抄，管理者的選拔上我們要慎之又慎。對於急缺的專業領域，我們可以大力引入專家，但對於各級管理者，他們承擔理解和傳承公司價值和文化的責任，我個人主張幹部選拔原則上要有一線經驗，「宰相必起於州郡」應成為企業幹部選拔的重要導向。我們可以從其職業素養、管理素養、業務素養的維度進行分析，職業素養是關鍵要求，管理素養是優勢能力，業務素養則是幹部選拔的分水嶺。

1. 職業素養

(1) 能夠忠於職守，熱愛本員工作；

(2) 具有自律精神，嚴格要求自己，以身作則；

(3) 理解公司價值觀和文化，在實踐中積極踐行。

2. 管理素養

(1) 能夠合理分工和授權；

(2) 具備識人的能力；

(3) 具備用人的能力；

(4) 有更開闊的心胸，能容忍不同個性的人；

(5) 具備良好的溝通和合作能力。

3. 業務素養

(1) 掌握本業務領域的系統性知識；

(2) 具備指導和解決業務問題的能力；

(3) 規劃本領域業務發展的能力；

(4) 有可驗證的一線業務成功的實踐經驗。

這些職位要求對於不同管理層次的管理者的相對重要性是不同的。偏技術、偏人際的素養要求依據管理者所處的企業層次從低到高逐漸下降，而偏思想、文化的技能和偏規劃、決策的要求則相反。對基層管理者來說，具備技術技能是最為重要的，具備人際技能在同下層的頻繁交往中也非常有幫助。對於中層管理者來說，對技術技能的要求下降，而對思想、文化技能的要求上升，人際的技能也是工作開展不可或缺的。當然，這種管理技能和企業層次的聯繫並不是絕對的，企業規模大小等一些因素對此也會產生一定的影響。

結合具體業務，某地產公司研發總監的職位要求描述，如表 10-2 所示。

表10—2某地產公司研發總監職位要求描述（示例）

類別	項目	職位要求描述
業務素養	工作經驗	(1) 12年以上規劃設計、房地產產品研發等相關工作經驗 (2) 5年以上房地產設計管理與產品研發經驗 (3) 在我司或業界一流公司該領域工作3年以上
	必備知識與業務能力	(1) 建築學、城市規劃、土木工程等大學科系以上學歷 (2) 精通房地產產品特徵，規劃、建築等相關設計知識和設計規範，國家、地方對房地產產品的相關設計規定 (3) 熟悉房地產、規劃、行銷、工程專案管理方面知識，集團房地產業務開展區域的市場需求特點，房地產開發全套業務流程 (4) 能指導團隊完成專案的設計規劃 (5) 能熟練使用AUTOCAD、PHOTOSHOP、WORD、EXCEL等相關設計軟體，具備中、高級工程師資格
管理素養	管理能力和素養	(1) 卓越的團隊領導、影響能力、成就動機、溝通能力 (2) 優秀的歸納思維、創新思維、全局觀念 (3) 較強的組織協調、計畫執行、抗壓能力 (4) 善於培養團隊，敢於攻堅克難
職業素養	個人品質	(1) 為人正直，工作敬業 (2) 具有擔當精神 (3) 認同並實行成就客戶、平等開放、持續成長的價值理念

注：上述內容僅供參考，請根據企業實際要求完善，不要機械照搬。

小視窗：中堅人才是關鍵

再完美的考核體系也需要人來執行，中基層管理者承上啟下，在落實公司的策略目標中造成重要作用，加強了管理者的團隊，就加強了強大執行力的基礎。因此，要做好績效管理，決不能忽視人才的選拔和培養。

第 11 章　中基層管理者績效考核量化設計

對中基層管理者考核的壓力會層層傳遞到基層員工，因此，對員工考核並得到高層支持，應先從中基層管理者抓起，這往往是我們撬動績效考核的重要槓桿。根據中基層管理者的職位分析，結合管理者管業務、管能力、管團隊的特點，我們提供中基層管理者的績效考核方案以及一些典型職位的中基層管理者的量化考核，供大家參考。

中層管理者負責公司營運的某一重要領域，同時又承上啟下管理下屬部門或團隊，採用平衡計分卡的考核模式，結合各職責，從財務、內部營運、客戶和學習發展四個角度進行考核，能夠較好地平衡各考核因素，牽引各業務領域健康可持續地發展。

基層管理者通常是員工的一線經理，對完成公司在該領域的工作任務負責，對員工的日常工作進行管理和支持。技而優則仕明確了基層管理者的升職路線。相對中層管理者有全局性的經營考核指標而言，除了直接帶團隊的特點以外，基層管理者的工作會更貼近一線，任務導向型的工作考核會更加突出。同時，由於其所領導的部門或團隊多數處在業務流程的節點，流程符合度的考核也是績效考核中重要的一部分。

我們按照公司的主業務流程，以規劃—研發—生產—銷售—職能部門的順序，對公司各主要中基層管理職的業績考核方案進行量化，供大家參考。

11.1 中基層管理者績效考核設計

中基層管理者的績效考核可以根據平衡計分卡進行指標設計，並多採用面向高級管理團隊述職評議的方式進行。

第 11 章　中基層管理者績效考核量化設計

11.1.1 中基層管理者績效考核管理辦法

中基層管理者的績效考核管理辦法應該對考核對象、考核內容、考核週期、考核程序、考核應用等有系統的說明。以下提供某公司中基層管理者績效考核管理辦法，供大家參考。

××公司中基層管理者績效考核管理辦法（示例）

1. 總則

1）目的

為保障企業體系的順暢運作，持續提升各部門業績，確保公司策略目標的達成，加強對中基層管理人員的考核，特制定本辦法。

2）考核對象

本辦法所指的績效考核範圍主要包括公司各業務領域總監級幹部（含副總監）、部門的經理級（含副經理）。

3）考核導向

(1) **結果導向**。按照公司整體績效、企業績效、個人績效進行層層分解，以工作業績為重點，以責任目標為導向，實行過程監督，注重對工作表現和工作業績的考核與改進。

(2) **逐級考核**。依據管理幅度和職責權限，實行自下而上逐級負責，以及自上而下的逐級考核，對於經理級幹部在各體系進行考核，對於總監級幹部在執行長辦公會進行考核。

(3) **指標量化**。對於所有納入績效考核的指標均實行量化，確定量化目標，進行量化考核。對於民主評議指標實行數據轉換模型，將定性評價轉化為考核數據後，再進行綜合分析評價。

(4) **客觀公正**。對於指標體系的確定、指標值的核定、績效的評價以及考核的來源依據、考核結果的使用等，均採取客觀、公正、公開、科學、合理的方式。

4）考核週期

對中基層管理人員的考核週期，原則上每半年進行一次。

2. 考核內容及程序

1) 考核內容

對中基層管理者的考核是對各領域及子系統經營管理狀況進行的系統檢視，因此，對中基層管理者的考核採取述職的方式進行。

考核重點在於基於年度規劃的關鍵績效指標的完成情況。具體包括以下專案（各體系也可以根據實際情況進行添加）。

(1) 基於年度規劃中營運部門下發的關鍵績效指標的完成情況；

(2) 與上個考核週期的績效相比的改善情況。

(3) 產業標竿對照情況。

(4) 本領域的可供複製的優秀實踐經驗 DNA。

2) 考核程序

(1) 考核期末，管理者依據公司的經營規劃，結合考核因素向公司提出下一考核週期本部門的業務目標、工作重點、執行措施、關鍵績效指標和指標值，對於上一期的改進點，還要制訂相應的改進計劃。

(2) 各級管理者的績效計劃需要和上級主管進行溝通，並在上級管理團隊進行評議、審定，審定後的內容填入中基層管理者述職表的計劃中。

(3) 考核週期內如需調整，經考核主管同意，可以進行績效計劃的修訂調整。

(4) 考核期末，各級管理者需將績效計劃的完成情況填入述職表中。

(5) 上級主管企業相應層級管理者的述員工作，以上級小組會議的方式進行，核算得分，確定考核等級。

(6) 初評結束後，考核主管與被考核的管理者進行績效溝通，確定績效考核結果。

(7) 人力資源部接受各級管理者關於績效結果不同意見的投訴。

3. 考核結果應用

1）考核等級

中基層管理者的考核等級分為優秀（A）—— 90 分以上、良好（B）——80 ～ 89 分、合格（C）—— 70 ～ 79 分、需改進（D）—— 60 ～ 69 分、不合格（E）—— 60 分以下。對管理者的考核，原則上需要按照相對考績的比例進行控制。見表 1。

表1 考核等級分布比例

考核等級	優秀(A)	良好(B)	合格(C)	需改進(D)	不合格(E)
分布比例	10%	20%	55%	10%	5%

注：若實際考核結果 A、B 的對應比例小於強制分布要求比例，則按實際情況進行。中層、基層管理者的比例原則上要分層分布，若人數過少，則按照主管副總的管理體系為單位進行。

2）年終考核

（1）中基層管理者的年度考核等級為年終述職等級。

（2）中基層管理者半年度和年終考核連續為 D 或 E 的，按不勝任處理。

（3）對於經理級的年終述職，執行長辦公室成員會進行抽樣並對其進行小組評議，抽樣幹部比例不少於 20%。

3）考核結果運用

考核結果將成為薪酬、職位調整、任職資格調整的重要依據，參照《公司績效獎勵辦法》執行。

本考核辦法的解釋權歸公司人力資源部。

×× 公司人力資源部

×××× 年 × 月 × 日

11.1.2 中基層管理者績效述職的企業

對於中基層管理者的績效，一般都採取面向上級管理團隊述職的方式進行。以總結為主旨的績效述職可以從下到上進行，以新考核週期任務布置為主旨的述職則應從上到下進行。

　　績效述職會是比較常見的一種現場述職方式，就是評價人面對評價小組和其他被評價人當眾進行述職演講，由評價小組現場評分或評議。這個評估方式有利於被評價人校正對自己業績的自我評價，也有利於上級校正對自己下級的業績評價，能較好地保障績效評估的順利落實和客觀公正，並促進各部門的經驗交流。述職會的操作步驟和要求建議如下。

　　第一步，會前準備階段。會前，要做好分組、確定評價人和述職會的主持人，一般是同領域或某分管主管的所轄領域成員在一起進行分組，評價人由分管主管、與分管主管同級或上級主管組成，主持人可以由該業務領域的績效經理來擔任。會議開始前，應確保每個評價小組成員都拿到並通讀了被考核人的年度總結和相關評價支持材料，並了解評價規則。

　　第二步，被考核人當眾述職。被考核人可以根據年度總結的內容和相關要求向評價小組進行述職。所述內容包括幾大部分。

　　（1）　事實：①目標是多少？②實際完成是多少？

　　（2）　可能的原因識別：①做得好的地方是什麼？為什麼？②可以改善的地方在哪裡？為什麼？

　　（3）　下一步的行動計劃。

　　（4）　個人提升計劃。

　　第三步，現場提問。評價小組與現場聽眾可以針對其述職內容進行提問。

　　第四步，現場評分。評價人員根據被考核者提供的相關材料及現場述職情況進行評分。

　　第五步，數據統計及結果確認。會後，可由績效經理對每位被考核人的得分進行統計，並整理現場評議的意見記錄、考核小組的評價表記錄回饋給主管，由員工主管進行覆核並向員工進行回饋。

小視窗：績效述職不是脫口秀，「述」、「評」要分開

　　績效述職是管理者向上級和周邊部門陳述自己過去一段時間工作得失的難得機會，重點依舊要放在改進意見本身，而非這個人到底要得多少等級，至於績效等級，則可以在會後綜合各方意見後在更小範圍內進行確定。績效述職不是綜藝節目，要避免「做得好不如講得好」，在述職過程中個人意見應儘量避免受到意

見領袖的干擾。

11.2 策略發展領域管理者量化考核

11.2.1 策略總監量化考核

策略總監負責公司的發展規劃和投資策略，驅動企業策略的選擇、控制和實施。根據公司規模，可以下設策略規劃部和企業管理部。策略總監要能敏銳地把握策略動態和策略方向，對產業動態趨勢有深入理解，有卓越的策略管理視野和大局觀。

1. 策略總監職責（參考）

(1) 全面主持公司策略發展部工作。

(2) 研究、制定、實施發展策略與規劃，包括總體策略說明、具體行動計劃和專案、公司資源分配。

(3) 收集和整理與公司發展有關的經濟資訊資料、政策法規，提供決策支持。

(4) 負責公司策略環境的分析，包括政治形勢、法律環境、經濟環境、社會文化環境以及產業環境的分析等，負責擬訂公司的競爭策略。

(5) 研究國家的產業結構調整方向及產業動態，選擇符合公司發展方向及產業政策的專案，進行可行性分析並提出分析報告。

(6) 根據公司整體策略發展目標，尋找優質、可控的合作、投資專案，參與公司各類合作、投資專案的論證、總體規劃、方案策劃、溝通談判、協調實施過程，提供專業的意見，供決策參考。

2. 策略總監量化考核表

策略總監量化考核表（示例），如表 11-1 所示。

表11-1 策略總監量化考核表(示例)

被考核者姓名		職位	策略總監	部門	
考核者姓名		職位	總經理	部門	
指標維度	指標	權重	考核目的	績效目標值	
財務	淨資產回報率	10%	牽引公司商業成功的策略方向,確保股東收益最大化	達到___%	
	投資收益率	10%	確保對外投資的收益率	達到___%	
	部門費用管理	5%	合理有效地控制費用的支出,節約成本	控制在預算之內	
內部運營	策略規劃科學性	10%	保證公司持續、健康發展,確保公司發展策略與公司內部資源相匹配,適應外部環境的發展和變化	上級領導對提交的研究報告滿意度評分在___分以上	
	策略目標完成率	20%	確保公司階段性策略發展目標完成	公司階段性策略發展目標完成率達100%	
	公司經營情況分析	10%	為公司高層領導提供決策支持	提交的分析報告的準確率與完成率達____%	
	決策評審差錯率	10%	確保公司無重大決策失誤	重大決策失誤的情況為0	
客戶	客戶滿意度	5%	提升圍繞客戶需求的策略規劃能力	達到___%	
	外部合作滿意度	10%	保證外部合作和投資關係的順利進行	達到___%	
學習與發展	培訓計劃完成率	5%	使整個公司管理團隊具有策略能力,並保證公司核心團隊能理解公司策略意圖	達到___%	
	核心員工保留率	5%	留住骨幹員工	達到___%	

11.2.2 策略規劃部經理量化考核

策略規劃部負責公司的發展策略研究和產業分析工作,並為公司提供可供合作的外部機會。策略規劃部經理要有優秀的策略規劃能力,能敏銳地把握產業發展趨勢。

1. 策略規劃部經理職責(參考)

(1) 分析總體經濟與政府政策、產業情況與競爭對手、市場需求與潛在機會,協助制定中長期發展目標與策略;

(2) 負責企業策略分解與執行,策略專案實施過程中的企業、管理與協調;

(3) 根據策略實施要求,為企業架構調整、業務流程改良、企業各項重點管理工作提供支持,確保策略順利實施;

(4) 定期評估策略推進情況，提出策略實施改進建議，推動策略議題的落實；

(5) 配合制定、完善策略管理規章制度與工作體系。

2. 策略規劃部經理量化考核表

策略規劃部經理量化考核表（示例），如表 11-2 所示。

表11-2 策略規劃部經理量化考核表(示例)

被考核者姓名		職位	策略規劃部經理	部門	
考核者姓名		職位	策略總監	部門	
指標維度	指標	權重	考核目的	績效目標值	
財務	淨資產回報率	10%	牽引公司商業成功的策略方向，確保股東收益最大化	達到____%	
	部門費用管理	5%	合理有效地控制費用的支出，節約成本	控制在預算之內	
內部運營	策略規劃方案編制及時率	20%	及時提供公司規劃發展方案和策略	達到100%	
	策略規劃方案通過率	10%	提高策略規劃的質量	達到____%	
	行業分析報告提交及時率	10%	為公司管理層提供決策支持	提交的分析報告的準確率與完成率達____%	
	策略項目進度控制	20%	確保重大策略項目按計劃推進	達到____%	
客戶	客戶滿意度	5%	提升圍繞客戶需求的策略規劃能力	達到____%	
	內部合作滿意度	10%	內部策略管理工作合作順暢	達到____%	
學習與發展	培訓計劃完成率	5%	使整個公司管理團隊具有策略能力，並保證公司核心團隊能理解公司策略意圖	達到____%	
	核心員工保留率	5%	留住骨幹員工	達到____%	

11.2.3 企業管理部經理量化考核

企業管理部是公司的綜合管理部門，具有企業綜合管理職能和做好執行長管理參謀的職能。企業管理部的經理應該對企業業務流程、營運情況非常熟悉，具有良好的溝通能力和影響力。

1. 企業管理部經理職責（參考）

(1) 建立健全公司各項規章制度（責任制），並根據執行情況及時修訂完善；

(2) 企業編制各部門工作職責及各職位工作標準；

(3) 根據公司各項管理要求對各項工作加以督促、落實；

(4) 對各部門的工作目標、計劃執行情況進行考核和修訂完善；

(5) 建立健全企業品質管理體系，並落實實施。

2. 企業管理部經理量化考核表

企業管理部經理量化考核表（示例），如表 11-3 所示。

表11-3 企業管理部經理量化考核表(示例)

被考核者姓名		職位	企業管理部經理	部門	
考核者姓名		職位	策略總監	部門	
指標維度	指標	權重	考核目的	績效目標值	
財務	經營目標實現率	10%	確保公司年度計劃的落實執行	達到___%	
	部門費用管理	5%	合理有效地控制費用的支出，節約成本	控制在預算之內	
內部運營	企業規範化管理計劃按時推進率	20%	按計劃推進公司規範化管理	達到100%	
	經營管理計劃分析報告提交及時率	20%	及時提供經營分析供上級決策	達到___%	
	企業內部管理評估報告提交及時率	15%	按時提交管理評估報告，持續改進內部管理水平	達到___%	
	管理改進建議採納數	10%	採納合理化建議，持續優化公司管理	達到___條	
客戶	內部合作滿意度	10%	內部管理改進工作合作順暢	達到___%	
學習與發展	培訓計劃完成率	5%	內部管理改進培訓完成情況	達到___%	
	核心員工保留率	5%	留住骨幹員工	達到___%	

11.3 技術研發領域管理者量化考核

11.3.1 技術總監量化考核

技術總監負責公司產品開發和技術管理工作，確保公司在產業領域的技術優勢和可持續發展能力。根據公司策略和管理幅度，可以下設技術部、研發部等部門。技術總監需要具備扎實的技術功底和寬廣的產品技術視野，並有帶領組員進行技術攻關解決難題的能力，還要敬業、高效，有明確的目標導向。

1. 技術總監職責（參考）

(1) 全面主持公司技術領域的工作；

(2) 根據公司總體策略規劃，制定中長期技術策略規劃，確保領先的技術競爭力；

(3) 負責公司產品技術框架的選型、設計與搭建；

(4) 負責產品開發流程的制定和管理；

(5) 負責公司新產品的需求分析和概要設計，完成對新產品開發、新產品生產導入的支持；

(6) 負責企業重大技術問題的技術攻關；

(7) 企業各種能夠提升研發人員整體研發能力的培訓；

(8) 對市場提供技術支持。

2. 技術總監量化考核表

技術總監量化考核表（示例），如表 11-4 所示。

表11-4 技術總監量化考核表(示例)

被考核者姓名		職位	研發總監	部門	
考核者姓名		職位	總經理	部門	
指標維度	指標	權重	考核目的	績效目標值	
財務	主營業務收入	10%	牽引產品的商業成功導向	達到＿＿萬元	
	研發成本控制	10%	確保研發合理投入	控制在預算範圍內	
內部運營	新產品開發計劃達成率	20%	合理安排進度，確保項目達成	達到＿＿＿%	
	新產品平均開發週期	10%	不斷提升開發效率、縮短開發週期	達到＿＿＿天	
	新產品立項數量	10%	確保產品目標達成，科學立項決策	達到＿＿＿個	
	中試一次通過率	10%	產品可製造性設計能力提高	達到＿＿＿%	
客戶	客戶滿意度	10%	持續提升客戶對產品的滿意度	達到＿＿＿%	
	部門協作滿意度	5%	週邊合作順暢	達到＿＿＿%	
學習與發展	專利數	5%	提高研發專利能力確保知識產權競爭力	達到＿＿＿個	
	核心員工保有率	5%	留住骨幹員工	達到＿＿＿%	
	培訓計劃完成率	5%	提升研發員工能力	達到＿＿＿%	

11.3.2 技術部經理量化考核

技術部負責公司的技術規程和技術管理，向產品生產和研發部門提供回饋資訊，支持技術更新。技術部經理應具有扎實的技術功底，出色的創新能力，對現場問題的分析和解決能力。

1. 技術部經理職責（參考）

（1）建立完善技術規程並企業實施，編制產品的使用、維修和技術安全

等有關的技術規定；

(2) 編制中長期技術發展和技術措施規劃，並企業對計劃、規劃的擬定、修改、補充、實施等一系列技術企業和管理工作；

(3) 負責新技術引進和新產品導入工作的計劃、實施，確保產品品種不斷更新和品類的擴大；

(4) 負責技術改造和工藝管理，做好技術圖紙、技術資料的歸檔工作；

(5) 負責技術開發、技術引進及現場技術問題的解決；

(6) 擬制公司技術人才開發計劃，抓好技術管理人才培養，做好技術團隊的管理。

2. 技術部經理量化考核表

技術部經理量化考核表（示例），如表 11-5 所示。

表11-5 技術部經理量化考核表(示例)

被考核者姓名		職位	技術部經理	部門	
考核者姓名		職位	技術總監	部門	
指標維度	指標	權重	考核目的	績效目標值	
財務	技術改造成本控制率	10%	技術改造成本的控制	達到____%	
	部門費用管理	5%	合理有效地控制費用的支出，節約成本	控制在預算範圍內	
內部運營	標準工時降低率	20%	牽引技術創新提升單位產品的產生效率	達到____%	
	材料消耗降低率	20%	不斷提升材料用效率降低損耗	達到____%	
	重大技術改進項目完成數	10%	以技術改進提升產品工程工藝水平	達到____項	
	技術方案採用率	10%	提高新技術方案的質量	達到____%	
	技術方案不完善導致的停工事故	5%	保證技術方案的完備性	小於____次	
客戶	內部合作滿意度	10%	內部週邊工作合作順暢	達到____%	
學習與發展	培訓計劃完成率	5%	技術培訓完成情況	達到____%	
	核心員工保留率	5%	留住骨幹員工	達到____%	

11.3.3 研發部經理量化考核

研發部負責公司新產品和新技術的開發管理，確保產品的按期交付，以確保產品的競爭力。研發部經理應該具有深厚的產品技術功底，產品意識強，有較高的團隊管理能力和問題分析能力。

1. 研發部經理職責（參考）

(1) 負責新產品設計和開發管理，確保產品的領先性；

(2) 按計劃交付產品，對專案開發和實施負責；

(3) 新技術的開發，透過技術創新提升產品競爭力；

(4) 負責相關研發文件的制定、審批、歸檔；

(5) 促進公司研發團隊能力提升。

2. 研發部經理量化考核表

研發部經理量化考核表（示例），如表 11-6 所示。

表11-6　研發部經理量化考核表(示例)

被考核者姓名		職位	研發部經理	部門	
考核者姓名		職位	技術總監	部門	
指標維度	指標	權重	考核目的	績效目標值	
財務	新產品利潤貢獻率	10%	牽引新產品的商業成功	達到___%	
	項目研發成本控制率	10%	合理有效地管理研發費用的支出，節約成本	控制在預算範圍內	
內部運營	研發項目完成準時率	20%	對項目開發階段實施監控，提高研發計劃達成率	達到___%	
	科研成果轉化效果	10%	科研成果轉化為產品應用	達到___項	
	產品開發週期	10%	提高研發效率，縮短上市週期	小於___天	
	研發項目階段成果達成率	5%	反映新產品研究開發的質量、成本、性能等目標完成情況	達到___%	
	發明專利申報數	5%	保護知識產權，建立技術壁壘	達到___個	
	產品技術重大創新		加強對空白領域的技術突破	每個加10分	
客戶	客戶滿意度	10%	產品競爭力的滿意情況	達到___%	
	內部合作滿意度	10%	內部週邊工作合作順暢	達到___%	
學習與發展	培訓計劃完成率	5%	技術培訓完成情況	達到___%	
	核心員工保留率	5%	留住骨幹員工	達到___%	

11.4 採購供應領域管理者量化考核

11.4.1 採購供應總監量化考核

採購供應總監是採購供應領域的總負責人，確保公司營運的相關供應，需要在採購領域具有良好的業績和職業道德紀錄，分析能力強，有優秀的談判技巧和供應商管理能力。

1. 採購供應總監職責 (參考)

(1) 全面主持公司採購供應領域的工作，統籌策劃和確定採購內容，減少不必要的開支，以有效的資金，保證最大的供應，確保各項採購任務的完成；

(2) 調查研究公司各部門商品需求及銷售情況，熟悉各種商品的供應管道和市場變化情況，平衡供應風險；

(3) 進行供應商的評價和管理，建立合理的採購流程；

(4) 監督並參與大批量商品訂貨的業務洽談，檢查合約的執行和落實情況；

(5) 認真監督檢查各採購供應主管的採購進程、價格控制和庫存情況；

(6) 確保物資準確及時地發放；

(7) 指導並監督下屬開展業務，不斷提高業務技能，確保公司的正常採購。

2. 採購供應總監量化考核表

採購供應總監量化考核表（示例），如表 11-7 所示。

表11-7 採購供應總監量化考核表(示例)

被考核者姓名		職位		採購供應總監	部門	
考核者姓名		職位		總經理	部門	
指標維度	指標	權重		考核目的		績效目標值
財務	採購成本控制率	20%		用合適的採購策略確保公司產品的成本競爭力，達到目標成本和成本節約		達到___%
	部門管理費用控制	10%		費用控制在預算範圍內		預算範圍內
內部運營	採購計劃完成率	10%		買到該買到的東西確保生產		達到___%
	採購質量完成率	10%		確保採購物料的合格質量		達到___%
	物料供應及時率	10%		物料及時供應確保生產順暢不停工		達到___%
	庫存保管損耗率	10%		確保庫存保管完好降低損耗		小於___%
	供應商履約率	5%		做好供應商管理確保履約		達到___%
	配料準確率	5%		確保物資配料供給的準確性		達到___%

(續表)

被考核者姓名		職位	採購供應總監	部門	
考核者姓名		職位	總經理	部門	
指標維度	指標	權重	考核目的	績效目標值	
客戶	供應商滿意度	5%	建立與供應商的長期伙伴關係	達到___%	
	內部滿意度	5%	支持好下游生產	達到___%	
學習與發展	核心員工保有率	5%	留住骨幹員工	達到___%	
	培訓計劃完成率	5%	提升採購供應領域的員工能力	達到___%	

11.4.2 採購部經理量化考核

採購部的主要工作是透過合適的採購策略，降低採購成本，透過採購工作確保物資供應的及時性和準確性。採購部經理是主管採購部門執行採購任務的企業中基層管理者，應該具備較全面的業務知識，掌握市場預測分析方法，有出色的談判技巧和良好的職業道德記錄。為防止內部腐敗，在有採購供應總監等更高級的職位情況下，對供應商的認證管理和實際採購往往會分配給不同部門或職位進行，而供應商管理的職責在供應商管理部。

1. 採購部經理職責（參考）

（1）制定採購策略、流程和標準；

（2）根據企業業務計劃制訂採購計劃，企業人員執行採購任務；

（3）編制採購預算，控制採購費用；

（4）進行市場動態分析，了解市場資訊，做好採購預測，降低供應風險；

（5）定期企業員工進行採購業務知識的學習，掌握採購業務和技巧，培養採購人員廉潔奉公的情操。

2. 採購部經理量化考核表

採購部經理量化考核表（示例），如表 11-8 所示。

表11-8 採購部經理量化考核表(示例)

被考核者姓名		職位	採購部經理	部門	
考核者姓名		職位	採購供應總監	部門	
指標維度	指標	權重	考核目的	績效目標值	
財務	採購成本控制率	20%	用合適的採購策略確保公司產品的成本競爭力，達到目標成本和成本節約	達到___%	
	部門管理費用控制	10%	費用控制在預算範圍內	預算範圍內	

(續表)

被考核者姓名		職位	採購部經理		部門	
考核者姓名		職位	採購供應總監		部門	
指標維度	指標	權重	考核目的		績效目標值	
內部運營	採購計劃完成率	15%	按時完成採購計劃確保生產		達到___%	
	採購質量完成率	10%	確保採購物料的合格質量		達到___%	
	物料供應及時率	15%	物料及時供應確保生產順暢不停工		達到___%	
	配料準確率	10%	確保物資配料供給的準確性		達到___%	
客戶	供應商滿意度	5%	建立與供應商的長期伙伴關係		達到___%	
	內部滿意度	5%	支持好下游生產		達到___%	
學習與發展	核心員工保有率	5%	留住骨幹員工		達到___%	
	培訓計劃完成率	5%	提升採購部門的員工能力		達到___%	

11.4.3 供應商管理部經理量化考核

供應商管理部負責對供應商進行認證、審查、考核、改進等管理工作。供應商管理部經理是主管部門執行供應商管理任務的企業中基層管理者，應該具備較全面的業務知識，流程管理意識和良好的職業道德記錄。

1. 供應商管理部經理職責（參考）

(1) 負責供應商管理規章制度的制定及實施，對供應商進行資質調查和認證；

(2) 對現有供應商進行定期考核，根據考核結果給予改進或者淘汰，不斷改善供應商的品質；

(3) 完善新品開發內容，按照部門分發開發任務，嚴格控制採購成本，根據品類線的不同進行競標管理；

(4) 負責採購物資的品質、價格審核工作；

(5) 不斷完善各類營運數據，統一數據源及計算方法，定期進行供需分析，做好相應工作的部署，確保供應有序；

(6) 負責整體供應商平臺系統的管理與支持，不斷改良系統以提高各個部門的工作效率；

(7) 負責庫存的進銷存管理，建立對庫存分配及庫存健康狀況的指標數據體系。

2. 供應商管理部經理量化考核表

供應商管理部經理量化考核表（示例），如表 11-9 所示。

表11-9　供應商管理經理量化考核表(示例)

被考核者姓名		職位	供應商管理部經理	部門	
考核者姓名		職位	採購供應總監	部門	
指標維度	指標	權重	考核目的	績效目標值	
財務	部門管理費用控制	10%	費用控制在預算範圍內	預算範圍內	
內部運營	採購計劃完成率	15%	買到該買到的東西確保生產	達到＿＿＿%	
	供應商開發計劃完成率	15%	改良供應商組合，確保最後的供應條件	達到＿＿＿%	
	供應合同履約率	10%	確保合同履行	達到＿＿＿%	
	物料供應及時率	10%	物料及時供應確保生產順暢不停工	達到＿＿＿%	
	供應商檔案完備率	10%	確保供應商檔案的完整性	達到＿＿＿%	
	供應數據庫建設符合度	10%	確保供應商數據庫的維護及時準確	達到＿＿＿%	
客戶	供應商滿意度	5%	與供應商建立長期的伙伴關係	達到＿＿＿%	
	內部滿意度	5%	支持好下游生產	達到＿＿＿%	
學習與發展	核心員工保有率	5%	留住骨幹員工	達到＿＿＿%	
	培訓計劃完成率	5%	提升供應部門的員工能力	達到＿＿＿%	

11.5 生產領域管理者量化考核

11.5.1 生產總監量化考核

生產總監承擔著對產品生命週期以及產品品質進行控制的重要職責，並根據相關要求和資源情況進行協調，以實現公司的生產目標。根據公司規模，可以下設工藝部和各生產工廠。生產總監應該有豐富的生產經營綜合管理經驗，具備良好的專案管理能力和問題分析能力、決策能力。

1. 生產總監職責（參考）

(1) 根據公司總體發展規劃，企業制定並實施生產策略規劃，審定年度生產計劃，監督成本的分析與管控；

(2) 領導建立並完善生產管理、品質管理、設備管理體系流程並企業實施；

(3) 企業落實、監督調控生產過程各項工藝、品質、設備，保證生產計

劃的完成；

(4) 企業編制物料控制計劃，降低物料消耗與損失；

(5) 監督現場 5S 管理、工藝流程的標準化管理並對其持續改善，全面提升生產品質；

(6) 企業員工培訓，加強人員梯隊建設，不斷提高業務技能。

2. 生產總監量化考核表

生產總監量化考核表（示例），如表 11-10 所示。

表11-10 生產總監量化考核表(示例)

被考核者姓名		職位	生產總監	部門	
考核者姓名		職位	總經理	部門	
指標維度	指標	權重	考核目的	績效目標值	
財務	單位生產成本下降率	10%	確保產品生產成本競爭力	達到＿＿%	
	庫存資金占用率	10%	加強庫存流轉，減少資金占用	達到＿＿%	
	主營業務收入	5%	保障產品供應支持商業成功	達到＿＿萬元	
內部運營	生產計劃完成率	10%	確保按計劃排產，完成交付	達到＿＿%	
	產品產量	10%	完成產量目標，確保供應	達到＿＿萬台	
	產品質量合格率	10%	加強產品質量，提升客戶滿意度	達到＿＿%	
	設備利用率	10%	提升設備使用效率，避免閒置	達到＿＿%	
	供貨準確率	10%	保證及時準確的產成品供應	小於＿＿%	
	安全事故發生次數	5%	確保安全生產，降低事故發生率	小於＿＿次	
客戶	客戶滿意度	5%	持續提升客戶對產品的滿意度	達到＿＿%	
	內部滿意度	5%	支持內部上下游協作	達到＿＿%	
學習與發展	核心員工保有率	5%	留住骨幹員工	達到＿＿%	
	培訓計劃完成率	5%	提升生產領域的員工能力	達到＿＿%	

11.5.2 工藝部經理量化考核

工藝部負責對產品工藝進行設計和實施。工藝部經理應該有良好的技術能力和現場問題解決能力，敬業，品質意識強。

1. 工藝部經理職責（參考）

(1) 根據製造中心策略規劃，制訂並落實工藝部工作計劃，執行並改良部門內各項日常管理工作，確保工藝部的有效運作；

(2) 參與新產品開發或老產品改進的設計調查及設計（改進）方案討論，安排並督促工藝人員完成產品結構工藝性審查，工藝文件的編制，並進行審批；

(3) 落實解決試制、生產過程中與工藝有關的技術問題，實現產品設

計要求；

(4) 企業並落實重大技術改進專案推動工藝技術的改進，實現降本增效；

(5) 安排並指派工藝人員完成生產線工藝改進及工藝裝備的設計；

(6) 審批對生產設施及生產線布局調整的技術配置或方案，同時負責新設備進廠的技術驗收，實現生產線的合理布局；

(7) 根據公司實際生產加工條件及設備狀況、員工素養，企業制定並完善產品工時定額、材料消耗定額。

2. 工藝部經理量化考核表

工藝部經理量化考核表（示例），如表 11-11 所示。

表11-11　工藝部經理量化考核表(示例)

被考核者姓名		職位	工藝部經理	部門	
考核者姓名		職位	生產總監	部門	
指標維度	指標	權重	考核目的	績效目標值	
財務	單位生產成本下降率	10%	確保產品生產成本競爭力	達到___%	
	工藝工裝成本降低率	10%	改進工藝、工裝，降低成本	達到___%	
	部門管理費用控制	5%	費用控制在預算範圍內	預算範圍內	
內部運營	工藝設計按時完成率	15%	按時完成規定的工藝設計任務	達到___%	
	工藝工裝設計差錯	10%	確保設計質量零缺陷	小於___次	
	模具開發成功率	15%	降低開模成本，提高效率	達到___%	
	標準工時降低率	10%	提高生產效率	達到___%	
	工藝問題解決率	5%	提升工藝水平，快速定位解決問題	達到___%	
客戶	工藝指導投訴次數	5%	持續提升工藝指導水平	小於___次	
	內部滿意度	5%	支持內部上下游協作	達到___%	
學習與發展	核心員工保有率	5%	留住骨幹員工	達到___%	
	培訓計劃完成率	5%	提升生產領域的員工能力	達到___%	

11.5.3 工廠主任量化考核

生產工廠是生產任務交付的直接執行單位，對生產任務交付的品質、進度、成本負責。根據人員規模，可以下設數個工廠班組。工廠主任是完成生產任務的主要管理者，他應該有豐富的管理生產現場的實踐經驗，熟悉設備和工藝流程，工作規範度高，責任意識強。

1. 工廠主任職責（參考）

(1) 根據企業下達的生產任務，合理安排工廠各項工作進度；

(2) 全面把控各班組的生產管理，監督、檢查各班組、工序的生產進度

和計劃；

(3) 負責對生產工人的管理、教育、培訓、考核；

(4) 實施規範化作業管理，不斷提升生產效率，確保安全生產；

(5) 提出改進設備、工藝流程等方面的建議；

(6) 做好生產成本控制及成本核算工作。

2. 工廠主任量化考核表

工廠主任量化考核表（示例），如表 11-12 所示。

表11-12 車間主任量化考核表(示例)

被考核者姓名		職位	車間主任	部門	
考核者姓名		職位	生產部經理(總監)	部門	
指標維度	指標	權重	考核目的	績效目標值	
財務	單位生產成本下降率	10%	確保產品生產成本競爭力	達到___%	
內部運營	生產任務按時完成率	15%	按時完成規定的生產任務	達到___%	
	交期達成率	10%	按期完成每項生產任務交付	達到___%	
	產品合格率	15%	不斷提高產品交付質量	達到___%	
	標準工時降低率	10%	提高生產效率	達到___%	
	在製品周轉率	10%	合理庫存，降低損耗，最大化產出	達到___%	
	設備完好率/使用率	5%	確保設備完好，有效使用	達到___%	
	生產安全事故發生次數	10%	保障生產安全	小於___次	
客戶	內部滿意度	5%	支持內部上下游協作	達到___%	
學習與發展	車間員工考核合格率	5%	提高員工技能	達到___%	
	培訓計劃完成率	5%	提升生產領域的員工能力	達到___%	

11.5.4 工廠班組長量化考核

班組是負責生產任務的最基層的作業單位，班組長根據工廠主任的安排開展生產現場管理工作，應該具備相關的模組生產知識，熟悉品質規範和生產標準，積極主動，吃苦耐勞。作為最末梢的交付主體，工廠班組長一般不採用平衡計分卡而直接按照關鍵任務目標對其進行考核。

1. 班組長職責（參考）

(1) 根據生產工廠的作業計劃，合理企業生產，加強班組員工之間的合作，隨時掌握生產進度，保質保量，確保按時完成生產部下達的各項生產任務；

(2) 加強設備管理，保障設備狀態良好，使用正常；

(3) 及時處理生產中出現的各種工藝、技術問題，保證生產順利進行；

(4) 發現品質問題及時處理並且報告上級主管，杜絕帶有品質缺陷的產品出廠；

(5) 貫徹安全生產管理的規章制度，做好班前班後的安全檢查。不違反操作規程，不擅自更改工藝，不違章作業和冒險操作。監督員工正確使用安全防護設施和勞動保護用品，提高員工的安全意識和自我保護意識；

(6) 開展傳、幫、帶活動，幫助員工提高技術水準，企業員工持續改進，提高生產水準。

2. 工廠班組長量化考核表

工廠班組長量化考核表（示例），如表 11-13 所示。

表11-13 車間班組長量化考核表(示例)

被考核者姓名		職位	車間班組長	部門	
考核者姓名		職位	車間主任	部門	
指標維度	指標	權重	考核目的	績效目標值	
生產計劃	生產任務按時完成率	30%	按時完成規定的生產任務	達到___%	
產品質量	產品合格率	20%	不斷提高產品交付質量	達到___%	
生產效率	工時定額標準達成率	10%	持續提高生產效率	達到___%	
設備管理	設備完好率	10%	確保設備完好	達到___%	
	設備使用率	10%	確保設備有效使用	達到___%	
安全管理	生產安全事故發生次數	10%	保障生產安全，無人身傷亡事故	小於___次	
	生產操作違章次數	10%	保障生產安全，確保過程控制	小於___次	

11.6 行銷領域管理者量化考核

11.6.1 行銷總監量化考核

行銷總監全面負責公司的市場和銷售工作，制訂整體的行銷策略和銷售計劃，提升客戶滿意度，實現公司銷售目標。根據公司策略和管理幅度，可以下設市場部、銷售部、客戶服務部等部門。行銷總監應該有敏銳的市場意識、優秀的客戶關係建立能力和強烈的開拓精神。

1. 行銷總監職責（參考）

(1) 根據公司總體發展規劃，企業制訂並實施公司行銷策略規劃和年度計劃；

(2) 制定和完善市場、銷售的相關制度、規範；

(3) 制訂市場策略和計劃，負責市場活動的監督和市場費用的控制；

(4) 指導市場開發、重點客戶開發工作；

(5) 制定銷售策略，控制銷售費用，完成銷售計劃；

(6) 建立售後服務體系，提升客戶滿意度，建立良好的、可持續發展的客戶關係；

(7) 建立與外部媒體、政府與相關機構的良好的合作關係。

2. 行銷總監量化考核表

行銷總監量化考核表（示例），如表 11-14 所示。

表11-14 營銷總監量化考核表(示例)

被考核者姓名		職位	營銷總監	部門	
考核者姓名		職位	總經理	部門	
指標維度	指標	權重	考核目的	績效目標值	
財務	銷售收入	15%	年度銷售收入任務完成情況	達到___萬元	
	銷售量	10%	年度銷售量完成情況	達到___萬台	
	銷售費用率	10%	提高銷售費用的產出	小於___%	
	銷售回款率	5%	銷售款項及時回收	達到___%	
	新產品銷售收入占比	5%	新品的增長情況	達到___%	
內部運營	銷售增長率	10%	年度銷售收入增長情況	達到___%	
	市場推廣計劃完成率	5%	公司市場推廣計劃完成情況，確保市場影響力	達到___%	
客戶	市場占有率	10%	確保公司的市場領先地位	達到___%	
	客戶滿意度	5%	持續提升客戶對產品的滿意度	達到___%	
	品牌知名度	5%	品牌影響力	提升___%	
客戶	新客戶增加數	5%	拓展新客戶，確保未來增長	達到___個	
	客戶保有率	5%	維護客戶售後滿意及促使其產生再次購買的行為	達到___%	
學習與發展	核心員工保有率	5%	留住骨幹員工	達到___%	
	培訓計劃完成率	5%	提升營銷領域員工能力	達到___%	

11.6.2 市場部經理量化考核

市場部負責公司的市場調查、開拓和推廣策略工作，是一個為公司造「勢」的部門。市場部經理應該具有敏銳的市場洞察力、策劃能力和優秀的溝通能力。

1. 市場部經理職責（參考）

(1) 制訂並實施市場開發計劃；

(2) 做好市場資訊收集與處理工作；

(3) 開展品牌推廣、客戶引導活動；

(4) 做好市場、競爭對手分析與監控；

(5) 控制市場開發成本；

(6) 建立良好外部環境，做好危機公關處理。

2. 市場部經理量化考核表

市場部經理量化考核表（示例），如表 11-15 所示。

表11-15　市場部經理量化考核表(示例)

被考核者姓名		職位	市場部經理		部門	
考核者姓名		職位	營銷總監		部門	
指標維度	指標	權重	考核目的			績效目標值
財務	市場推廣費用控制	10%	推廣費用與效果相協同，提高有效性			小於___%
	品牌市場價值增加率	15%	提升公司和產品的品牌影響力			達到___%
	部門管理費用控制	5%	費用控制在預算範圍內			預算範圍內
內部運營	市場拓展計劃完成率	10%	市場拓展的完成情況			達到___%
	市場調研計劃完成率	10%	市場調研的完成情況			達到___%
	市場策劃方案成功率	10%	提升策劃方案的質量			達到___%
	媒體正面曝光次數	5%	提高在公眾媒體上發表或宣傳企業正面訊息和廣告的次數			達到___次
客戶	市場占有率	15%	不斷提升用戶黏性並拓展新的客戶			達到___%
	媒體滿意度	10%	改善與媒體的合作關係			達到___%
學習與發展	核心員工保有率	5%	留住骨幹員工			達到___%
	培訓計劃完成率	5%	提升市場領域員工能力			達到___%

11.6.3 銷售部經理量化考核

銷售部負責公司整體產品的銷售或某一產品線、客戶類型或者地區的銷售。銷售部經理應該有很強的銷售規劃和實施銷售活動的能力，有敏銳的市場意識和客戶服務意識，有管理銷售團隊的能力。

1. 銷售部經理職責（參考）

(1) 建立並維護銷售相關的規章制度；

(2) 銷售計劃的制訂與執行，完成公司的銷售任務；

(3) 負責客戶資信管理，保障銷售回款；

(4) 嚴格預算，合理控制並不斷降低銷售費用；

(5) 根據公司業務發展策略及銷售部門的經營目標，配合市場部門企業實施本區域市場開發計劃及具體的實施方案，促進公司及產品品牌的提升；

(6) 做好客戶關係管理，加強客戶黏性，提高客戶滿意度；

(7) 及時收集市場資訊，建立客戶檔案交易記錄，為公司決策制定提供支持；

(8) 幫助下屬員工提高工作業績，強化團隊凝聚力和合作精神，建立一支高效的銷售團隊。

2. 銷售部經理量化考核表

銷售部經理量化考核表（示例），如表 11-16 所示。

表11-16 銷售部經理量化考核表(示例)

被考核者姓名		職位	銷售部經理	部門	
考核者姓名		職位	營銷總監	部門	
指標維度	指標	權重	考核目的	績效目標值	
財務	產品銷售收入	15%	不斷提升銷售業績	達到___%	
	產品銷售量	10%	不斷提升公司銷售數量	達到___台	
	銷售回款率	10%	促進銷售及時回款，提升公司資金流動效率	達到___%	
	銷售費用率	10%	提高銷售費用的產生	小於___%	
	壞帳率	5%	最大限度地避免壞帳，減少損失	小於___%	
內部運營	合同履約率	10%	確保銷售合同的執行，提高合同質量	達到___%	
客戶	市場占有率	10%	不斷提升客戶資源，轉化潛在客戶	達到___%	
	客戶增長率	10%	拓展客戶資源，轉化潛在客戶	達到___%	
	客戶滿意度	10%	持續提升銷售行為中的客戶感知	達到___%	
學習與發展	核心員工保有率	5%	留住骨幹員工	達到___%	
	培訓計劃完成率	5%	提升市場領域員工能力	達到___%	

11.6.4 客戶服務部經理量化考核

客戶服務部負責客戶的技術服務與支持，處理客戶諮詢和投訴，並為前端產品和服務設計提供回饋。客戶服務部經理熟悉公司產品和服務，具有良好的溝通能力和快速處理問題的能力，客戶意識強，抗壓力強。

1. 客戶服務部經理職責（參考）

(1) 配合銷售部門開展工作，負責客戶的技術服務與支持；

(2) 建立並維護公司的客戶服務體系；

(3) 企業制定客戶服務人員行為規範並督導貫徹執行；

(4) 客戶服務資訊管理，包括客戶服務檔案、品質追蹤及回饋；

(5) 企業客戶服務系統對客戶產品實施技術升級服務；

(6) 企業制定公司產品維修或客戶服務手冊；

(7) 受理客戶諮詢、投訴意見，追蹤解決客戶問題。

2. 客戶服務部經理量化考核表

客戶服務部經理量化考核表（示例），如表 11-17 所示。

表11-17 客戶服務部經理量化考核表(示例)

被考核者姓名		職位	客戶服務經理	部門	
考核者姓名		職位	營銷總監	部門	
指標維度	指標	權重	考核目的	績效目標值	
財務	客戶服務預算控制	20%	確保支持的服務費用在預算範圍內	在預算範圍內	
內部運營	報裝實施及時率	10%	確保售後報裝或工程的及時實施	達到___%	
	維修及時率	10%	確保售後維修服務的及時實施	達到___%	
	售後服務一次成功率	10%	提升售後服務水平，提高服務效率	達到___%	
客戶	投訴受理及時處理率	15%	快速解決客戶問題，提高服務能力	達到___%	
	客戶投訴次數	10%	衡量客戶對客服人員的服務態度、專業技能等的滿意情況	小於___次	
	客戶滿意度	10%	持續提升服務環節中的客戶感知	達到___%	
	客戶回訪完成率	5%	按計劃完成客戶回訪工作	達到___%	
學習與發展	核心員工保有率	5%	留住骨幹員工	達到___%	
	培訓計劃完成率	5%	提升市場領域員工能力	達到___%	

11.7 人力行政領域管理者量化考核

11.7.1 人力行政總監量化考核

人力行政總監負責規劃、指導公司人力資源管理與行政管理工作，保證企業人力資源供應和內部支持系統的正常運行，提升員工工作效率。根據公司發展策

略和管理幅度，可以下設人力資源部和行政部。人力行政總監應該精通人力資源相關的法律法規，具備一定的財務知識，有良好的公司大局觀和溝通協調能力。

1. **人力行政總監職責（參考）**

(1) 根據公司總體發展規劃，制定人力資源和行政策略，設計中、長期的人力資源發展計劃並企業實施；

(2) 構建和完善適應公司發展的人力資源管理體系與行政管理體系，強化人力資源管理與行政管理的專業性和規範性，提升公司核心競爭力；

(3) 監督並推進公司招聘管理、員工培訓與發展、績效管理、薪酬管理及勞動用工等各項人力資源管理的企業工作；

(4) 負責建立、策劃和落實公司「人才庫」，建立和維護後備人才梯隊體系；

(5) 全面負責塑造、維護與傳播公司的企業文化，加強公司與員工之間凝聚力；

(6) 企業完善職位管理、企業機構設置，提升企業營運效率；

(7) 負責各類中高級人才的甄別和選拔，指導規劃員工的職業發展；

(8) 進行人力資源管理和行政成本控制和預算，並監督各部門的成本費用支出。

2. **人力行政總監量化考核表**

人力行政總監量化考核表（示例），如表 11-18 所示。

表11-18　人力行政總監量化考核表(示例)

被考核者姓名		職位	人力行政總監	部門	
考核者姓名		職位	總經理	部門	
指標維度	指標	權重	考核目的	績效目標值	
財務	主營業務收入	5%	圍繞公司商業成功牽引人力行政工作	達到___萬元	
	人工成本利潤率	10%	提高人力成本的利潤投入產出	達到___%	
	人事費用率	10%	提高人力成本的收入規模投入產出	小於___%	
	行政管理費用控制	10%	行政費用的合理控制	在預算範圍內	
內部運營	人力資源年度策略目標達成率	10%	人力資源年度重點工作達成情況	達到___%	
	中層經理績效計劃達標率	5%	聚焦中層管理者的合理任務分解及輔助目標達成	達到___%	
	固定資產使用率	5%	提升固定資產的使用效率	達到___%	
客戶	員工組織氛圍滿意度	5%	提升員工敬業度	達到___%	
	部門協作滿意度	5%	提升週邊配合能力	達到___%	
	後勤服務投訴次數	5%	提升行政服務滿意度，保障公司正常運營	達到___%	
學習與發展	公司員工培訓計劃完成率	10%	提升公司員工整體能力	達到___%	
	核心員工保有率	10%	留住骨幹員工	達到___%	
	員工主動離職率	10%	提升員工凝聚力，降低主動離職情況發生率	低於___%	

11.7.2 人力資源部經理量化考核

人力資源部根據公司發展策略，企業相應的人力資源的供應、使用、管理等工作。對規模比較大的公司，在人力資源部下可以再下設招聘調動部、培訓發展部、績效薪酬部等次級部門。人力資源部經理應熟悉國家關於人力資源管理的相關法律法規，具有企業發展大局觀，有良好的企業協調能力、變革管理能力。

1. 人力資源部經理職責（參考）

（1）根據公司總體發展規劃，制定人力資源規劃並企業實施；

（2）根據公司人力需求，企業招聘調動工作，確保企業在內外部市場的人才供給；

（3）企業制訂、實施相應的培訓計劃，並對培訓效果進行評估；

（4）企業績效考核在內的績效管理的相關工作，確保各層績效管理目標的實現；

（5）建立有競爭力、公平的薪酬福利管理體系，負責公司日常薪酬福

利管理；

（6）負責勞動合約和勞動關係的管理工作，及時解決勞動糾紛。

2. 人力資源部經理量化考核表

人力資源部經理量化考核表（示例），如表 11-19 所示。

表11-19 人力資源部經理量化考核表(示例)

被考核者姓名		職位	人力資源部經理	部門	
考核者姓名		職位	總經理	部門	
指標維度	指標	權重	考核目的	績效目標值	
財務	人均招聘費用	10%	降低招聘成本	小於___元	
	培訓費用控制	10%	培訓費用的合理控制	在預算範圍內	
	人事費用率	10%	關注業務成功，動態調整人力投入	小於___%	
內部運營	人力資源年度計劃工作達成率	10%	人力資源年度重點工作達成情況	達到___%	
	招聘任務完成率	5%	確保招聘計劃的按期完成	達到___%	
	平均招聘週期	5%	提高招聘效率，快速保障人才供應	小於___天	
	薪酬計算錯誤人次	5%	保證工資、獎金發放的準確性	小於___次	
	員工投訴、爭議處理有效性	5%	有效處理員工投訴，不斷改進，可以用及時處理爭議率來衡量	達到___%	
客戶	員工組織氛圍滿意度	5%	提升員工敬業度	達到___分	
	部門協作滿意度	5%	提升週邊配合能力	達到___%	
學習與發展	公司員工培訓計劃完成率	10%	提升公司員工整體能力	達到___%	
	員工任職資格達標率	5%	留住骨幹員工	達到___%	
	核心員工保有率	10%	留住公司骨幹員工	達到___%	
	員工主動離職率	5%	提升員工凝聚力，降低主動離職情況發生率	低於___%	

11.7.3 招聘調動部經理量化考核

招聘調動部負責公司的招聘和調動工作，根據公司發展需要，做好人員儲備，開拓招聘管道，是人力資源部的次級部門。如果公司規模不大，也可以不設立獨立的招聘調動部的行政企業，可直接設立招聘經理或招聘主管，向人力資源部經理匯報，直接承接人力資源部下分解的招聘調動領域相關指標。招聘經理應該具有人才測評的相關能力，熟悉勞基法律法規，有良好的企業協調能力。

1. 招聘調動（部）經理職責（參考）

（1）根據現有編制及業務發展、人員需求，協調、統計各專案、部門的

163

招聘需求，編制年度人員招聘調動計劃；

(2)　建立和完善公司的招聘調動流程和招聘體系；

(3)　進行人力資源內外部狀況分析，制定合適的招聘調動策略；

(4)　利用內外部各類招聘管道傳播招聘資訊，並不斷進行管道改良；

(5)　公司面試官的選拔、培訓和管理；

(6)　建立人才選拔系統，執行候選人篩選、面試、錄用、入職引導等相關工作；

(7)　建立內部後備人才選拔方案和人才儲備機制。

2. 招聘調動（部）經理量化考核表

招聘調動部經理量化考核表（示例），如表 11-20 所示。

表11-20　招聘調配部經理量化考核表(示例)

被考核者姓名		職位	招聘調配(部)經理	部門	
考核者姓名		職位	人力資源部經理	部門	
指標維度	指標	權重	考核目的	績效目標值	
計劃管理	招聘計劃完成率	20%	招聘計劃是否符合企業發展需要	達到___%	
招聘效率	平均招聘週期	20%	提高招聘效率，快速保障人才供應	小於___天	
招聘管道	內部人才比率	10%	拓展內推管道，提高人才符合度	達到___%	
招聘質量	招聘適崗率	10%	確保候選人符合崗位任職要求	達到___%	
	試用期合格率	10%	確保招聘質量並支持好員工試用期融入企業文化	小於___次	
	適用期主動離職率	10%	確保招聘質量，找到合適的人	小於___%	
招聘成本	人均招聘費用	10%	降低招聘成本	小於___元	
	招聘預算管理	10%	嚴格預算管理，合理費用投入	在預算範圍內	

11.7.4 培訓發展部經理量化考核

培訓發展部負責員工的能力提升和晉升管理工作，是人力資源部的次級部門。如果公司規模不大，也可以不設立獨立的培訓發展部的行政企業，直接設立培訓經理或培訓主管，向人力資源部經理匯報，直接承接人力資源部下分解的培訓發展領域的相關指標。培訓發展經理應該熟練掌握該領域的相關技能，並具備一定的培訓輔導能力和人才測評的能力。

1. 培訓發展（部）經理職責（參考）

(1)　建立與公司業務發展和人才策略相一致的人才培養和培訓體系；

(2) 根據公司業務發展的要求，訂立和實施適當的培訓政策及管理流程；

(3) 根據繼任者計劃和職業發展計劃對公司幹部進行階梯式培訓，負責公司所有核心管理人員培養計劃；

(4) 建立職位勝任力模型和職位標準課程，配合內部講師和內部導師體系，建立和發展培訓運作體系，並承擔部分講師課程；

(5) 推行輔導文化和導師制、師徒制，以推動學習型企業文化與流程制度的養成；

(6) 根據公司發展計劃及各部門、員工培訓需求，制訂年度培訓預算，確保培訓效益最大化；

(7) 領導實施具體的培訓管理活動，包括培訓方案設計、需求調查、培訓專案采購、現場管理、培訓評估、培訓教材、課件及學員手冊的撰寫或整理。

2. 培訓發展（部）經理量化考核表

培訓發展（部）經理量化考核表（示例），如表 11-21 所示。

表11-21 培訓發展(部)經理量化考核表(示例)

被考核者姓名		職位	招聘調配(部)經理	部門	
考核者姓名		職位	人力資源部經理	部門	
指標維度	指標	權重	考核目的		績效目標值
體系管理	培訓體系建設重點工作完成率	20%	培訓體系建設完成情況		達到＿＿%
培養執行	人才培養計劃完成率	15%	按計劃達成預訂的人才培養計劃		達到＿＿%
	內部崗位人才符合度	5%	做好人才儲備，滿足高級崗位對內部人才的需求		達到＿＿%

(續表)

被考核者姓名		職位	培訓發展(部)經理		部門	
考核者姓名		職位	人力資源部經理		部門	
指標維度	指標	權重	考核目的		績效目標值	
培訓執行	培訓計劃完成率	15%	按計劃達成預訂的培訓計劃		達到____%	
	人均學時	5%	合理的培訓投入		達到____小時/人	
	培訓覆蓋率	5%	確保培訓精準的人群覆蓋		達到____%	
課程體系	培訓課程體系建設達成率	10%	按計劃達成預訂的課程體系建設計劃		達到____%	
講師培養	認證講師數量	5%	提升講師能力，改善講師隊伍質量		達到____人	
講師效果	任職資格達標率	10%	員工技能提升通過任職資格認證的情況		達到____%	
	培訓滿意度	5%	員工對培訓工作的滿意情況		達到____%	
培訓成本	培訓預算管理	5%	嚴格預算管理，合理費用投入		在預算範圍內	

11.7.5 績效薪酬部經理量化考核

　　績效薪酬部負責員工績效管理和薪酬福利方面的工作，是人力資源部的次級部門。如果公司規模不大，也可以不設立獨立績效薪酬部的行政企業，可直接設立績效經理或薪酬經理，向人力資源部經理匯報，直接承接人力資源部下分解的薪酬績效領域的相關任務。績效薪酬經理應該掌握勞動關係相關法律法規和一定的財務知識，具有良好的數據分析能力和堅實的職業操守。

1. 績效薪酬（部）經理職責（參考）

（1）根據工作分析和職位評估結果，設計並持續改良公司薪酬體系、績效考核體系；

（2）制訂並執行員工福利和社會保障計劃；

（3）分析市場薪酬數據，根據公司業務情況及人員變動規律，制訂公司薪酬調整方案，制訂年度薪酬預算並監督執行；

（4）負責建立公司職位流動和晉升體系；

（5）建立、調整、更新各部門、職位的 KPI 指標庫；

（6）負責績效考核方案的制訂和執行，對績效考核的各個環節進行指導監控；

（7）對績效考核結果進行循環管理，為人才梯隊、人員晉升、降職、調動提供績效考核依據；

（8）處理員工績效、薪酬相關投訴。

2. 績效薪酬（部）經理量化考核表

績效薪酬（部）經理量化考核表（示例），如表 11-22 所示。

表11-22 績效薪酬(部)經理量化考核表(示例)

被考核者姓名		職位	績效薪酬(部)經理	部門	
考核者姓名		職位	人力資源部經理	部門	
指標維度	指標	權重	考核目的	績效目標值	
體系管理	績效體系建設重點工作完成率	20%	根據公司實際設計績效薪酬體系	達到____%	
	薪酬福利系建設重點工作完成率	20%	建設內部公平、外部有競爭力的薪酬福利體系	達到____%	
績效管理	績效考核計劃按時完成率	15%	按計劃及時進行公司績效考核	達到____%	
	績效考核申訴處理完成率	5%	及時處理員工績效考核申訴	達到____%	
	績效評估報告完成及時率	5%	按時準確地完成績效評估報告	達到____%	
薪酬福利管理	工資獎金計算差數數	10%	對工資、獎金核算及發放的人為出錯為0	出現一次扣為一分	
	工資獎金報表編制準確、及時率	5%	準確及時地編制工資獎金報表	達到____%	
	工資發放準確、及時率	5%	準確及時地發放工資	達到____%	
	保險福利的準確、及時率	5%	準確及時地辦理各項保險福利手續	達到____%	
	薪酬調查完成及時性	5%	每年按期完成行業薪酬調查	在規定日期完成	
	核心員工薪酬滿意度	5%	確保關鍵崗位高績效員工的薪酬競爭力	達到____%	

11.7.6 行政部經理量化考核

行政部是企業的綜合管理部門，負責行政、後勤、車輛等事務，是公司運行的重要保障。行政部經理負責建立各項行政管理制度和規範流程，制訂及監督各項行政費用預算及執行，安排企業各類對外接待等後勤事務管理，一般下轄行政、後勤、車輛主管或專員等職位。行政部經理應該精通各類辦公管理軟體，做事積極主動，職業操守堅實，有良好的溝通和協調能力。

在設計行政部量化考核要點的時候要注意，行政部是典型的經常被理解為「不出事就是好事」的部門，那麼如何不出事，就應該日常做好各類的檢查和預防，結合重要的考核要點進行自檢，平時採取措施對事故的發生進行預防。

第 11 章　中基層管理者績效考核量化設計

1. 行政部經理職責（參考）

(1) 企業制定企業行政管理的各項規章制度並監督執行；

(2) 按照公司年度費用預算，嚴格管理公司各項行政費用支出；

(3) 負責公司辦公設備及辦公用品的管理，對固定資產進行登記和使用管理；

(4) 企業協調企業的後勤工作，包括重要會議、辦公環境、工作餐、員工宿舍等；

(5) 企業做好公司安全保衛、消費、環境和衛生等管理；

(6) 企業做好重要客戶的接待工作。

2. 行政部經理量化考核表

行政部經理量化考核表（示例），如表 11-23 所示。

表11-33 行政部經理量化考核表(示例)

被考核者姓名		職位	行政部經理	部門	
考核者姓名		職位	人力行政總監	部門	
指標維度	指標	權重	考核目的	績效目標值	
財務	行政費用控制	10%	行政費用的合理使用	在預算範圍內	
	辦公用品費用控制	10%	人均辦公用品節約	在預算範圍內	
內部運營	行政管理體系建設工作達成率	10%	行政管理年度體系建設重點工作達成情況	達到____%	
	行政重點工作計劃完成率	10%	年度工作計劃按時完成	達到____%	
	固定資產使用率	5%	提高固定資產使用效率	達到____%	
	固定資產盤虧率	5%	加強固定資產管理	小於____%	
	固定資產完好率	5%	加強固定資產日常維護管理	達到____%	
	辦公用品採購及時率	5%	辦公用品採購按期到貨保證業務運營	達到____%	
內部運營	消防、安全事故發生次數	10%	杜絕安全事故	發生一次扣10分	
客戶	員工行政工作滿意度	15%	在合理的行政費用下提升員工滿意度	達到____%	
	外部客戶滿意度	5%	提升接待外部客戶的專業程度	達到____%	
學習與發展	員工培訓計劃完成率	5%	提升部門員工整體能力	達到____%	
	核心員工保有率	5%	留住公司骨幹員工	達到____%	

11.8 財務領域管理者量化考核

11.8.1 財務總監量化考核

　　財務總監主持企業財務策略的制定，對企業的財務活動和會計活動進行管理與監督，為企業經營策略提供財務決策支持，實現企業財務目標。根據企業財務管理策略和管理規模，可以考慮不同的機構設置。如果沒有分支機構，設置財務部就可以了，內部設立財務管理、會計核算、資金管理和審計等專項經理職位；對於中型規模公司，可以下設財務管理部、會計核算部、資金管理部、審計部等部門；對於大型公司，還可以設置稅收籌劃部和成本控制部（生產型公司）；對於公眾上市公司，審計部多獨立於財務總監而歸公司審計委員會管理。財務總監應該具有財務專家的職業素養，具有領導力、大局觀和良好的決策支持管理能力。

1. 財務總監職責（參考）

(1) 制定公司的財務目標、政策及操作程序；

(2) 建立健全公司財務系統的企業結構，設置職位，明確職責，保障財務會計資訊品質，降低經營管理成本，保證資訊通暢，提高工作效率；

(3) 對公司經營目標進行財務描述，為經營管理決策提供依據，並定期審核和計量公司的經營風險，採用有效的措施予以防範；

(4) 建立健全公司內部財務管理、審計制度並企業實施，主持公司財務策略的制定、財務管理及內部控制工作；

(5) 協調該公司同銀行、工商、稅務、統計、審計等政府部門的關係，維護公司利益；

(6) 審核財務報表，提交財務分析和管理工作報告，參與投資專案的分析、論證和決策，追蹤分析各種財務指標，揭示潛在的經營問題；

(7) 確保公司財務體系的高效運轉，企業並具體推動公司年度經營／預算計劃程序，包括對資本的需求規劃及正常運作；

(8) 根據公司實際經營狀況，制訂有效的融資策略及計劃，利用各種財

務手段，確保公司最優資本結構。

2. 財務總監量化考核表

財務總監量化考核表（示例），如表 11-24 所示。

表11-24 財務總監量化考核表(示例)

被考核者姓名		職位	財務總監	部門	
考核者姓名		職位	總經理	部門	
指標維度	指標	權重	考核目的	績效目標值	
財務	淨資產回報率	10%	牽引公司商業成功的策略方向，確保股東收益最大化	達到____%	
	主營業務收入	10%	確保財務管理工作圍繞公司業務成功	達到____萬元	
	財務費用控制	10%	使財務費用在預算範圍內得到控制	在預算範圍內	

(續表)

被考核者姓名		職位	財務總監	部門	
考核者姓名		職位	總經理	部門	
指標維度	指標	權重	考核目的	績效目標值	
內部運營	財務計劃、報告編制及時率	10%	按期制訂財務計劃和報告，支持公司運營決策	達到____%	
	融資計劃完成率	10%	按計劃完成公司年度融資目標	達到____%	
	資金供應及時性	5%	資金供應及時	因資金不足影響經營活動次數為0	
	資金利用率	5%	加強資產周轉效率	達到____%	
客戶	外部單位關係滿意度	10%	外部合作順暢，營造良好的經營和融資環境	達到____%	
	內部滿意度	10%	支持內部上下游協作	達到____%	
學習與發展	員工培訓計劃完成率	5%	提升財務領域員工業務知識和技能	達到____%	
	核心員工保有率	10%	留住骨幹員工	達到____%	
	任職資格達標率	5%	財務領域員工崗位技能符合度	達到____%	

11.8.2 財務管理部經理量化考核

財務管理部是負責公司財務計劃和預算編制的部門。財務管理（部）經理直接承擔公司在財務管理方面的工作職責，可以下設投資、融資、預算、資金管理等職位，如部分職位業務較大，可以再單設部門。財務管理（部）經理要求有豐富的財務、稅務管理技能，熟悉投融資業務，有很強的經營數據分析能力，風險意識強，有良好的職業道德素養。

1. 財務管理（部）經理職責（參考）

(1) 制訂財務計劃，完善財務制度；

(2) 制訂合理的財務規劃和財務預算；

(3) 拓展融資管道，及時籌措資金；

(4) 開拓投資管道，提高投資報酬率；

(5) 提高資金周轉效率，確保資金安全增值。

2. 財務管理（部）經理量化考核表

財務管理（部）經理量化考核表（示例），如表 11-25 所示。

表11-25 財務管理(部)經理量化考核表(示例)

被考核者姓名		職位	財務管理(部)經理	部門	
考核者姓名		職位	財務總監	部門	
考核項目	指標	權重	考核目的	績效目標值	
財務預算管理	財務預算達成率	20%	按計劃完成財務預算	達到____%	
財務費用管理	財務費用降低率	15%	降低財務費用	達到____%	
財務計劃	財務計劃編制及時率	15%	按要求及時編制財務計劃	達到____%	
籌資管理	籌資及時率	10%	及時籌措資金保證供應	達到____%	
	籌資成本	10%	確保較低的資金成本	低於____%	
投資管理	投資收益率	15%	確保投資收益	達到____%	
資金管理	資金周轉率	15%	確保資金流轉，提高使用效率	達到____%	

11.8.3 會計核算部經理量化考核

會計核算部負責公司會計管理工作，負責準確及時地提供公司內部及外部關聯方進行各項決策所需的支持資訊。會計核算（部）經理直接承擔公司在會計核算管理方面的責任，可以下設財務會計、財務分析、出納等職位。會計核算（部）經理要求有豐富的財務、稅務相關知識，有熟練的財務軟體操作能力，責任心強，原則性強。

1. 會計核算（部）經理職責（參考）

(1) 負責制定統一的會計政策，如實記錄各類數據，真實反映公司業務和資產債務情況；

(2) 指導監督公司會計核算業務；

(3) 及時審核處理帳務，有憑有據，核算準確；

(4) 規範內部財務報表，準確及時地進行審核和上報；

(5) 負責公司各項財務分析活動，及時企業編寫提交分析報告；

(6) 企業整理保管印章、文件及會計檔案，並定期進行檢查。

2. 會計核算（部）經理量化考核表

會計核算（部）經理量化考核表（示例），如表 11-26 所示。

表11-26　會計核算(部)經理量化考核表(示例)

被考核者姓名		職位	會計核算(部)經理	部門	
考核者姓名		職位	財務總監	部門	
考核項目	指標	權重	考核目的		績效目標值
會計核算	會計核算差錯次數	15%	高質量的會計核算		小於＿＿次
帳務處理	帳務處理及時率	15%	對各項往來憑證順序登記、及時處理		達到＿＿%
	帳務處理差錯次數	15%	帳務處理的質量		達到＿＿%
財務報告	財務報告編制及時率	15%	按要求及時編制財務報告		達到＿＿%
	財務報告出錯項數	10%	保證財務報告的準確性		小於＿＿次
資料管理	會計資料及時歸檔率	10%	定期將會計報表、會計檔案整理歸檔		達到＿＿%
財務分析	財務分析報告完成及時率	20%	協助財務總監進行財務分析，按時完成財務分析報告		達到＿＿%

11.8.4 審計部經理量化考核

審計（部）經理是企業財務的「電子眼」，主要職責是及時發現資產和資金使用、業務和管理流程上的漏洞，採取預警措施，為企業避免不必要的損失。審計（部）經理負責公司的審計管理工作，要求有較深厚的財務功底，具備溝通協調能力、計劃企業能力，有較強的原則性。

1. 審計（部）經理職責（參考）

(1) 按照國家審計法規、公司財會審計制度的有關規定，負責擬訂公司具體審計實施細則；

(2) 建立對於資產和資金使用的監控機制及其他財務監控機制，發現違規現象，及時採取預警措施；

(3) 企業對公司重大經營活動、重大專案、重大經濟合約的審計活動；

(4) 全面審查各區域對授權制度和作業流程的執行情況；

(5) 定期或不定期地企業必要的專項審計、專案審計和財務收支審計；

(6) 支持完成外部審計相關工作。

2. 審計（部）經理量化考核表

審計（部）經理量化考核表（示例），如表 11-27 所示。

表11-27 審計(部)經理量化考核表(示例)

被考核者姓名		職位	審計(部)經理	部門	
考核者姓名		職位	財務總監	部門	
考核項目	指標	權重	考核目的	績效目標值	
審計成本	審計預算控制	15%	制定策略，進行有效率的審計	預算範圍內	
審計任務	審計計劃執行率	20%	按計劃進行定期、不定期的審計	達到___%	
審計結果	審計報告及時提交率	20%	按要求及時編制審計報告	達到___%	
	審計報告一次性通過率	15%	提高審計報告質量，減少差錯	達到___%	
	審計問題跟蹤檢查率	10%	持續跟蹤審計問題，閉環解決	達到___%	
	審計結果準確性	10%	減少審計更正	更正小於___次	
資料管理	審計報告歸檔率	10%	審計報告在規定時間內進行歸檔	達到___%	

第 12 章　專業技術類員工績效考核量化設計

　　每年的大學應屆畢業生需要成長，他們因此承接了大量的基礎性工作，這就推動著同樣年輕的「前輩」們紛紛有機會在短時間內奔向管理職，「工作三年，不當個主管、經理，都不好意思」已經成為很多產業年輕人對職業發展的基本看法。誠然，這一趨勢下，年輕人有機會快速成長，但這種浮躁、虛誇的、不注重基礎的「成長」帶來的弊端卻也顯而易見。這好比能發射火箭但卻不好一個汽車引擎，因為基礎技術和管理能力的發展也是需要持續積累的。

　　這個時代需要專業精神，這既是人口紅利消退我們需要面對的客觀現實，也是我們尊重發展規律、厚積薄發以提升產品競爭力的必然基礎。對於中基層管理者的職位，我們更多地強調企業協調和團隊管理能力；對於專業領域的績效考核因素，我們重點基於職責的專業精神和本領域的高品質交付。

12.1 專業技術類員工績效考核管理辦法

　　專業技術類員工的績效考核管理辦法同樣也應該對考核對象、考核內容、考核週期、考核程序、考核應用等進行系統的說明。以下提供某公司採用目標管理制進行考核的專業技術類員工績效考核管理辦法，供大家參考。

　　×× 公司專業技術類員工績效考核管理辦法（示例）

1. 考核目的

　　為保障企業體系的順暢運作，持續提升各員工業績，確保公司策略目標的達成，加強對專業技術人員的考核，特制定本辦法。

　　(1) 造就一支業務精幹的、高素養的、高境界的、具有高度凝聚力和團隊精神的人才團隊，並形成以責任結果為核心導向的人才管理機制。

　　(2) 適應公司業務變革和功能型工作文化向流程型、時效型工作文化的轉

變，促進跨部門團隊及與之相適應的團隊文化的建設。

（3）及時、公正地對員工過去一段時間的工作績效進行評估，肯定成績，發現問題，為下一階段工作的績效改進做好準備。

（4）為專業技術類員工的職業發展計劃的制訂和員工的薪酬待遇以及相關的教育培訓提供人事資訊與決策依據。

2. 適用範圍

（1）本辦法適用於專業技術類職位已轉正員工。

（2）試用期間的員工考核按照《新員工試用期綜合考核辦法》執行。

3. 指導思想

（1）績效考核是立足於員工現實工作的考核，強調員工的工作表現與工作要求相一致，而不是基於其在本部門或在公司的工作年限進行評價。

（2）績效考核必須自然地融入部門的日常管理工作中，才有其存在價值。雙向溝通的制度化、規範化，是考核融入日常管理的基礎。

（3）透過績效輔導幫助下屬提升能力，與完成管理任務一樣都是管理者義不容辭的責任。

4. 考核原則

（1）結果導向原則：工作態度和工作能力應當體現在工作績效的改進上。考核應該引導員工用正確的方法做正確的事，不斷追求良好的工作效果。

（2）目標承諾原則：考核初期雙方應就績效目標達成共識，被考核者須對績效目標進行承諾。目標制定和評價應體現依據職位分類分層的思想。

（3）考績結合原則：考核初期，部門應界定績效評價者，評價時，須充分徵求績效評價者的意見與評價，並以此作為考核的依據。績效評價者應及時提供客觀的回饋。

（4）客觀性原則：以日常管理中的觀察、記錄為基礎，注意定量與定性相結合，強調以數據和事實說話。

5. 考核週期

員工的績效考核分為月度績效考核和季度績效考核兩種考核週期，各部門可

第 12 章　專業技術類員工績效考核量化設計

按照以下原則，根據本部門實際情況確定各組裡員工的具體考核形式，但要求部門內保持一致。需要說明的是，參加跨功能部門團隊的成員根據專案進展情況，進行專案階段審視，專案組負責人負責專案階段評價結果及其應用。

(1) 月度績效考核：指在月度結束時，由直屬上級依據下屬該月的個人績效承諾而進行的考核。

(2) 人力資源部可根據實際需要企業對基層員工每三個月進行一次季度綜合評定。

月度考核（或彙總）結果是基層員工季度綜合評定的重要輸入，季度綜合評定是基層員工年度綜合評議的重要輸入。

6. 考核關係

人力資源部按如表1所示原則落實員工的績效考核責任關係，並及時根據企業調整、人事任免、人員異動等情況及時進行調整和落實。

表1　考核角色及考核對象對應表

考核角色 考核對象	績效評價者	考核責任者	考核複核者	備案者
專業技術類崗位員工	項目負責人或業務接口部門負責人	直接上級、部門負責人	各領域總監、分管副總	人力資源部

7. 考核程序

考核可分為三個階段，即績效目標制定階段（考核期初）、績效輔導階段（考核期中）、考核及溝通階段（考核期末）三個階段。這三個階段是緊密關聯、相互融合和共同促進的。

8. 績效目標制定階段

(1) 直屬上級與員工就績效考核目標達成共識，共同制訂「個人績效計劃」，制訂的個人績效計劃應符合 SMART 原則。

(2) 個人績效計劃承諾目標的主要來源有以下幾方面。

①來源於部門總目標，體現該職位對總目標的貢獻。

②來源於跨部門團隊或業務流程最終目標，體現該職位對跨部門團隊目標或流程終點的支持。

③來源於職位應負責任等。

9. 績效輔導階段

（1）該階段是直屬上級輔導員工共同達成計劃的過程，也是直屬上級收集及記錄員工行為和結果的關鍵事件或數據的過程。

（2）該階段管理者應注重在部門內建立健全的「雙向溝通」制度，包括周 / 月例會制度、周 / 月總結制度、匯報或述職制度、關鍵事件記錄、工作日誌制度、周工作記錄製度等。

10. 考核及溝通階段

（1）該階段直屬上級綜合收集到的考核資訊，參考被考核者的個人績效計劃，結合工作業績、工作態度、任職能力三方面作出客觀的評價。評價結果經考核覆核者同意後，經過充分準備，就考核結果向員工進行正式的回饋溝通。

（2）對於主要精力投入跨部門專案工作中的人員，部門在進行績效考核時，原則上採用專案組的評價結果；若有不同意見，須與專案組充分溝通，達成一致。

11. 考核資訊

管理者可徵詢員工對資訊來源的意見，共同確定收集資訊的管道和方式，一般有以下幾種。

（1）績效評價者提供的該員工的事實記錄或證明材料。

（2）員工的定期工作總結及日常關鍵行為記錄材料。

（3）直屬上級與員工溝通過程中積累的與績效有關的資訊。

（4）相關部門同事或同一團隊成員提供的該員工在合作方面的回饋。

12. 考核責任

員工的各級管理者、績效評價者和員工共同承擔考核責任。

（1）考核責任者：綜合各績效評價者提供的意見和依據，對照被考核者的個人績效計劃完成情況，從工作業績、工作態度、任職能力三方面作出客觀的評價。考核責任者對員工考核結果的公正性、合理性負責。

（2）績效評價者：根據員工個人績效計劃的完成情況，作出客觀的評價並提供客觀事實依據。績效評價者對績效評價的公正性、公平性和事實依據的真實性負責。

(3) 考核覆核者：對考核結果負有監督、指導及統籌部門考核尺度的責任。考核覆核者若對考核責任者的評價有疑義，應在同考核責任者溝通協調的基礎上修正員工的考核結果。

(4) 備案者：負責對員工的績效考核結果備案，並監督其應用。

13. 溝通責任

(1) 績效評價者有責任根據該員工目標的達成情況以及考核等級的定義，給出該員工建議的評價等級以及優缺點資訊，評價時向員工所在部門及時準確地回饋。

(2) 考核責任者必須就考核結果向員工進行正式的面對面的回饋溝通，內容包括肯定成績、指出不足及改進措施，共同確定下一階段的個人績效目標（含績效改進目標）。對於考核結果為「需改進」者，還需特別制訂限期改進計劃。

14. 考核申訴

(1) 考核申訴是為了使考核制度完善和在考核過程中真正做到公開、公正、合理而設定的特殊程序。

(2) 員工與考核主管在討論考核內容和結果後，如有異議，可先向部門主管提出申訴，由部門主管進行協調；如部門主管協調後仍有異議，可向人事決策委員會提出申訴，由人力資源部績效專員進行調查協調。

(3) 考核申訴的同時，必須提供具體的事實依據。

15. 考核等級及應用

(1) 考核等級定義表如表 2 所示。

表2　考核等級定義表

等級	說明	參考比例
傑出A (90分以上)	實際績效經常顯著超出預期計劃/目標或職位職責/分工要求，在計劃/目標或職位職責/分工要求所涉及的各個方面都得特別出色的成績	15%
良好B (75~89分)	實際績效達到或部分超過預期計劃/目標或職位職責/分工要求，在計劃/目標或職位職責/分工要求所涉及的主要方面取得比較突出的成績	45%
正常C (60~74分)	實際績效基本達到預期計劃/目標或職位職責/分工要求，無明顯的失誤	40%
須改進D (60分以下)	實際績效未達到預期計劃/目標或職位職責/分工要求，在很多方面或主要方面存在著明顯的不足或失誤	

(2) 考核結果應用於員工的薪酬管理、晉升管理、培訓發展、榮譽管理、辭

退淘汰、職位調動等方面，參照相關法規執行。

本考核辦法的解釋權歸公司人力資源部。

×× 公司人力資源部

××××年×月×日

12.2 技術研發領域員工量化考核

12.2.1 產品設計人員量化考核

產品設計人員主要從事產品的外觀設計、界面設計、互動設計等工作，在公司做設計，其工作內容往往與單純的藝術設計不同，一個高水準的設計人員不僅需要有外觀設計、互動設計策劃和實現的能力，有良好的審美意識和藝術修養，還需要在產品工程、可生產性、可維護性等方面有全面的考慮。

產品設計人員的量化考核，可以從如表 12-1 所示的指標著手進行考慮，對於有不同要求的設計人員，可以在指標和權重上進行選擇和調整。

表12-1 產品設計職位人員量化考核表(示例)

指標	權重	考核描述	績效目標值
設計任務完成率	20%	按計劃完成公司要求的設計任務	達到＿＿＿%
設計平均週期	20%	提高設計效率，縮短設計週期	小於＿＿＿天
圖紙錯誤率	15%	保證設計品質，減少錯誤，每錯一次扣1分	無嚴重錯誤
設計任務數量	15%	考察工作的飽滿程度	達到＿＿＿件
設計方案採納率	10%	考察設計人員的方案設計水準，引入內部競爭機制	達到＿＿＿%
設計文檔歸檔率	10%	設計文檔在規定時間內進行歸檔	達到＿＿＿%
設計的可生產性、可維護性	10%	全生命週期的設計考慮	無不當設計

12.2.2 產品開發人員量化考核

產品開發人員主要從事產品的開發工作，承擔某一模組或產品的具體開發任務。一個優秀的產品開發人員應該具備良好的產品意識，對客戶需求有準確的理解，具備快速學習和解決實際問題的能力。

產品開發人員量化考核，可以從如表 12-2 所示的指標著手進行考慮，對於有不同要求的開發人員可以在指標和權重上進行選擇和調整。

表12-2　產品開發職位人員量化考核表(示例)

指標	權重	考核描述	績效目標值
項目開發任務按時完成率	20%	按計劃完成公司要求的項目或模組的開發任務	達到___%
新產品開發週期	20%	提高開發效率，縮短開發週期	小於___天
技術評審合格率	15%	保證開發質量，減少開發缺陷	達到___%

(續表)

指標	權重	考核描述	績效目標值
產品的可生產性	10%	全生命週期的產品考慮	無可生產性設計問題導致的返工
標準、專利數量	10%	牽引技術創新，形成標準、專利	達到___個
研發成本降低率	15%	不斷降低開發成本，提升研發競爭力	達到___%
研發文檔歸檔及時率	5%	提高開發規範度，做好文檔管理	達到___%
產品開發過程符合度	5%	提高開發規範性，確保過程質量	達到___%

12.2.3 工程技術人員量化考核

　　工程技術人員負責公司全流程領域的技術規程和技術管理，向產品生產和研發部門提供回饋資訊和解決方案。工程技術人員應對產品全流程的技術問題有清晰的把握，有良好的溝通協調能力，有豐富的現場問題分析和解決能力。

　　工程技術人員量化考核，可以從如表 12-3 所示的指標著手進行考慮，對於有不同要求的工程技術人員可以在指標和權重上進行選擇和調整。

表12-3　工程技術職位人員量化考核表(示例)

指標	權重	考核描述	績效目標值
技術方案設計完成及時率	20%	根據要求完成公司的技術方案設計	達到___%
技術問題解決率	15%	解決全流程的技術難點	達到___%
技術方案採用率	10%	衡量技術方案的品質	達到___%
技術改造費用控制率	10%	合理有效地控制費用的支出，節約成本	控制在預算之內
技術服務滿意度	20%	產品、研發、生產等部門對於技術服務支持的滿意情況	達到___%
技術資料歸檔及時率	10%	按要求及時進行技術資料的歸檔	達到___%
重大技術改進專案完成數	15%	以技術改進提升產品工程工藝水準	達到___項

12.2.4 技術研究人員量化考核

　　技術研究人員負責公司尖端科學研究領域的相關工作。對於這些尖端創新的工作，中小規模的公司或是沒有投入，或是將創新工作外包，由產品開發團隊承接，部分公司中，這些人員往往存在於預研部、平臺技術部等部門。而由於這些

人員的輸出週期較長，因此，不建議進行短期考核。技術研究人員應該有產品背景，有良好的產業視野和對趨勢的洞察力，思維開闊，創新能力強。

技術研究人員量化考核，可以從如表 12-4 所示的指標著手進行考慮，對於有不同要求的技術研究人員可以在指標和權重上進行選擇和調整。

表12-4 技術研究職位人員量化考核表(示例)

指標	權重	考核描述	績效目標值
研究課題完成量	20%	根據要求完成公司的科學研究課題	達到____%
研究成果轉化效果	20%	當期研究成果轉化為產品應用的次數	達到____%
外部技術交流次數	10%	提升公司在產業內的技術影響力	達到____次
內部技術培訓次數	10%	技術研究方向產品的輸出	達到____次
創新專利產出	20%	當期申請專利通過交底書審核的數量	達到____個
行業分析報告滿意度	10%	按要求輸出技術領域產業分析報告供策略決策參考	達到____%
技術服務滿意度	10%	支持產品開發團隊新產品的開發	達到____%

12.3 採購供應領域員工量化考核

12.3.1 採購計劃人員量化考核

採購計劃人員主要負責採購計劃的制訂，包括例行和臨時採購計劃，他需要平衡和調整供貨週期，並監督採購計劃的執行情況以保證供應。採購計劃人員應該掌握市場預測分析方法，並應具有規範化的管理意識。

採購計劃人員的量化考核指標（示例）如表 12-5 所示。

表12-5 採購計劃職位人員量化考核表(示例)

指標	權重	考核描述	績效目標值
採購計劃編制及時率	20%	及時下達採購計劃，避免臨時採購	達到____%
採購物資供應及時率	25%	確保全流程監督採購計劃的實現，保證及時供應	達到____%
採購資金占用率	20%	確保採購資金流轉，減少資產灌水，以最小的資金占用取得較好的採購規模	低於____%
採購成本控制	20%	合理的採購成本控制	採購成本在預算範圍內
採購增補計劃提交及時率	15%	根據供應情況及時進行採購增補，做好應急採購預案	達到____%

12.3.2 採購執行人員量化考核

採購執行人員需要按照採購計劃以合適的價格採購到要求數量的合格物料。

採購執行人員應該有良好的談判能力、溝通協調能力、抗壓能力。

採購執行人員的量化考核指標（示例）如表 12-6 所示。

表12-6 採購執行崗位人員量化考核表(示例)

指標	權重	考核描述	績效目標值
採購任務按時完成率	20%	按時完成既定的採購任務	達到＿＿%
物資採購的準確率	15%	確保採購無差錯，錯1次扣1分	0差錯
採購費用降低率	15%	持續降低採購成本	達到＿＿%
採購物資質量合格率	15%	確保採購物資的質量要求	達到＿＿%
因採購不及時影響生產次數	20%	停工待料，影響工時，出現1次扣1分	0延誤
採購訂單處理時間	15%	提高採購效率，減少訂單處理時間	達到＿＿天

12.3.3 採購檢驗人員量化考核

採購檢驗人員負責採購物品的品質和數量的檢驗工作，並對不合格品進行追蹤處理。採購檢驗人員應該有良好的職業操守，工作盡責認真，並有扎實的物料知識。

採購檢驗人員的量化考核指標（示例）如表 12-7 所示。

表12-7 採購檢驗崗位人員量化考核表(示例)

指標	權重	考核描述	績效目標值
檢驗工作按時完成率	30%	按計劃完成物品檢驗工作	達到＿＿%
物料現場使用合格率	20%	確保檢驗質量	達到＿＿%
採購檢驗報表準確率	20%	檢驗報表無差錯，出現1次扣1分	0差錯
檢驗分析報告提交及時率	20%	按時提交分析報告，延遲提交1次扣1分	0延遲
檢驗儀器/設備完好率	10%	保證儀器設備的良好運行	達到＿＿%

12.3.4 供應商管理職人員量化考核

供應商管理人員主要負責供應商的開發和維護。供應商管理人員應該具有良好的職業操守，規範化的管理意識，出色的談判能力。

供應商管理職人員的量化考核指標（示例）如表 12-8 所示。

表12-8 供應商管理職位人員量化考核表(示例)

指標	權重	考核描述	績效目標值
供應商開發計劃完成率	20%	衡量在規定時間內新開發供應商的數量是否達到目標	達到＿＿%
供應商調查報告提交及時率	10%	按時提交調查報告，延遲提交1次扣1分	0延遲
供應商檔案完備率	10%	所有供應商都應該有完備的檔案，缺1個扣1分	0缺失
供應商資料庫及時更新率	10%	所有供應商都應該及時更新數據庫，缺1個扣1分	0延遲
合同履約率	20%	衡量供應商的綜合履約能力	達到＿＿%
供應商準時交貨率	15%	衡量供應商的交付能力	達到＿＿%
採購物資品質合格率	15%	加強供應商認證和維護，確保採購質量達到所需要求	達到＿＿%

12.3.5 儲運管理職人員量化考核

儲運管理職人員負責物料的倉儲和運輸管理工作。儲運管理人員應有強烈的工作責任心、很高的工作規範度、優秀的執行力。

儲運管理職人員的量化考核指標（示例）如表 12-9 所示。

表12-9 儲運管理職位人員量化考核表(示例)

指標	權重	考核描述	績效目標值
在庫物資品質合格率	15%	確保庫存物資質料	達到＿＿%
倉容利用率	10%	充分利用倉儲空間，提高儲存效率	達到＿＿%
收發物資差錯率	10%	確保收發準確度，出現1次扣1分	0差錯
庫存物資損耗率	10%	確保物資保存完好，降低損耗	小於＿＿%
帳貨相符率	10%	加強管理，確保帳實相符	達到＿＿%
物資準時配送率	10%	準時保障生產物資供應，延遲1次扣1分	0延遲
儲存費用率	10%	衡量單位物資空間的儲存費用	小於＿＿元/立方公尺
運輸費用率	10%	衡量單位物資空間或重量的運輸費用	小於＿＿元/立方公尺(公斤)
儲運安全事故次數	15%	確保安全生產，杜絕事故，發生1次扣1分	0事故

12.4 生產領域員工量化考核

12.4.1 生產計劃人員量化考核

生產計劃人員負責制訂生產計劃、合理安排生產，檢查監督各工廠的計劃執行情況並對生產完成情況進行分析改進。生產計劃人員應該具有優秀的生產專案管理能力，熟悉產品品質規範和生產標準，工作責任心強，做事有條理。

生產計劃人員的量化考核指標（示例）如表 12-10 所示。

表12-10 生產計劃職位人員量化考核表(示例)

指標	權重	考核描述	績效目標值
生產計劃下達及時率	20%	根據總體生產任務安排，編制訂按期下達生產計劃，延遲1次扣2分	0延遲
生產排程準確率	30%	根據生產經理的要求，負責生產排程工作	達到____%
生產計劃完成率	20%	追蹤檢查生產計劃完成情況	達到____%
臨時訂單按時完成率	10%	根據要求接受臨時訂單，確保臨時訂單按時完成	達到____%
生產效率提高率	10%	制訂合理的生產計劃，持續提升生產效率	達到____%
生產計劃不合理導致生產紊亂次數	10%	確保合理有序的計劃，發生一次紊亂扣2分	0錯誤

12.4.2 生產調度人員量化考核

生產調度人員負責協調各種資源實現生產計劃，企業召開調度會議並及時處理生產調度中的突發問題。生產調度人員應熟悉生產工藝流程，吃苦耐勞，謹慎細緻。

生產調度人員的量化考核指標（示例）如表 12-11 所示。

表12-11 生產調度崗位人員量化考核表(示例)

指標	權重	考核描述	績效目標值
交期達成率	20%	根據總體生產計劃，按期交付生產任務	達到____%
生產排程達成率	30%	按照生產計劃完成排程	達到____%
生產均衡率	20%	合理排程使設備和人力負載均衡	達到____%
生產調度會議組織	10%	調度會議及時召開並下發紀要，延誤1次扣2分	0延誤
突發事件處理	10%	及時有效解決突發事件	有效解決
生產調度不合理導致生產紊亂次數	10%	確保合理有序地調度，發生一次紊亂扣2分	0錯誤

12.4.3 設備管理職人員量化考核

設備管理人員負責對設備進行檢查維護，做好設備的動力供應以確保設備良好運行。設備管理人員應該掌握設備運行原理、熟悉操作規程和規範，具有高度的責任心和安全意識。

設備管理職人員的量化考核指標（示例）如表 12-12 所示。

表12-12 設備管理崗位人員量化考核表(示例)

指標	權重	考核描述	績效目標值
設備採購成本節約率	10%	提高設備使用效率，降低採購成本	達到___%
設備完好率	20%	確保設備完好，保障生產	達到___%
設備故障停機	20%	避免因設備故障導致的生產停機情況，發生1次扣3分	0停機
設備檢修率	10%	對設備的維修保養進行統一管理，定期不定期進行檢查	小於___%
設備利用率	10%	合理利用設備，均衡負載	達到___%
動力保障率	10%	不因動力不足導致停機，出現1次扣2分	0事故
設備事故發生率	20%	杜絕設備事故發生，發生1次扣3分	0事故

12.4.4 安全管理職人員量化考核

安全管理人員負責安全防範和檢查，落實安全制度，杜絕安全事故。安全管理人員應該熟悉相關安全法律法規，具有良好的協調、企業管理能力，工作積極主動，吃苦耐勞。

安全管理職人員的量化考核指標（示例）如表 12-13 所示。

表12-13 安全管理崗位人員量化考核表(示例)

指標	權重	考核描述	績效目標值
杜絕重大安全事故	20%	做好安全防範，杜絕重大事故，發生1次，計0分，總體考核不合格	0事故
千人工傷事故率	20%	做好安全設施的安裝、調配和管理，加強安全教育，減少工傷事故	小於___%
安全生產檢查率	10%	按要求進行安全生產檢查，少查1次扣1分	達到100%
安全隱患整改率	10%	按要求及時整改安全隱患	達到___%
安全培訓計劃完成率	10%	按計劃完成安全培訓工作計劃	達到___%
安全培訓覆蓋率	10%	加強安全教育覆蓋，確保全員安全意識和能力的提升	達到___%
安全事故處理及時率	20%	發生安全事故及時處理，避免擴大化，延遲1次扣1分	0延遲

12.4.5 材料工藝人員量化考核

材料工藝人員負責編製材料工藝文件，及時解決材料工藝問題。材料工藝人員應該熟悉材料性能和產品要求，熟悉生產工藝流程，有良好的溝通協調能力。

材料工藝人員的量化考核指標（示例）如表 12-14 所示。

表12-14　材料工藝崗位人員量化考核表(示例)

指標	權重	考核描述	績效目標值
工藝文件編寫及時率	15%	按照生產工藝要求及時編寫工藝文件	達到＿＿＿%
工藝文件準確率	20%	下發的工藝文件編寫準確，1次差錯扣3分	0差錯
材料工藝測試及時率	20%	按計劃完成工藝測試，延遲1次扣2分	0延遲
材料消耗降低率	20%	持續改進工藝降低材料消耗水平	達到＿＿＿%
工藝技術問題解決率	15%	提高當期工藝問題解決能力	達到＿＿＿%
工藝文檔歸檔率	10%	及時規範歸檔工藝文檔	達到＿＿＿%

12.4.6 產品工藝人員量化考核

　　產品工藝人員負責工藝設計和改進，並對生產現場進行檢查、提供工藝指導，解決生產中的工藝技術問題。產品工藝人員應熟悉公司產品生產工藝和品質特性，並能熟練指導員工作業，工作嚴謹，有責任心，勤奮敬業，有一定創新意識。

　　產品工藝人員的量化考核指標（示例）如表 12-15 所示。

表12-15　產品工藝崗位人員量化考核表(示例)

指標	權重	考核描述	績效目標值
工藝設計任務完成率	20%	按計劃完成工藝設計任務	達到＿＿＿%
工藝改進項目數	20%	持續改進工藝，提高生產效率	達到＿＿＿項
生產消耗降低率	20%	通過工藝改進降低生產消耗	達到＿＿＿%
工藝技術問題解決率	20%	及時解決工藝技術問題	達到＿＿＿%
工藝文檔歸檔率	10%	及時規範歸檔工藝文檔	達到＿＿＿%
工藝文件完整率	10%	確保工藝文件的完整性，缺1項扣5分	0缺失

12.5 品質領域員工量化考核

12.5.1 品質控制人員量化考核

　　品質控制人員透過事前的品質控制、事中的品質控制以及事後的品質改進三個方面對公司產品和服務的品質負責。和後端的品質檢驗工作相比，品質控制人員信奉「品質是管控出來的而不是檢驗出來的」理念，透過流程控制和企業改進來確保產品的品質都是符合要求的。品質控制人員一般需要有國家或第三方機構認可的品質審核人員資質，熟悉品質體系、數量掌握品質管理工具和方法，邏輯

思維能力強，富有團隊精神，能夠承擔壓力，工作認真負責，嚴謹細緻，有較強的分析、解決問題的能力。

品質控制人員的量化考核指標（示例）如表 12-16 所示。

表12-16 品質控制職位人員量化考核表(示例)

指標	權重	考核描述	績效目標值
產品品質檢驗規程符合度	20%	確保產品的設計、開發、生產全流程符合公司的品質規程	達到___%
品質改進方案編寫及時率	15%	針對品質問題及時形成改進方案，實施過程改進	達到___%
產品合格率	20%	透過過程控制改進品質，確保產品合格	達到___%
產品維修率	15%	衡量產品回廠維修情況	小於___%
品質事故數	10%	品質事故對公司聲譽和財務影響巨大，避免質量事故發生。發生嚴重品質事故的次數	達到___起
品質認證通過	10%	按時通過外部機構品質年審。未通過該項計0分	按時通過
品質文檔管理規範度	10%	品質文檔管理規範，無缺失。缺失1個扣3分	100%

12.5.2 品質檢驗人員量化考核

品質檢驗人員負責來料、產品品質的檢測，總體而言，他們的責任就是在產品出廠之前，設置層層關卡進行檢查，杜絕不合格產品出廠。品質檢驗人員要求對品質標準有清晰的理解，工作責任心強，能堅持原則。

品質檢驗人員的量化考核指標（示例）如表 12-17 所示。

表12-17 品質檢驗職位人員量化考核表(示例)

指標	權重	考核描述	績效目標值
來料檢驗準確率	10%	檢查來料品質，確保按品質標準進行檢測	達到___%
來料檢驗及時率	10%	及時進行來料檢驗，避免怠工	達到___%
漏檢率	10%	嚴格按照程序進行產品、來料檢驗，無漏檢，漏檢1次扣5分	0漏檢
檢驗設備完好率	10%	做好檢驗設備維護，確保檢驗結果可信	達到___%
產品品質合格率	20%	透過過程檢驗，確保最後出廠的合格率	達到___起
產品直通率	10%	衡量在生產線投入100套材料中，製程第一次就透過了所有測試的良品數量	達到___%
產品退貨率	10%	因品質問題導致產品退貨的比率	小於___%
產品質保期內維修率	10%	因品質保期內的維修水平	小於___%
因品質檢測失誤導致的品質事故數	10%	加強品質檢測，杜絕因檢測不力發生的品質事故	小於___起

12.6 行銷領域員工量化考核

12.6.1 市場策劃人員量化考核

市場策劃人員負責市場資訊收集、調查和市場活動策劃。市場策劃人員了解市場趨勢和競爭對手動態，思路清晰，文筆精湛，具有良好的企業和協調能力。

市場策劃人員的量化考核指標（示例）如表 12-18 所示。

表12-18 市場策劃職位人員量化考核表(示例)

指標	權重	考核描述	績效目標值
市場調查活動次數	20%	按計劃完成市場調查	達到___次
市場調查分析報告數量	10%	按計劃提交市場調查分析報告	達到___份
重點市場活動效果	20%	達成預期目的的市場活動比率	達到___%
市場調查分析報告滿意度	20%	主管領導對調查分析報告品質的評估	達到___%
品牌滿意度	10%	加強市場人員對於品牌的推廣和維護	達到___%
市場拓展計劃完成率	10%	按計劃支持市場開拓的目標	達到___%
市場費用控制	10%	按計劃控制市場活動支出	預算範圍內

12.6.2 廣告企劃人員量化考核

廣告企劃人員負責公司廣告的策劃和投放，確保對市場銷售活動的支持，以提升公司品牌影響力。廣告企劃應該有良好的文字功底，文筆流暢有感染力，有較強的策劃能力和創意能力，能快速了解銷售或客戶意圖，和媒體關係良好。

廣告企劃人員的量化考核指標（示例）如表 12-19 所示。

表12-19 廣告企劃職位人員量化考核表(示例)

指標	權重	考核描述	績效目標值
廣告策劃方案通過率	20%	評估廣告策劃的質量	達到___%
廣告投放計劃完成率	10%	按計劃在要求的廣告位投放廣告	達到___%
廣告經費控制	10%	合理使用廣告經費，追求最大效果	預算範圍內
廣告投放有效率	10%	衡量廣告投放的有效性	達到___%
廣告投放增銷率	10%	廣告對銷售支持效果的評估	達到___%
廣告費用占銷比	10%	提升廣告費用的投入產出	小於___%
置入性行銷媒體正面曝光次數	10%	建立良好媒體合作關係，加強品牌形象	達到___%
品牌認知度	10%	利用廣告提升品牌影響力	達到___%
品牌價值成長率	10%	利用廣告提升品牌價值	達到___%

12.6.3 銷售代表人員量化考核

　　銷售代表負責某一區域、通路、客戶的銷售工作，他最主要的工作就是拓展市場、完成公司給予的銷售任務。銷售代表需要對產品有較好的理解，尤其有良好的客戶導向、出色的溝通能力和技巧，同時具備自律嚴謹的職業操守。

　　銷售代表人員的量化考核指標（示例）如表 12-20 所示。

表12-20 銷售代表職位人員量化考核表(示例)

指標	權重	考核描述	績效目標值
銷售收入	20%	按計劃完成公司的銷售收入任務	達到___萬元
銷售量	10%	按計劃完成公司的銷售量任務	達到___萬台
銷售毛利率	15%	注重銷售質量，保持合適的利潤水準	達到___%
通路覆蓋率	5%	確保產品覆蓋主流銷售通路	達到___%
新增客戶數量	10%	拓展新客戶，加強客戶群管理	達到___個
老客戶保有率	10%	確保客戶黏性，維護老客戶持續購買	達到___%
銷售回款率	10%	促進銷售回款，保持良好現金流	達到___%
銷售費用率	10%	提高銷售的投入產出	小於___%
客戶有效投訴	10%	確保客戶滿意度，投訴1次扣2分	0投訴

12.6.4 通路拓展人員量化考核

　　通路拓展人員負責通路管理和通路拓展，他們透過合作夥伴（包括零售商、經銷商和商業夥伴）進行間接銷售，並提供服務支持。在當前的產業環境下，競爭已經成了產業鏈的競爭，因此，與各管道的合作已經成為各公司市場拓展的非常手段。通路拓展人員應該具有良好的商務談判能力、關係建立能力和策劃能力。

　　通路拓展人員的量化考核指標（示例）如表 12-21 所示。

表12-21　通路拓展職位人員量化考核表(示例)

指標	權重	考核描述	績效目標值
銷售收入	15%	所負責通路的銷售收入情況	達到＿＿萬元
銷售量	10%	所負責通路的銷售量情況	達到＿＿萬台
通路開發計劃實現率	10%	新通路開發任務的完成情況	達到＿＿%
回款達成率	10%	促進銷售回款，保持良好現金流	達到＿＿%
銷售費用率	10%	提高銷售的投入產出	小於＿＿%
新產品通路鋪貨率	10%	提高新產品在通路銷售中的比重	達到＿＿%
通路庫存	10%	合理控制通路庫存，減少壓貨風險	不要偏離正常值
通路滿意度	15%	通路滿意度的高低，可以通過通路調查來實現，比如通過第三方調查機構	達到＿＿%
代理商培訓計劃完成率	10%	按計劃完成代理商培訓，做好通路激勵工作	達到＿＿%

12.6.5 客戶經理人員量化考核

客戶經理就是與客戶尤其是大客戶打交道的管理人員，他們負責客戶開發和客戶維護。客戶有需求只需找客戶經理，作為代表公司與客戶聯繫的「大使」，客戶經理應積極主動並經常與客戶保持聯繫，發現客戶的需求，引導客戶的需求，並及時給予滿足，為客戶提供全面服務。客戶經理應該有豐富的商務洽談經驗和獨立簽約能力，熟悉公司業務流程，對市場有良好的把控能力。

客戶經理人員的量化考核指標（示例）如表 12-22 所示。

表12-22　客戶經理崗位人員量化考核表(示例)

指標	權重	考核描述	績效目標值
大客戶開發數量	20%	不斷增加新開發的大客戶	達到＿＿個
銷售目標完成率	20%	促進大客戶銷售，達成銷售目標	達到＿＿%
大客戶流失率	15%	維護好關鍵客戶，減少客戶流失	小於＿＿%
大客戶投訴	10%	維護好健康的客戶關係，持續提升客戶滿意度。投訴1次扣5分	0投訴
大客戶回訪率	10%	要求覆蓋所有關鍵客戶，少1個扣2分	100%覆蓋
客戶滿意度	25%	持續提升客戶滿意度，可以通過第三方進行調查	達到＿＿%

12.6.6 售後服務人員量化考核

售後服務人員負責公司的售後服務工作，他們要接受客戶的諮詢和投訴，進行客戶回訪，負責產品維修等。售後服務人員應該熟悉公司的產品和業務流程，具備良好的客戶服務意識，認真敬業，抗壓力強。

售後服務人員的量化考核指標（示例）如表 12-23 所示。

表12-23 售後服務職位人員量化考核表(示例)

指標	權重	考核描述	績效目標值
投訴受理及時率	20%	及時受理客戶投訴，降低不良影響	達到___%
投訴辦結率	15%	及時處理客戶投訴，快速解決問題	達到___%
服務滿意度	20%	客戶對售後服務的評價	達到___%
客戶回訪率	10%	完成對客戶的回訪	達到___%
售後服務費用	10%	合理控制收售後服務費用	預算範圍內
客戶投訴次數	10%	客戶對售後服務的投訴，出現1次扣5分	0投訴
售後服務一次成功率	15%	提高售後服務效率，爭取一次完成客戶服務需求	達到___%

12.7 人力行政領域員工量化考核

12.7.1 招聘人員量化考核

　　招聘職位主要負責完成公司的招聘任務，他們開拓和維護招聘管道，確保招聘品質，保障公司的人力供給。招聘管理人員應該具備人選甄選的能力，善於調動資源，具備內外部的企業協調能力。

　　對於招聘人員的考核，可以從招聘任務的完成情況、招聘品質、招聘效率等方面進行設計。招聘人員的量化考核指標（示例）如表 12-24 所示。

表12-24 招聘職位人員量化考核表(示例)

指標	權重	考核描述	績效目標值
招聘計劃完成率	20%	招聘計劃是否符合企業發展需要	達到___%
平均招聘週期	20%	提高招聘效率，快速保障人才供應	小於___天
招聘管道管理	10%	新招聘管道開拓的數量和品質，主管領導的滿意度	達到___%
招聘適合度	10%	確保候選人符合職位任職要求	達到___%
試用期合格率	10%	確保招聘品質並支持好員工試用期融入	小於___次
試用期主動離職率	10%	確保招聘品質，找到合適的人	小於___%
人均招聘費用	10%	降低招聘成本	小於___元
招聘活動組織滿意度	10%	招聘活動的組織情況，是否達到預期效果	達到___%

12.7.2 培訓人員量化考核

　　培訓人員負責員工的培訓管理、關注員工培訓需求、制訂並執行培訓計劃，不斷改進培訓品質也是培訓人員的日常工作。培訓人員應該學習並熟練掌握自身所處領域的相關技能，並使自身具備一定的培訓輔導能力和人才測評的能力。

　　對培訓人員的考核可以從培訓企業設計、培訓講師、培訓課程、培訓效果等方面進行設計，培訓人員的量化考核指標（示例）如表 12-25 所示。

表12—25培訓職位人員量化考核表（示例）

指標	權重	考核描述	績效目標值
培訓需求調查報告提交率	20%	培訓需求報告的品質和及時性，可以由主管進行評價	達到＿＿％
培訓計劃完成率	15%	按計劃達成預訂的培訓計劃	達到＿＿％
培訓覆蓋率	10%	確保培訓精準的人群覆蓋	達到＿＿％
培訓課程開發數量	10%	按計劃達成預訂的課程開發計劃	達到＿＿門
認證講師數量	10%	提升講師能力，改善講師團隊品質	達到＿＿人
任職資格達標率	10%	員工技能提升、通過任職資格認證的情況	達到＿＿％
培訓工作滿意度	10%	員工對培訓工作的滿意情況	達到＿＿％
培訓課堂滿意度	5%	員工對培訓現場效果回饋情況	達到＿＿％
培訓組織滿意度	5%	員工對培訓組織的回饋情況	達到＿＿％
培訓檔案歸檔率	5%	培訓檔案及時按要求進行歸檔	達到＿＿％

12.7.3 薪酬人員量化考核

薪酬人員負責職位評估、薪酬調查、薪酬核算和薪酬發放，他們應該熟練掌握職位評估、薪酬體系設計的方法、熟悉薪酬福利方面的法律法規，善於數據分析，為人正直，忠誠守信，工作嚴謹，為所從事工作嚴格保密。

對薪酬人員的考核可以從薪酬調查、薪酬核算和發放等方面進行設計，薪酬人員的量化考核指標（示例）如表 12-26 所示。

表12-26 薪酬職位人員量化考核表(示例)

指標	權重	考核描述	績效目標值
薪酬調查完成及時性	20%	每年按時完成行業薪酬調查，逾期為0分	在規定日期完成
職位體系管理工作	20%	職位體系管理到位，確保關鍵職位的薪酬策略執行到位，由主管評價	達到＿＿％
薪資獎金計算差錯數	10%	對薪資、獎金核算及發放的人為出錯為0，出現1次扣1分	0差錯
薪資獎金報表編制準確率	10%	準確編制並上報薪資獎金報表	達到＿＿％
薪資獎金報表編制及時率	10%	及時編制並上報薪資獎金報表	達到＿＿％
薪資發放準確、及時率	20%	準確及時地發放薪資	達到＿＿％
保險福利的準確、及時率	10%	準確及時地辦理各項保險福利手續	達到＿＿％

12.7.4 績效管理職人員量化考核

績效管理工作人員主要負責績效考核表的設計、績效考核的企業工作。他們應該掌握績效管理的相關工作工具，深刻理解績效考核的主要模式，並能對相關人員進行培訓。他們應善於處理數據，工作嚴謹，具備一定的企業協調能力。

對績效管理人員的考核可以從績效過程企業、績效培訓、績效數據處理、績效申述處理等方面進行設計，績效管理職人員的量化考核指標（示例）如表

12-27 所示。

表12-27 績效管理職位人員量化考核表(示例)

指標	權重	考核描述	績效目標值
績效考核計劃按時完成率	20%	按計劃及時進行公司績效考核	達到___%
績效考核申訴處理及時率	10%	及時處理員工績效考核申訴	達到___%
績效評估報告完成及時率	15%	按時準確地完成績效評估報告	達到___%
績效考核數據統計差錯數	15%	確保考核數據統計的準確性，出現差錯1次扣2分	0差錯
績效考核覆蓋率	15%	確保對應接受考核的員工進行考核	達到___%
績效考核表設計的完善性	15%	核心考核內容為員工在各職位的考核表中的表現，要求公司導向清晰，職位特徵明確，可以由主管結合周邊部門意見評價	達到___%
績效管理培訓的覆蓋率	10%	使目標人群掌握績效管理相關知識，衡量目標人群的培訓覆蓋水準	達到___%

12.7.5 勞動關係人員量化考核

勞動關係職位工作人員主要負責員工的人事關係管理，包括入離職手續及檔案合約管理，有些公司也把員工關係、企業氛圍建設的職能也包括在其中，並且統稱為員工關係。勞動關係管理人員應該熟悉相關法律法規，工作認真細緻、原則性強，換句話說，從事這份工作時，對員工的訴求要有理有節，是否把握好了這個均衡，高下立現。

勞動關係管理職人員的量化考核指標（示例）如表 12-28 所示。

表12-28 勞動關係職位人員量化考核表(示例)

指標	權重	考核描述	績效目標值
入職、離職手續辦理差錯次數	20%	高質量地完成入職離職手續辦理工作，1次差錯扣15分	0差錯
勞動合約規範管理	10%	勞動合同簽訂、變更、續簽、終止等及時辦理，延誤1次扣5分	0延遲
勞動糾紛處理及時率	10%	及時有效地處理勞動糾紛	達到___%
合約資料歸檔及時率	10%	資料完備，及時歸檔	達到___%
企業氛圍滿意度	25%	建設高效型組織，提升員工敬業度	達到___%
員工主動離職率	25%	保持團隊穩定，降低業務風險	低於___%

12.7.6 法務管理職人員量化考核

為了管理公司對內、對外的法律相關事務，有些公司會設置專門的法務部門，多數公司則是由法務專員或其他人員承接法務管理的相關工作。法務人員需要及時規範地處理公司的日常法務工作，解決法務糾紛。法務人員應該熟悉公司法、勞基法、智慧財產權等方面的法律法規，思維嚴謹、做事認真、抗壓力強。

法務管理職人員的量化考核指標（示例）如表 12-29 所示。

表12-29　法務管理崗位人員量化考核表(示例)

指標	權重	考核描述	績效目標值
法律文件處理及時率	20%	根據公司要求及時處理相關法律文件，延遲1次扣5分	0延遲
法律文書起草質量	20%	確保法律文書的質量，發生1次差錯扣5分	0錯誤
法律糾紛勝訴率	25%	及時處理法律糾紛，保障公司合法權益	達到＿＿＿%
法律合同評審及時率	25%	按照要求及時評審外部合同	達到＿＿＿%
合同文本歸檔率	10%	合同文檔規範管理，出現1次差錯扣5分	100%歸檔

12.7.7 行政管理職人員量化考核

行政管理人員負責公司日常行政工作，包括辦公環境管理、辦公設備管理、重要會議企業等。行政管理人員應該工作積極主動，有良好的服務意識，正直誠信。同時，應善於處理一些內外部矛盾，有較好的溝通協調能力。

對行政管理人員的考核可以從辦公設備管理、辦公用品管理、公文管理、會議管理、車輛管理等角度進行衡量，行政管理職人員的量化考核指標（示例）如表 12-30 所示。

表12—30行政管理崗位人員量化考核表（示例）

指標	權重	考核描述	績效目標值
日常行政工作滿意度	15%	考察周邊、上級、員工對於行政工作的感知	達到＿＿＿%
辦公設備完好率	10%	做好日常辦公設備的維護，確保設備狀態良好	達到＿＿＿%
辦公用品採購及時率	10%	及時採購辦公用品，保障日常辦公需要，延遲1次扣5分	無缺貨情況
公文起草及時性	10%	及時起草相關公文和通知，延遲1次扣5分	0延遲
文件歸檔及時率	5%	辦公資料及時歸檔，管理規範	達到＿＿＿%
會議組織滿意度	10%	衡量重大會議的組織效果	達到＿＿＿%
會議紀要整理及時性	5%	及時整理和發佈會議紀要，傳達會議精神，延遲1次扣3分	0延遲
車輛完好率	5%	保證車輛狀況，確保車輛正常使用	達到＿＿＿%
出車及時率	10%	根據需要快速回應及時出車	達到＿＿＿%
車輛維護費用控制	10%	管理好車輛養護和維修費用	預算範圍內
交通違章次數	10%	安全駕駛，杜絕違章行爲的發生	小於＿＿＿次

12.7.8 後勤管理職人員量化考核

後勤管理人員主要負責公司的後勤管理，包括食宿、綠化、動力、安全等。後勤人員為公司能夠正常運作、員工的順暢工作貢獻了不小的力量。因此，一旦員工沒有做好保障，員工也往往因此無法安心工作了。後勤管理人員應該具有高度的工作責任心，認真敬業，執行力強。

後勤管理職人員的量化考核指標（示例）如表 12-31 所示。

表12-31 後勤管理職位人員量化考核表(示例)

指標	權重	考核描述	績效目標值
維修費用控制	15%	費用管理清晰，預算支出合理	在預算範圍內
設備檢修計劃完成率	10%	按期完成設備檢修，確保設備運行良好	達到___%
環境衛生達標率	10%	確保良好的環境衛生，達到相關要求	達到___%
保潔工具完好率	10%	做好保潔工具管理，確保工具完整完好	達到___%
員工對餐廳滿意度	10%	做好食堂管理，在預算範圍內合理滿足員工餐飲需求	達到___%
餐廳採購成本降低率	15%	做好成本控制，降低採購成本	達到___%
安全事故次數	15%	做好安全教育，杜絕安全事故，發生1次扣5分，重大事故直接扣爲0分	0事故
員工投訴次數	15%	做好管理溝通，提升服務質量	小於___次

12.8 財務領域員工量化考核

12.8.1 會計人員量化考核

會計人員負責對公司的經濟交易或事項進行核算和監督，提供經濟資訊，參與預測決策。會計人員要熟悉公司財務制度，扎實掌握業務的具體流程，熟悉會計法、稅法等相關規定，熟練使用財務軟體，工作認真細緻、嚴謹敬業。

對會計人員的考核可以從會計報表的編制歸檔、帳務登記核算、納稅申報、財務分析等角度進行衡量。會計人員的量化考核指標（示例）如表 12-32 所示。

表12-32 會計崗位人員量化考核表(示例)

指標	權重	考核描述	績效目標值
會計報表編制及時率	10%	按要求及時編制會計報表	達到___%
會計報表編制差錯率	15%	確保報表填寫準確	小於___%
帳務處理及時率	10%	對各項往來憑證順序登記、及時處理	達到___%
帳務處理差錯次數	10%	帳務處理的質量	小於___次
納稅申報及時率	5%	按照規定及時進行納稅申報，延遲1次扣2分	0延遲

(續表)

指標	權重	考核描述	績效目標值
納稅申報準確率	5%	納稅申報準確，無差錯，錯誤1次扣5分	0錯誤
會計資料及時歸檔率	5%	定期將會計報表、會計檔案整理歸檔	達到___%
財務分析報告完成及時率	10%	協助財務總監進行財務分析，按時完成財務分析報告	達到___%
會計核算差錯次數	10%	高質量的會計核算	小於___次
帳簿登記差錯次數	10%	帳簿登記準確，避免差錯，錯誤1次扣2分	0差錯
資產帳實不符次數	10%	記帳準確，杜絕錯誤，不符1次扣3分	0差錯

12.8.2 出納人員量化考核

　　出納是與員工打交道比較多的職位，因為所有的報銷單據、報銷匯款都需要出納進行審核。出納負責現金、銀行相關業務和帳戶的處理，他們直接與貨幣打交道，除了要有堅實的出納業務知識以外，還必須具備良好的財經法紀素養和職業道德修養。

　　對出納人員的考核可以從現金收付、日記帳登記、銀行結算、薪水及報銷處理、憑證管理等角度進行衡量。出納人員的量化考核指標（示例）如表12-33 所示。

表12-33 出納職位人員量化考核表(示例)

指標	權重	考核描述	績效目標值
現金業務差錯次數	10%	根據銀行結算和企業報銷制度，審核原始憑據的合法性和準確性，及時完成現金收付、列出或索取發票。錯誤1次扣5分	0差錯
現金日記帳差錯數	10%	及時登記現金日記帳，每日帳款盤存確保準確。錯誤1次扣5分	0差錯
銀行日記帳差錯次數	10%	及時登記現金日記帳，填寫日報表，確保銀行帳目準確。錯誤1次扣5分	0差錯
現金帳實相符	10%	根據經營需要提取送存和保管現金，做到帳帳相符、帳實相符。錯誤1次扣5分	0差錯
銀行結算及時性	10%	及時辦理銀行存款、匯款、劃款等結算業務	小於__天
銀行結算準確性	10%	準確辦理銀行存款、匯款、劃款等結算業務。錯誤1次扣5分	0差錯
薪資發放及時性	10%	薪資按時發放，延遲1次扣10分	0延遲
員工報銷滿意度	10%	有關開支的款項報銷，及時準確，員工滿意度高	達到__%
憑證管理完整率	10%	處理原始資料，做好憑證檔案管理，保證憑證的完整性。錯誤1項扣2分	達到100%
發票開具及時率	5%	根據現金回收情況及時開具相關票據	達到__%
發票開具準確性	5%	保證票據開具的準確性，錯誤1次扣5分	0錯誤

12.8.3 投資管理職人員量化考核

　　投資管理人員主要負責公司對外的投資管理，他們尋找投資機會、推動投資交易並進行投後管理。有些公司專門設立投資部管理公司的投資業務。他們應對公司發展策略有清晰的理解，熟悉相關法律法規，具備財務、經濟、金融的複合知識，有良好的溝通表達能力和抗壓力。

　　投資管理職人員的量化考核指標（示例）如表 12-34 所示。

表12-34 投資管理職位人員量化考核表(示例)

指標	權重	考核描述	績效目標值
投資計劃完成率	30%	根據公司投資策略完成投資計劃	達到___%
投資調查報告及時提交率	20%	及時提交對投資標的的調查報告	達到___%
投資專案報告及時提交率	20%	及時提交專案報告	達到___%
投資收益率	20%	加強投資分析，提高投資收益	達到___%
投資評估準確性	10%	避免資本投資中的重大失誤。專案啓動後，發現嚴重評估缺陷次數，發現1次扣5分	0缺陷

12.8.4 融資管理職人員量化考核

融資管理人員主要負責公司的資金籌措，他們開拓融資管道、及時籌措資金，確保公司業務的正常營運和策略發展需要。他們應該對企業融資策劃和實施有較全面的了解，具有一定的財務、金融及企業管理知識，有較強的敬業、團隊精神及合作意識。

融資管理職人員的量化考核指標（示例）如表 12-35 所示。

表12-35 融資管理崗位人員量化考核表(示例)

指標	權重	考核描述	績效目標值
籌資計劃達成率	20%	按計劃完成公司的籌資任務	達到___%
融資總額	20%	完成的融資規模	達到___萬元
籌資管道拓展	10%	按計劃完成投資管道拓展	達到___種
籌資費用率	20%	降低籌資費用	小於___%
融資週期	20%	完成融資所需要的平均時間	小於___天
融資報告一次性通過率	5%	提高融資報告質量	達到___%
融資報告提交及時率	5%	按計劃及時提交融資分析報告，延遲1次扣5分	0延遲

12.8.5 資金管理職人員量化考核

資金管理人員負責公司的資金管理，他們需要制訂資金計劃、辦理資金支付手續，做好資金的使用分析。資金主管應該熟悉公司財務分析、財務管理、預算管理，熟練使用公司財務系統，有較強的溝通協調能力和工作責任感。

資金管理職人員的量化考核指標（示例）如表 12-36 所示。

表12-36 資金管理崗位人員量化考核表(示例)

指標	權重	考核描述	績效目標值
資金計劃編制及時率	20%	按期編制資金計劃，及時提交批准	達到___%
資金支付手續及時性	20%	正常情況下及時進行資金支付，發生1次扣3分	0延遲
資金業務核算差錯次數	15%	準確進行資金核算，發生1次扣3分	0錯誤
資金收支準確度	15%	確保資金收支的準確性，發生1次錯誤扣3分	0錯誤
帳實不符的次數	15%	確保資金帳實相符，發生1次錯誤扣5分	0錯誤
資金使用分析報告提交及時率	15%	按計劃及時提交資金使用分析報告，延遲1次扣5分	0延遲

12.8.6 稅務管理職人員量化考核

稅務管理人員負責公司稅務的相關管理工作，包括稅務籌劃、核算、稅費繳納、稅務檔案管理等。對於經營專案比較複雜的公司，有必要設置專職的稅務人員進行稅務籌劃。稅務管理人員應該具有從事財務工作的經驗，了解營業稅、增值稅、企業所得稅相關法律法規，責任心強，作風嚴謹，工作認真，有較強的人際溝通與協調能力。

稅務管理職人員的量化考核指標（示例）如表 12-37 所示。

表12-37 稅務管理崗位人員量化考核表(示例)

指標	權重	考核描述	績效目標值
稅費核算差錯金額	20%	日常稅費核算準確，減少錯誤	小於___元
稅費繳納及時率	20%	日常稅費及時繳納，避免欠稅漏稅	達到___%
稅費繳納差錯金額	15%	日常稅費繳納準確，減少錯誤	小於___元
稅負降低的金額	15%	通過稅收籌劃降低納稅額	達到___元
稅務報表提交及時率	15%	按照要求及時提交稅務報表	達到___%
稅務報表差錯率	15%	稅務報表編制準確，避免差錯	低於___%

12.8.7 審計人員量化考核

審計人員主要職責是利用各種審計手段及時發現資產和資金使用、業務和管理流程上的漏洞，採取預警和控制措施。審計人員應該要有較深厚的財務背景，具備溝通協調能力、計劃企業能力，有較強的原則性。

審計人員的量化考核指標（示例）如表 12-38 所示。

表12-38 審計崗位人員量化考核表(示例)

指標	權重	考核描述	績效目標值
審計計劃執行率	20%	按計劃進行定期不定期的審計	達到___%
審計報告及時提交率	20%	按要求及時編制審計報告	達到___%
審計報告一次性通過率	15%	提高審計報告質量，減少差錯	達到___%

(續表)

指標	權重	考核描述	績效目標值
審計問題追蹤檢查率	10%	持續追蹤審計問題，閉環解決	達到___%
審計結果準確性	10%	減少審計更正	更正小於___次
審計報告歸檔率	10%	審計報告在規定時間內進行歸檔	達到___%

小視窗：要想牽出牛，重要的是先找到牛鼻子

找到某職位的系列考核指標不難，真正的難點是要找到最適合當前場景、能牽引核心目標實現的指標。此外，對於考核指標的選取、目標賦值的溝通遠遠比指標本身更加重要。一旦真正理解了指標背後的牽引導向，哪怕摒棄所有的表格工具，也必定會上下同心，無往而不利！

第 13 章　操作輔助類職位績效考核量化設計

操作輔助類人員指的是公司的一線生產、促銷、文員、司機等職位。他們的職位門檻相對不高，重複性工作內容比較多，業務技能的提升主要依靠隨時間和操作次數積累的熟練程度的提高，他們的工作更多來自於主管布置的中短期任務，他們的工作產出也相對在短期內容易顯性量化。因此，績效考核時，多從他們的工作產出即數量、品質、效率、成本等方面進行衡量，工作態度的考績則偏重於員工在勞動紀律的遵守、責任心和執行力等方面的表現。

操作輔助類人員透過努力可以實現在操作技能上的提升，但如果要轉向一個優秀的專業技術人員，則需要在責任、技能、心態、考核激勵模式上都進行轉換。在責任上，影響範圍擴大，要更多地考慮對周邊和全流程的影響；在技能上，需要有更高的複雜度，並且需要有面對變化的更強、更靈活的處理能力；在心態方面，要從被動安排變成主動經營，為實現目標而非為掙「工分」而工作；在考核激勵模式上，從計件、計時的過程計量性質轉變為以工作成果為衡量標準的以結果計量的性質。

13.1 操作輔助類員工績效考核管理辦法

對於操作輔助類員工的考核，需要從考核原則、考核內容、考核週期、考核結果等方面進行明確。因為他們的工作相對標準化，多數情況下不採用目標管理制，而直接用考核量表對照績效衡量標準對產出、態度、能力進行考核。以下提供某公司操作輔助類員工的績效考核管理辦法，供大家參考。

×× 公司操作輔助類員工績效考核管理辦法（示例）

1. 考核目的

(1) 加強上下級員工之間的有效溝通，達成管理的創新與改善。

(2) 客觀評價員工工作績效，幫助員工了解工作要求，找出差距，促進工作績效持續提高。激發員工的積極性、主動性和創造性，提高員工基本素養和工作效率。

(3) 透過規範化的考核，客觀公正評價員工工作績效，為薪資發放、評優、異動晉升、員工職業規劃等提供依據，提高員工對企業管理制度的滿意度。

2. 適用範圍

本管理辦法適用於各工廠全體操作員工及行政輔助類員工。

3. 考核原則

(1) 客觀原則：所有評估者要做到以事實為依據，儘可能用量化指標來衡量被考核者的工作成果及進步狀況，對被考核者的評價應有客觀依據。

(2) 公正原則：評估者以提高下屬的工作績效和工作能力為最終目標，應做到客觀、公正，不應該以個人好惡、憑主觀感覺進行考核。

(3) 溝通原則：在考核過程中，評估者和被考核者要開誠布公地進行溝通與交流，評估結果應及時地回饋給被考核者。

4. 工作職責

(1) 生產管理部 / 行政部：負責企業制訂績效考核方案，企業推進、監督操作輔助類人員的績效考核工作。

(2) 人力資源部：協助制訂、改良績效考核方案，開展相關培訓及宣貫工作，監督考核過程的規範性和合法性，對考核結果進行審核和備案。

(3) 工廠 / 行政部：負責本工廠和行政輔助人員的績效考核工作，並持續提高本工廠和操作人員的工作績效。

(4) 工廠班組 / 行政主管：負責對部屬進行認真評估，提升績效及團隊士氣。

5. 績效考核權限

(1) 績效考核小組由三人組成，主體考核者（員工的直屬上級）負責為員工評分，考核小組其他兩位成員參與並監督考核過程。

(2) 生產總監和執行長雖然不是各員工的最終評估人，但是保留對評估結果的建議權，並參加績效考核相關會議，提出相關培訓、職位晉升以及處罰

的要求。

(3) 績效考核人應該熟練掌握績效考核相關表格、流程、考核制度,做到及時與被考核人進行溝通並向其進行資訊回饋,公正地完成考核工作。

6. 考核內容

1) 績效考核具體內容說明

(1) 工作業績。工作業績的考核主要從工作任務完成的數量、品質、效率、成本節約或者耗費進行設計。

指標:指有明確的數字達成來源的指標,透過設定計算公式及評分標準確定硬指標的考核方法。

軟指標:指沒有明確的數字達成來源或目前不具備量化條件、量化成本較高的指標。軟指標應明確工作要求,制定具體的、易於量化的評分標準。

(2) 工作態度。工作態度統一考核 4 個指標,分別為:紀律性、責任與敬業精神、積極性、團隊合作意識。

各部門依據部門管理需要,對此 6 個指標明確考核要求,考核前應明確告知員工。考核時,直屬上級依據下屬的日常行為表現、關鍵事件進行考核評分。工作態度每月進行考核,年度考核時取用本年度內月度工作態度考核得分的平均值,不再另行考核。

(3) 工作技能。工作技能統一考核 4 個方面指標,分別為:職位知識、操作技能、問題解決能力、團隊合作能力。

(4) 獎懲包括以下兩方面。

①月度考核時,員工當期的獎懲歸入相關的考核指標進行考核。

②員工本年度與工作相關的獎懲情況作為年度考核的獎懲加減分,通報表揚 5 分 / 次,嘉獎 10 分 / 次;書面警告 5 分 / 次,記過及以上 10 分 / 次。

2）考核內容權重分配（見表1）

表1 考核內容權重分配表

考核周期	考核內容	分值	考核指標
月度	工作業績	60分	工作量(15分) 工作效率(15分) 質量與成本(10分) 安全與規範(10分) *貢獻(10分)
	工作態度	20分	紀律性(4分) 責任與敬業(4分) 主動性(4分) 合作性(4分) 5S(4分)
	工作技能	20分	崗位知識(5分) 作業技能(5分) 問題解決能力(5分) 團隊合作能力(5分)
年度	取月度考核得分平均值		

3）考核標準制定

（1）各指標制定標準：輕微違規1分/次，一般性違規2分/次，較嚴重違規或口頭警告3分/次，嚴重違規或書面警告4～6分/次，情節特別嚴重的本項得0分。

（2）「*貢獻」為得分制，制定標準：無貢獻為0分；有價值的改善建議得1分/次；價值相當於1000元以上的貢獻得2分/次；價值相當於5000元以上的貢獻得3～5分/次；價值相當於1萬元以上的貢獻得6分以上，得分不超過本項總分值。

（3）員工當月獲記過處分者，當月考核得分不得高於80分；獲記大過處分者，當月考核得分不得高於60分。

7. 考核流程

1）月度考核流程

（1）每月1日前，員工對上月工作進行自評，提交上月考核表，有需要時向直屬上級提交工作成果、報表或報告；同時，如當月考核指標需要調整，一併提交當月考核表，列明調整建議。

(2) 每月 3 日前，直屬上級對下屬員工上月績效進行評價及考核評分，填寫所有下屬的上月考核表及《績效考核結果彙總表》，並逐級上報；同時，與下屬確定當月考核表內容。

(3) 每月 5 日前，部門指定專人彙總本部門考核結果，彙總成部門的《績效考核結果彙總表》，經部門負責人簽批後，將《績效考核結果彙總表》電子版及手簽版原件提交人力資源部。

(4) 每月 10 日前，直屬上級向員工回饋上月考核結果，如員工考核等級為一般或較差，則需要進行績效面談，幫助下屬製訂績效改進計劃；同時，雙方簽名確認上月考核結果，原件由上級或由部門安排專人保管。

2）年度考核流程

(1) 每年 1 月 8 日前，直屬上級對下屬員工進行評價及考核評分，審核員工工作業績、工作態度、工作技能月度考核得分，計算平均分，將當年獎懲情況列入，得出年度考核結果，填寫所有下屬的上一年年度考核表及年度《績效考核結果彙總表》，並逐級上報。

(2) 每年 1 月 15 日前，直屬上級應向下屬回饋年度考核結果，與下屬進行績效面談，幫助下屬製訂工作改進計劃及能力提升計劃，同時，雙方在考核表上簽名確認。

(3) 每年 1 月 20 日前，各部門指定專人收齊上一年《員工績效考核表（年度）》原件，交人力資源部。人力資源及行政部審核無誤後，存入員工檔案。

8. 考核結果等級分布（見表2）

表2 考核結果等級分布表

考核分數段	考核等級	描述
得分≧90分	優	主動完成具有挑戰性的工作目標，績效完全達到或超出目標和要求，各方面表現特別出色，在團隊內部發揮較好的表率與標竿作用；工作態度、工作能力表現優秀
80≦得分＜90	良	績效達到或部分超出目標和要求，工作表現出色；工作態度、工作能力表現比較優秀
70≦得分＜80	中	績效大部分達到目標和要求，無明顯的失誤或差錯；工作態度、工作能力表現比較優秀或一般
60≦得分＜70	一般	績效少部分未達到目標和要求，工作存在著明顯的不足或失誤；工作態度、工作能力表現一般
得分＜60	較差	工作績效整體未達到或某項重要指標遠未達到目標和要求，不足與失誤較多；工作態度、工作能力表現一般或較差

9. 員工參加考核說明

(1) 所有在職且出勤的各級員工均應參加考核，包括新入職員工。

(2) 考核週期內未出勤的不參加當期考核。

(3) 考核週期內發生職位調整的由原職位直屬上級提前考核，評出考核得分交員工新職位直屬上級，在正常考核時，新職位直屬上級參考原職位直屬上級評估意見，對員工進行考核。考核週期結束後發生職位調整的，由原職位直屬上級負責考核。職位調整日期以相關表單註明的生效日期為準。

(4) 考核週期內離職的員工應提前至離職前完成考核，並出具考核結果。

10. 績效考核結果應用

績效考核結果與績效獎金、薪水調整、年度分紅、異動晉升密切掛鉤。

11. 績效考核申訴

(1) 員工對績效考核結果有異議，首先向直屬上級提出，若不能達成共識，可向直屬上級的上級或部門負責人提出，員工對部門內部的處理意見仍有異議的，可向考核審查小組提出申訴。申訴應在接到考核結果的三個工作日內填寫《績效考核申訴表》，並連同相關資料一起交至考核審查小組，過期申訴不予受理。

(2) 考核審查小組由以下人員組成：廠長、人力資源部經理、評估者所在部門負責人、評估者上司等。

(3) 在員工申訴期間，暫以上級意見為準統計考核結果，待申訴完成後，依據申訴結果調整考核結果。如需調整考核結果，部門重新填寫《績效考核結果彙總表》，經審批後，提交人力資源部。

本考核辦法的解釋權歸屬人力資源部，未盡事宜或有衝突之處以公司相關制度為準。

××公司人力資源部

××××年×月×日

13.2 生產操作員量化考核

生產操作員一般指工廠生產一線的操作人員，他們的勞動績效考核多數以計件或計時方式進行。生產操作員需要按照要求完成生產任務、協助設備維護，並負責工廠內的清潔衛生與工具擺放。生產操作員應該了解產品相關工藝和生產流程、產品性能方面的知識，熟悉機械操作，工作規範意識強，具備吃苦耐勞、踏實肯幹的工作態度。

生產操作員量化考核表（示例）如表 13-1 所示。

表13—1生產操作工量化考核表（示例）

考核項目	權重	指標	評價等級				得分
			優	良	中	差	
生產任務完成情況	30%	生產計劃完成率	10	8	6	2	
		生產定額完成率	10	8	6	2	
		服從生產調度情況	10	8	6	2	
職位作業指導要求	10%	職位作業指導要求執行情況	10	8	6	2	
品質指標	20%	產品交驗合格率	8	6	4	2	
		投入產出率	6	5	3	0	
		工藝標準執行情況（點檢、首檢等相關品質記錄）	6	5	3	0	
設備維護使用	20%	使用設備工具的合理性	5	3	2	1	
		設備模具維護保養	5	3	2	1	
		設備利用率	5	3	2	1	
		設備模具故障率	5	3	2	1	
5S執行情況	20%	工作現場、衛生責任區的清潔程度	4	3	1	0	
		工作衣物穿戴情況	4	3	2	1	
		正確操作及現場維持程度	4	3	1	0	
		安全生產	4	3	1	0	
		出勤	4	3	2	1	
持續改進	加分項目	節能降耗（節約資金超過一定額度）	6	5	4	2	
		提高效率（提高工作效率超過一定額度）	6	5	4	2	
		合理化建議所帶來的收益超過一定額度	4	3	2	1	

優、良、中、差的評分標準可以參考《生產操作員評分標準說明表》，如表
13-2所示。

表13-2　生產操作工評分標準說明表(示例)

指標	評分標準			
	優	良	中	差
生產計劃完成率(X)	$X=100\%$	$95\%\leq X<100\%$	$90\%\leq X<95\%$	$<90\%$
生產定額完成率(X)	$X=100\%$	$95\%\leq X<100\%$	$90\%\leq X<95\%$	$<90\%$
服從生產調度情況	完成服從	基本服從	一次不服從	兩次不服從
職位作業指導要求執行情況	全部按照作業指導書操作	基本按照作業指導書進行操作	部分依照作業指導書進行操作	極少依照作業指導書進行操作
產品交驗合格率(X)	$X>97\%$	$96\%\leq X<97\%$	$95\%\leq X<96\%$	$94\%\leq X<95\%$
投入產出率(X)	$X>99.5\%$	$99.4\%\leq X<99.5\%$	$99.2\%\leq X<99.4\%$	$99\%\leq X<99.2\%$
工藝標準執行情況(點檢、首檢等相關質量記錄)	嚴格按照工藝標準操作	未違反工藝質量紀律	違反一次工藝質量紀律	違反兩次工藝質量紀律
使用設備工具的合理性	正確使用,維護得當,工具領用定額節約10%以上	不按規定要求使用工具但未造成經濟損失	不能正確使用工具並造成1000元以下經濟損失	不能正確使用工具並造成1000元以下經濟損失
設備模具維護保養	嚴格按照操作規程要求	只能維持設備的正常運轉	設備運轉不正常,一次未按照要求點檢	設備運轉不正常,兩次未按照要求點檢
設備利用率(X)	$X>95\%$	$90\%\leq X<95\%$	$85\%\leq X<90\%$	$X<85\%$
設備模具故障率	無	人為造成一般設備故障	人為造成嚴重設備故障	人為多次造成嚴重設備故障
工作現場、衛生責任區的清潔程度	環境整潔	一處不整潔	兩處不整潔	三處以上不整潔
勞保用品穿戴情況	穿戴整齊	穿戴不齊全一次	穿戴不齊全兩次	穿戴不齊全三次以上
正確操作及現場維持程度	按規程操作,現場定置管理好	能按規程操作	操作混亂,定置管理意識差	極差
安全生產	安全意識強,無違章行為	未違反安全生產紀律	違反安全生產紀律1次	違反安全生產紀律2次
出勤	全勤	無遲到、早退,但有病事假不超過2天	1次以上遲到、早退或病事假3天,未打卡1次	2以上遲到、早退或病事假5天,未打卡2次
節能降耗(節約資金超過一定額度)(X)	$X\geq1000$元	$500\leq X<1000$元	$200\leq X<500$元	$X<200$元
提高效率(提高工作效率超過一定額度)(X)	$X>10\%$	$5\%\leq X<10\%$	$3\%\leq X<5\%$	$X<3\%$
合理化建議所帶來的收益超過一定額度(X)	$X>1000$元	$500\leq X<1000$元	$200\leq X<500$元	$X<200$元

13.3 倉管人員量化考核

　　倉管人員負責公司的倉儲管理,他們需要根據按照公司規定辦理物品的出入庫手續、進行相關清點、記錄,並保證物品安全。倉管人員應熟悉物資倉儲運作基本方法和工作流程,掌握公司生產經營中各種物資和產品的基本情況,工作細

心，辦事穩重，工作計劃性強，堅持按制度規章辦事，不徇私情、不謀私利。

倉管人員量化考核表（示例）如表13-3所示。

表13—3庫管員量化考核表（示例）

考核項目	權重	指標	評價等級				得分
			優	良	中	差	
庫存管理	40%	入庫準確率	10	8	6	3	
		出庫準確率	10	8	6	3	
		出入庫單據填寫準確率	10	8	6	3	
		出入庫台帳及時登記率	10	8	6	2	
職位作業指導要求	10%	職位作業指導要求執行情況	10	8	6	3	
庫存品質	20%	收發業務檢查	5	4	3	2	
		先進先出管理	5	4	3	2	
		廢料清退及時性	10	8	5	2	
設備維護使用	10%	倉儲設備利用率	10	8	5	2	
5S執行情況	20%	工作現場、衛生責任區的清潔程度	5	3	1	0	
		正確操作及現場維持程度	5	3	1	0	
		安全生產	5	3	1	0	
		出勤	5	3	2	1	
持續改進	加分項目	節能降耗（節約資金超過一定額度）	6	5	4	2	
		提高效率（提高工作效率超過一定額度）	6	5	4	2	
		合理化建議所帶來的收益超過一定額度	4	3	2	1	

優、良、中、差的評分標準可以參考《倉管人員評分標準說明表》，如表13-4所示。

表13-4 庫管員評分標準說明表

指標	評分標準			
	優	良	中	差
入庫準確率(X)	$X=100\%$	$95\%\leqslant X<100\%$	$90\%\leqslant X<95\%$	$X<90\%$
出庫準確率(X)	$X=100\%$	$95\%\leqslant X<100\%$	$90\%\leqslant X<95\%$	$X<90\%$
出入庫單據填寫準確率	每月抽查0差錯	每月抽查1次差錯	每月抽查2次差錯	每月抽查3次以上差錯

(續表)

指標	評分標準			
	優	良	中	差
出入庫台帳及時登記率(X)	X=100%	97%≤X<100%	95%≤X<97%	X<95%
崗位作業指導要求執行情況	全部按照作業指導書操作	基本按照作業指導書進行操作	部分按照作業指導書進行操作	極少按照作業指導書進行操作
收發業務檢查	每月抽查無不合格	每月抽查1次不合格	每月抽查2次不合格	每月抽查3次以上不合格
先進先出管理	每月根據先進先出要求和物料保管期限要求檢查無不合格項	每月根據先進先出要求和物料保管期限要求檢查1次無不合格項	每月根據先進先出要求和物料保管期限要求檢查2次不合格項	每月根據先進先出要求和物料保管期限要求檢查3次以上不合格項
倉儲設備利用率(X)	X>95%	90%≤X<95%	85%≤X<90%	X<85%
工作現場、衛生負責區的清潔程度	環境整潔	1處不整潔	2處不整潔	3處以上不整潔
文明操作及現場維持程度	按規程操作，現場定置管理好	能按規程操作	操作混亂，定置管理意識差	極差
安全生產	安全意識強，無違章行為	未違反安全生產紀律	違反安全生產紀律1次	違反安全生產紀律2次
出勤	全勤	無遲到、早退，但有病事假不超過2天	1次以上遲到、早退或病事假3天，未刷卡1次	2次以上遲到、早退或病事假5天，未刷卡2次
節能降耗(節約資金超過一定額度)(X)	X≥1000元	500≤X<1000元	200≤X<500元	X<200元
提高效率(提高工作效率超過一定額度)(X)	X≥10%	5%≤X<10%	3%≤X<5%	X<3%
合理化建議所帶來的收益超過一定額度(X)	X>1000元	500≤X<1000元	200≤X<500元	X<200元

13.4 物流人員量化考核

物流人員負責公司產品、配件的配送，他們是客戶或合作夥伴取得產品的最後一公里。物流人員負責備貨、分揀、配送，他們應該了解產品基本知識，了解軟、硬標籤裝訂的範圍及方法，能熟練操作理貨區各種設備，熟悉搬運、擺放要求。配貨員應該吃苦耐勞、工作細心、規範性好、執行力強。

物流人員可以按照配送的階段進產業績評分，量化考核表（示例）如表13-5 所示。

表13—5物流人員量化考核表（示例）

考核項目	權重	指標	評價等級				得分
			優	良	中	差	
配送前	20%	分揀準確率	5	4	3	1	
		緊急訂單回應率	5	4	3	1	
		按時出貨率	10	8	6	3	
配送中	50%	配送延誤率	10	8	6	3	
		貨物破損率	10	8	6	0	
		貨物差錯率	10	8	6	3	
		貨物丟失率	10	7	4	0	
		簽收單返回率	10	8	4	2	
配送後	20%	通知及時率	5	3	1	0	
		客戶投訴	5	3	1	0	
		客戶滿意度	10	8	5	0	
職位作業指導要求	10%	職位作業指導要求執行情況	10	8	6	2	
持續改進	加分項目	節能降耗（節約資金超過一定額度）	6	5	4	2	
		提高效率（提高工作效率超過一定額度）	6	5	4	2	
		合理化建議所帶來的收益超過一定額度	4	3	2	1	

優、良、中、差的評分標準可以參考《物流人員評分標準說明表》，如表13-6所示。

表13-6 物流人員評分標準說明表

指標	評分標準			
	優	良	中	差
分揀準確率(X)	$X=100\%$	$98\%\leq X<100\%$	$97\%<X<98\%$	$X<97\%$
緊急訂單影響率(X)	$X=100\%$	$95\%\leq X<100\%$	$90\%<X<95\%$	$X<90\%$
按時出貨率(X)	$X=100\%$	$98\%\leq X<100\%$	$95\%<X<98\%$	$X<95\%$
配送延誤率	所有產品、配件配送無延誤	配送有1次延誤	配送有2次延誤	配送有3次以上延誤
貨物破損率(X)	貨物無破損	$X<1\%$	$1\%\leq X<2\%$	$X>2\%$
貨物差錯率	貨物無差錯	出現1次差錯	出現2次差錯	出現3次以上差錯
貨物丟失率	貨物無丟失	出現1次丟失	出現2次丟失	出現3次以上丟失
簽收單返回率(X)	$X=100\%$	$98\%\leq X<100\%$	$97\%<X<98\%$	$X<97\%$
通知及時率(X)	$X=100\%$	$98\%\leq X<100\%$	$97\%<X<98\%$	$X<97\%$
客戶投訴	無客戶投訴	出現1次客戶投訴	出現2次客戶投訴	出現2次以上嚴重投訴
客戶滿意度(X)	$X\geq 99\%$	$95\%<X<99\%$	$90\%<X<95\%$	$X<90\%$
職位作業指導要求執行情況	全部按照作業說明書操作	基本按照作業說明書進行操作	部分按照作業說明書進行操作	極少按照作業說明書進行操作
節能降耗(節約資金超過一定額度)(X)	$X\geq 1000$元	$500\leq X<1000$元	$200\leq X<500$元	$X<200$元
提高效率(提高工作效率超過一定額度)(X)	$X\geq 10\%$	$5\%<X<10\%$	$3\%<X<5\%$	$X<3\%$
合理化建設所帶來的收益超過一定額度(X)	$X>1000$元	$500\leq X<1000$元	$200\leq X<500$元	$X<200$元

13.5 導購員量化考核

導購是在零售實體店直接面向最終消費者的職位，透過他們的介紹和引導，促進消費者的購買決策和購買行為。導購員負責商品的陳列、導購，他們需要對產品的賣點有清晰的認識，需具備良好的溝通影響力，服務意識強，抗壓力強。

導購員量化考核表（示例）如表 13-7 所示。

表13-7 導購員量化考核表(示例)

考核項目	權重	指標	評價等級				得分
			優	良	中	差	
商品管理	20%	補貨及時率	5	4	3	1	
		商品陳列合格率	5	4	3	1	
		商品不良品率	10	8	6	3	
商品導購	50%	銷售任務完成率	30	20	10	5	
		銷售數據正確率	10	8	6	0	
		銷售記錄提交及時率	10	8	6	0	
客戶管理	30%	客戶投訴	10	8	6	0	
		客戶資訊收集率	10	8	6	0	
		客戶服務影響率	10	8	6	3	
持續改進	加分項目	合理化建議所帶來的收益超過一定額度	5	4	2	1	

優、良、中、差的評分標準可以參考《導購員評分標準說明表》，如表 13-8 所示。

表13-8 導購員評分標準說明表

指標	評分標準			
	優	良	中	差
補貨及時率	從未缺貨	缺貨1次	缺貨2次	缺貨3次以上
商品陳列合格率(X)	$X=100\%$	$95\%\leq X<100\%$	$90\%\leq X<95\%$	$X<90\%$
商品不良品率	按照商品陳列規範，無不良品上架	抽查到1個不良品上架	抽查到2個不良品上架	抽查到3個以上不良品上架
銷售任務完成率(X)	$X>100\%$	$98\%\leq X\leq100\%$	$90\%\leq X<98\%$	$X<90\%$
銷售數據正確率	抽查全部準確	抽查到小於等於2次的數據錯誤	抽查到小於等於3次的數據錯誤	抽查到3次以上的數據錯誤
銷售記錄提交及時率(X)	$X=100\%$	$90\%\leq X<100\%$	$85\%\leq X<90\%$	$X<85\%$
客戶投訴	無客戶投訴	出現1次客戶投訴	出現2次客戶投訴	出現2次以上嚴重投訴
客戶訊息收集率	收集到100條以上客戶資訊	收集到90條以上客戶資訊	收集到70條以上客戶資訊	收集到70條以下客戶資訊
客戶服務響應率	無響應怠慢情況	抽查到1次響應怠慢情況	抽查到2次響應怠慢情況	抽查到3次以上響應怠慢情況
合理化建議所帶來的收益超過一定額度(X)	$X>2000$元	$1000\leq X<2000$元	$500\leq X<1000$元	$X<500$元

13.6 客服人員

客服人員主要負責透過呼叫熱線接聽客戶來電、電話客戶回訪等工作。客服人員需要有較強的文字寫作能力和溝通協調能力，要能夠熟練使用辦公自動化軟體，口條清楚，服務意識強，應變能力強。

客服人員量化考核表（示例）如表 13-9 所示。

表13-9 客服人員量化考核表（示例）

考核項目	權重	指標	評價等級				得分
			優	良	中	差	
接聽熱線	50%	呼叫平均響應時長	10	8	6	3	
		電話接聽率	10	8	6	3	
		轉接率	10	8	6	3	
		平均處理時間	10	8	6	3	
		非工作態時長	10	8	6	3	
客戶回訪	10%	客戶回訪任務完成率	10	8	6	3	
客戶管理	40%	客戶滿意度評分	20	15	10	5	
		呼叫記錄完整率	10	8	6	4	
		客戶投訴	10	8	4	0	
持續改進	加分項目	合理化建議所帶來的收益超過一定額度	5	4	2	1	
		工作量超過一定的數量	5	4	2	0	

優、良、中、差的評分標準可以參考《客服人員評分標準說明表》，如表 13-10 所示。

表13-10 呼叫中心座席員評分標準說明表

指標	評分標準			
	優	良	中	差
呼叫平均響應時長(X)	$X \leq 2$秒	2秒$\leq X < 3$秒	3秒$< X < 4$秒	$X \geq 4$秒
電話接聽率(X)	$X = 100\%$	$98\% \leq X < 100\%$	$95\% \leq X < 98\%$	$X < 95\%$
轉接率(X)	$X < 2\%$	$2\% \leq X < 4\%$	$4\% < X < 7\%$	$X > 7\%$
平均處理時間(X)	$X < 90$秒	90秒$\leq X < 120$秒	120秒$< X < 130$秒	$X > 130$秒
非工作態平均時長/每小時	$X < 200$秒	200秒$< X < 240$秒	240秒$< X < 260$秒	$X > 260$秒
客戶回訪任務完成率(X)	$X = 100\%$	$98\% \leq X < 100\%$	$95\% \leq X < 98\%$	$X < 95\%$
客戶滿意度評分(X)	$X = 100\%$	$98\% \leq X < 100\%$	$95\% \leq X < 98\%$	$X < 95\%$
呼叫記錄完整率(X)	$X = 100\%$	丟失2條以內	丟失5條以內	丟失超過5條
客戶投訴	無客戶投訴	出現2次以下客戶投訴	出現4次以下客戶投訴	出現4次以上嚴重投訴
合理化建設所帶來的收益超過一定額度(X)	$X > 2000$元	$1000 < X < 2000$元	$500 \leq X < 1000$元	$X < 500$元
工作量超過一定的數量(X)	$X > 2000$次	$1500 \leq X < 2000$次	$1200 \leq X < 1500$次	$X < 1200$次

13.7 櫃檯接待量化考核

櫃檯是一個公司的門面，可以稱為公司的第一張臉，櫃檯工作的稱職與否直接關係到公司的整體形象和業務開展的品質。櫃檯接待人員負責接待來訪的客戶、及時接聽電話、處理相關函件。櫃檯接待人員一般需要熟悉辦公室行政管理知識及工作流程，要有較好的溝通表達能力及服務意識，工作有條理，細緻、認真、有責任心。

櫃檯接待量化考核表（示例）如表 13-11 所示。

表13－11前台接待量化考核表（示例）

考核項目	權重	指標	評價等級				得分
			優	良	中	差	
客人接待	40%	接待記錄完整率	10	8	6	3	
		接待記錄準確率	10	8	6	3	
		著裝禮儀規範度	20	15	10	5	
接聽電話	20%	電話接聽及時率	10	8	6	3	
		重要電話記錄準確度	10	8	6	3	
員工服務	20%	函件收發及時率	10	8	6	3	
		服務回應時間	10	8	6	3	
投訴	10%	服務投訴次數	10	8	6	0	
5S執行情況	10%	工作現場整潔程度	10	8	6	0	
持續改進		被採納的合理化建議數	5	4	2	1	

優、良、中、差的評分標準可以參考《櫃檯接待評分標準說明表》，如表 13-12 所示。

表13-12 前台接待評分標準說明表

指標	評分標準			
	優	良	中	差
接待紀錄完整率(X)	$X=100\%$	$98\% \leqslant X < 100\%$	$96\% \leqslant X < 98\%$	$X<96\%$
接待紀錄準確率(X)	$X=100\%$	$98\% \leqslant X < 100\%$	$96\% \leqslant X < 98\%$	$X<96\%$
著裝禮儀規範度	著裝禮儀全部符合公司規範	抽查1次不合格	抽查2次不合格	抽查3次以上不合格
電話接聽及時率(X)	$X=100\%$	$98\% \leqslant X < 100\%$	$95\% \leqslant X < 98\%$	$X<95\%$
重要電話紀錄準確度	重要電話全部紀錄完整準確	抽查1次不合格	抽查2次不合格	抽查3次以上不合格
函件收發及時率	100%及時準確	1次延遲或錯誤	2次延遲或錯誤	3次以上延遲或錯誤
服務響應時間	按照公司SLA要求均能及時響應	1次延遲	2次延遲	3次以上延遲
服務投訴次數	無投訴	出現2次以下內外部投訴	出現4次以下內外部投訴	出現4次以上內外部嚴重投訴
工作現場整潔程度	環境整潔	1處不整潔	2處不整潔	3處以上不整潔
被採納的合理化建議數	3條以上合理化建議被採納	2條合理化建議被採納	1條合理化建議被採納	無被採納的合理化建議

13.8 行政文員量化考核

行政文員指的是在各業務部門或行政部門從事日常行政性支持工作的人員，他們需要維護管理好辦公用品、部門設備、幫助員工安排機票、飯店事宜、協助企業相關會議、活動等。行政文員應該熟練使用公司各種辦公設備和常用辦公軟體，工作敬業、細心、有服務意識，有合作性，並有一定的保密意識。

行政文員可以從工作量、規範度、效率方面進行評價，行政文員量化考核表（示例）如表 13-13 所示。

表13—13行政文員量化考核表（示例）

考核項目	權重	指標	評價等級				得分
			優	良	中	差	
會務工作	30%	會務規範度	20	15	10	5	
		會議紀要及時、準確性	10	7	4	1	
文檔管理	20%	文件製作任務完成率	10	7	4	2	
		文件收發及時、準確率	5	4	3	1	
		文件管理規範度	5	4	3	1	
人員接待	10%	人員接待規範性	10	8	5	0	
員工服務	10%	員工服務滿意度	10	8	5	0	
人事工作	10%	考勤管理準確度	5	4	3	1	
		人員盤點準確率	5	4	3	1	
辦公設備管理	10%	辦公設備利用率	5	3	2	1	
		辦公用品管理供應及時率	5	3	2	1	
5S執行情況	10%	工作現場、衛生責任區的清潔程度	5	3	1	0	
		出勤	5	3	2	1	

　　優、良、中、差的評分標準可以參考《行政文員評分標準說明表》，如表13-14所示。

表13-14 行政文員評分標準說明表

指標	評分標準			
	優	良	中	差
會務規範度	按照會議準備規範要求進行，會前通知到位、場地妥當、設備完備，會前支持有力，100%完成	有1次嚴重錯誤	有2次嚴重錯誤	有3次以上嚴重錯誤
會議紀要及時、準確性	100%及時準確	1次延遲或錯誤	2次延遲或錯誤	3次以上延遲或錯誤
文本製作任務完成繳(X)	X=100%	95%≦X<99%	90%≦X<95%	X<90%
文件收發及時、準確率	100%及時準確	1次延遲或錯誤	2次延遲或錯誤	3次以上延遲或錯誤
文檔管理規範度	每月抽查無不合格	每月抽查1次不合格	每月抽查2次不合格	每月抽查3次以上不合格

(續表)

指標	評分標準			
	優	良	中	差
人員接待規範性	每月抽查無不合格	每月抽查1次不合格	每月抽查2次不合格	每月抽查3次以上不合格
員工服務滿意度(差旅支持)(X)	X=100%	95%≤X<99%	90%≤X<95%	X<90%
考勤管理準確度	無錯誤	1次錯誤	2次錯誤	3次以上錯誤
人員盤點準確率	100%準確	97%≤X<99%	95%≤X<97%	X<95%
辦公設備利用率(X)	X>95%	90%≤X<95%	85%≤X<90%	X<85%
辦公用品管理供應及時率	無延誤	1次延遲供應	2次延遲供應	3次以上延遲供應
工作現場、衛生清潔區的清潔程度	環境整潔	1處不整潔	2處不整潔	3處以上不整潔
出勤	全勤	無遲到、早退，但有病事假不超過2天	1次以上遲到、早退或病假3天，未打卡1次	2次以上遲到、早退或病假5天，未打卡2次

13.9 行政司機量化考核

行政司機負責接受各級主管、行政部的工作事務用車派遣，並做好車輛管理相關工作。開車的易得，但好司機難求，優秀的行政司機不僅需要有良好的駕駛技術，能文明安全駕車，還要有良好的職業道德避免公車私用，更要有高度的保密意識和良好的人際理解力。不僅要管好自己的車，還要管好自己的耳朵和嘴。

行政司機量化考核表（示例）如表 13-15 所示。

表13-15行政司機量化考核表（示例）

考核項目	權重	指標	評價等級				得分
			優	良	中	差	
行車安全	30%	人身安全事故	10	7	4	0	
		財產安全事故	10	7	4	0	
		交通違章違規	10	7	4	0	
車輛維護	20%	安全油量保證	10	7	4	2	
		車輛清潔	10	7	4	2	
出車管理	35%	出車手續齊全	10	7	4	1	
		行車記錄完整	5	4	3	2	
		出車及時率	10	7	4	2	
		油耗節約率	10	7	4	2	
投訴	15%	服務投訴次數	10	8	5	0	
		資訊洩密	5	4	3	0	
安全	加分	安全行使里程達到某一標準	5	4	3	2	

優、良、中、差的評分標準可以參考《行政司機評分標準說明表》，如表13-16 所示。

217

表13-16 行政司機評分標準說明表

指標	評分標準			
	優	良	中	差
人身安全事故	無人身安全事故	無主觀原因人身安全事故	1次人身安全事故預警	1次人身安全事故
財產安全事故	無任何輕微刮碰類事故	1次輕微財損失事故	2次輕微財產損失事故或1次嚴重事故	3次以上輕微財產損失事故或2次以上嚴重事故
交通違章違規	無交通違章	2分以下交通違章	3分以下交通違章	6分以下交通違章
安全油量保證	100%抽查合格，確保隨時出車	1次抽查不合格，影響出車	2次抽查不合格，影響出車	3次以上抽查不合格，影響出車
車輛清潔	100%抽查合格，車輛整潔	1次抽查不合格	2次抽查不合格	3次以上抽查不合格
出車手續齊全	出車前填好派車單，100%合格	出車前1次抽查未填派車單	出車前2次抽查未填派車單	出車前3次以上抽查未填派車單
行車紀錄完整	出車回來填好公里數，100%合格	出車回來1次抽查未填寫公里數	出車回來2次抽查未填寫公里數	出車回來3次以上抽查未填寫公里數
出車及時率	無延誤	1次5分鐘內輕微延誤	2次輕微延誤或1次5分鐘以上延誤	3次輕微延誤或1次10分鐘以上嚴重延誤
油耗節約率(X)	X=100%	95%≦X<99%	90%≦X<95%	X<90%
服務投訴次數	無投訴	出現1次內外部投訴	出現2次以上內外部投訴	出現3次以上內外部嚴重投訴
資訊洩密	無洩密	談論相關話題	洩漏主管或客戶的話	對外洩漏主管或客戶的話
安全行駛里程達到某一標準(X)	X>30000公里	25000≦X<30000公里	20000≦X<25000公里	X<20000公里

小視窗：再好的考績表也不如找到一個積極主動有責任心的人

　　操作輔助類的職位的考核多數是從「不出錯」的角度出發的，做到了就能防止意外，這些職位雖然技能門檻低，但真正做到精深還需要員工發自內心對該職位的熱愛。強制要求可以避免出錯，但絕對培養不出一個高績效的員工。在資訊高度發達、企業日益扁平的時代，任何員工和客戶都是「零」距離，每個人都能向客戶、上下游傳遞主動、責任的正能量，才能形成一個高績效的企業。

第 14 章　特殊類型人員績效考核

　　由於公司的業務需要，在一家企業中往往存在多種用工模式或者契約身分，比如租賃員工、顧問、勞務人員、實習生等，對於新員工，由於涉及「試用」的身分，因此在其試用期管理上也有一定的特殊性。從其使用價值和技能角度來考慮，可以將其分為特殊人才和特殊人員。

14.1 特殊人才績效考核

　　特殊人才主要是公司內外部的專業技術專家和外聘顧問。

14.1.1 外聘顧問績效考核

　　在現代企業競爭中，為了借助更多的外部力量，迅速提升企業某方面的專業能力或解決特殊問題，經常會採用外聘顧問的方式。外聘的顧問往往作為企業的參謀，比較常見的如法律顧問、技術顧問、財務顧問、專案顧問等。顧問大多是為了解決企業的某些專業技術問題而聘請的外部人員，由於其不是公司僱員，因此，對於顧問的考核一般透過協議的方式進行約定。

【範本】

企業高級顧問聘用協議

聘請方（以下簡稱甲方）：

住所地：

電話：

郵遞區號：

被聘請方（以下簡稱乙方）：

住所地：

電話：

郵遞區號：

甲方因企業發展實際需要，根據《民法》的有關規定，聘請乙方

為高級專家顧問，經雙方友好協商簽訂以下協議，以期共同遵照履行。

一、乙方為甲方提供全面、周到和謹慎的顧問服務

二、高級顧問職責

（1）為甲方的經營和管理活動提供顧問服務；

（2）為甲方重大專案進行內部評審；

（3）為甲方外部合作攻關提供支持。

三、高級顧問的工作範圍

（1）應甲方要求，就甲方經營和管理方面的重大決策提供意見；

（2）接受甲方委託，參與合同談判；

（3）參與甲方的重大經濟活動、可行性研究等；

（4）利用乙方社會威望和資源為企業的發展提供有利支持；

（5）通過乙方自身擁有專業知識和學術才能對公司相關領域的發展提供有利支持；

四、工作方式

高級顧問工作方式：非固定辦公方式，顧問具體工作時間和工作地點由雙方事前約定。

五、雙方的權利和義務

（1）甲方有權要求乙方履行其職責範圍內的事務，並提出合理化的建議和意見；甲方應積極協助乙方開展工作，為乙方提供有價值的管理顧問服務。

（2）乙方有權瞭解甲方經營管理有關的情況（甲方不允許的企業管理機密除外），乙方保證在向甲方提供顧問服務時不會侵犯任何第三方的智慧財產權，乙方有義務保守在顧問工作中瞭解到的甲方的機密和有關情況。

（3）乙方辦理甲方具體事務所產生直接相關費用由甲方給予報銷。

（4）如果乙方本人利用其自身擁有資源為甲方帶來利益，甲方將視情況對乙方進行不同程度的獎勵（事先議定獎勵標準）。

六、顧問服務費用的核定及支付：甲方每年度向乙方支付

顧問費每年＿＿＿＿＿＿＿＿萬元

付款時間為

付款方式為

七、補充事宜

雙方就本協議未盡事宜另行協商所產生之合約，為本協議不可分割之組成部分。因履行本協議而發生爭議，雙方友好協商解決。

八、本協議書有效期一年，自20XX年　月　日起至20XX年　月　日止
如雙方任何一方無異議，合約期滿後自動續簽一年。

九、爭議解決

因本合約而產生爭議時，雙方應參照有關法律原則或行業規範、習慣友好協商解決。
如協商不成，提交北京仲裁委員會申請仲裁解決，仲裁裁決是終局的，對雙方均具有
法律約束力。

十、合約生效

本合約正本一式兩份甲乙雙方各執一份，由甲乙雙方共同簽字後正式生效。

甲方（簽字）：

乙方（簽字）：

　　　　　　　　協議簽訂日期：　　年　　月　　日

14.1.2 內部專家績效考核

專家指的是公司核心業務領域中處於業務權威或高級地位的員工，他們普遍在該領域有豐富的經驗積累，具備很強的專業技術能力。當今的競爭是對人才的競爭，對專家的競爭將更加激烈，如何用好專家、發揮其所長，變得更加重要。很多公司花費巨大引入專業人才，卻往往既不能「兩情相悅」、更無法「長相廝守」。

人無完人，某些專家往往有這樣或那樣的個性，如果考核中追求面面俱到，往往就會把專家束縛住，也無法發揮他在該領域的業務價值了。因此，對於專家的考核，主要應側重於能力和業績。專家的能力要求體現在其技術產出的產業地位上，以下是某技術專家某考核週期的能力考核點，供參考。

(1) 在具有國際影響力的論壇發表文章或演講三篇；

(2) 產生三個以上發明專利；

(3) 取得標準企業的副執行長以上職位。

對於介入公司實際業務的專家，則需要進產業績考核。對於專家業績考核可以從其個人業務貢獻及團隊企業貢獻角度進行考慮。以下是某技術專家的某考核週期的業績考核點，供參考。

1. 個人業務貢獻

(1) 原型機的性能參數指標達到國際領先水準；

(2) 按要求完成公司產品設計並指導開發生產，產品直通率達到 98% 以上；

(3) 負責技術攻關，不因開發過程中的技術問題影響產品進度。

2. 企業貢獻

(1) 培養兩名徒弟，並且徒弟均達到主任工程師的技術水準；

(2) 協助校園招聘，在 8 所大學進行校園招聘，開設專家講座；

(3) 企業兩次以上內部技術講座對自身經驗進行講授，與參會人員進行交流。

14.2 特殊人員績效考核

特殊人員主要指公司內的勞務人員、實習生、試用期員工等。

14.2.1 試用期員工績效考核

試用期是指在勞動合約期限內所規定的一個階段的試用時間。在此期間，用人單位將進一步考察被錄用的員工是否真正符合聘用條件，能否適應公司要求及工作需要。同樣，勞動者也可以進一步了解用人單位的工作條件是否符合招聘時所介紹的情況，自己是否適合或能否勝任該工作，從而決定是否要繼續保持勞動關係。

對於試用期員工的考核，可以參照如下考核辦法。

試用期員工考核辦法（示例）

1. 考核範圍

新員工的職業道德、文化素養、職業潛力應由人力資源部考核，新員工的業務技能、業務素養由入職部門考核。部門經理以上人員的業務技能、業務素養由執行長考核。

2. 考核原則

(1) 全面評價原則。考核要以日常管理中的觀察、記錄為基礎，定量與定性相結合，強調以數據和事實說話。相對於正式員工的績效改進考核而言，對於試用期員工的考績是綜合考績，需要對其任職狀況、勞動態度和工作時效做全面的評價。

(2) 效率優先原則。對於考核結果證明不符合錄用條件或能力明顯不適應工作需求、工作缺乏責任心和主動性的員工,要及時按規定終止試用期,解除勞動關係。管理者未按公司規定而隨意辭退員工或者符合公司辭退條件而未及時提出辭退建議,致使造成不良後果或不良影響的,相關人員要承擔相應的責任。

(3) 發展為主、業績為輔原則。考核重能力、重潛力,以業績為輔助考核條件,考核標準儘可能量化。

3. 考核實施

試用期員工的考核分月度考核(根據實際情況而定)、試用期結束的評議與個人試用期總結報告三種形式。月度考核每月進行一次,試用期結束評議與個人試用期總結報告原則上在試用期結束時透過筆試、答辯等方法進行。

考核期限根據職位性質、合約期限一般為一至六個月,特殊情況下亦可縮短,但至少應有一個月考核期(如果試用期為一個月的,考核採取試用期結束評議與個人試用期總結報告的形式操作)。

試用期員工月度考核因素為工作態度、作業能力、工作績效三大項。

試用期結束考核結合職位要求,全面考績員工試用期間的任職資格:品德、素養、能力、績效、經驗。

個人試用期的總結報告主要內容包括個人在試用期的應知應會、個人的自我規劃與職業生涯規劃。

4. 考核等級與結果應用

考核等級由人力資源部依據具體情況設置,考核、評議結束後,人力資源部依據相關情況,彙集相關部門數據,安排主管對考核員工進行績效面談。

(1) 優秀(90 分以上):相對於試用期員工而言,各方面都表現突出,尤其是工作績效方面,遠遠超出對試用期員工的要求;

(2) 良好(80～90 分):各方面超出對試用期員工的目標要求;

(3) 合格(60～80 分):達到或基本達到對試用期員工的基本要求;

(4) 不合格(60 分以下):達不到對試用期員工的基本要求;

(5) 考核成績達到合格及以上者,即時轉為正式員工。成績在 60 分以下者,結束試用期,解除關係(辭退)。

第 14 章　特殊類型人員績效考核

14.2.2 勞務人員績效考核

勞務人員多為企業就一些勞動密集型工作的需求臨時聘用的一些人員，人員流動性較高，通常不超過一年，在與企業達成共識的前提下，也可以延長聘用期限。

對於勞務人員，由於其工作特點，一般考核週期要短、回饋要及時，考核點主要是其按照要求完成的工作數量和品質。此處提供某公司勞務人員考核辦法供參考。

××公司勞務人員考核管理辦法（示例）

為加強勞務工管理，明確勞務工薪水分配方法，做到公平、公正、合理的薪水分配，提高勞務工工作積極性，特制定本辦法。

1. 績效考核企業

組長：××，副組長：××××××，成員：××××

職責分工：

組長、副組長負責績效考核總指導和審核；勞資負責人負責績效考核制度的編制、臺帳建立與獎懲執行；部門負責人負責本部室勞務人員的考核。

2. 考核範圍：專案部全體勞務工

3. 按月考核，每月末部門負責人根據勞務工平時工作情況對本部室勞務工進行考核評分，考核結果交分管主管審核，次月 5 日前將考核結果交人資存檔，人資根據考核結果核算獎金。

4. 考核分管主管劃分：工程、測量組、試驗室勞務工考核由總工分管，機修工區勞務工考核由生產副經理分管。

5. 考核評價細則

根據工作技能（30 分）、工作效率（30 分）、工作紀律（30 分）、工作學習態度（20 分）、安全意識（10 分）、品質意識（10 分）六個方面進行評分，總分130 分。

1）工作技能考核標準

（1）能勝任工作職位，能主動、積極、獨立、按時、按質、按量、出色完成工作任務並能提出合理化建議的優秀熟練工在工作技能項給予 25 ～ 30 分

的評分。

(2) 對能勝任工作職位，熟練掌握工作技能，但不夠獨立、完成任務不主動、不優秀、不能提出合理化建議的給予 15 ～ 25 分的評分。

(3) 在試用期內或還未熟練掌握工作技能，需要上級指導的給予 0 ～ 15 分的評分。

2) 工作效率

(1) 能快速完成任務，超出定額的，評分 25 ～ 30 分。

(2) 能達到定額要求，評分 15 ～ 25 分。

(3) 達不到要求，工作拖拉的，評分 0 ～ 15 分。

3) 工作紀律

(1) 任何時候都能嚴格遵守公司規章制度，嚴格要求自己，無遲到、早退，不在上班時間玩遊戲，不在上班時間做與工作無關的事，能積極糾正別人的不良行為，成為員工的模範，給予 25 ～ 30 分的評分。

(2) 多數時間都能遵守工作制度、作息時間，能比較嚴格地要求自己，在不耽誤工作的情況下會玩一會遊戲和做一些私事的，給予 15 ～ 25 分的評分。

(3) 不能嚴格遵守工作制度、作息時間，有時會因遲到或辦理私事耽誤工作，有不請假曠職的現象或經常請假、對工作有影響的評分 0 ～ 15 分。

4) 工作學習態度考核標準

(1) 敬業，積極研究工作改進方法，經常提出有效建議，主動承擔本職外的工作，努力提高自己能力，經常進行自我培訓，挑戰較高目標。評 25 ～ 30 分。

(2) 熱愛本員工作，主動改進工作方法，能承擔本職外的工作，能夠自學新方法並運用於工作中。評 20 ～ 25 分。

(3) 能夠研究自身的工作，且有一定效果；能夠要求提高自己，效果尚可。評 15 ～ 20 分。

(4) 工作熱情一般；偶爾能主動學習，效果不明顯。評 10 ～ 15 分。

(5) 工作缺乏熱情，不夠主動，對問題熟視無睹，沒有改進意願。評 0 ～ 10 分。

5) 安全意識考核標準

（1）安全意識很強，遵守專案各項安全規章制度，有高度安全責任感，能提出有效建議，主動糾查違章行為的，評 8～10 分。

（2）安全意識較強，自覺遵守專案各項安全規章制度。評 6～8 分。

（3）安全意識較弱，經常違反安全規章制度。評 0～6 分。

6）品質意識考核標準

（1）品質意識很強，主動遵守專案品質相關規章制度，有高度品質責任感，能提出有效建議，糾正違規行為。評 8～10 分。

（2）品質意識較強，自覺遵守專案各項品質規章制度。評 6～8 分。

（3）品質意識較弱，經常違反專案品質規章制度。評 0～6 分。

6. 考核結果使用

考核分數直接與獎金掛鉤，考核分數 ÷100× 職位係數作為當月獎金係數。

7. 補充說明

連續三個月考核分數在 70 分以下的，給予辭退處理。

14.2.3 實習人員績效考核

實習人員主要指在校期間到各企業具體職位上參與實踐的學生。對企業而言，招聘實習人員不僅可以滿足工作需要、節省營運成本，還可以借此機會發現並儲備一些後備專業人才，以期在其畢業時可以納入麾下。考慮這些，對實習生的考核應該更加全面。

表 14-1 是某公司研發類實習人員考核表，供參考。

表4—1XX公司研發類實習人員考核表

考核項目	考核標準	自評	上級	最終得分
工作品質	能夠按照工作要求，有品質地完成主管交付的工作任務			
工作效率	能夠在規定時間內完成主管交辦的任務			
遵章守紀	能夠嚴格遵守公司各項規章制度及工作流程			
專業技能	能夠運用掌握的專業知識、技術開展工作			
主動性	工作積極，能夠主動對工作提出合理創新的建議			
合作性	能夠自覺融入團隊，與同事合作完成工作任務			
責任感	對待工作認真細緻，能夠認真完成份內外工作			
學習能力	具備較強的學習意識，掌握新技能的能力強			
問題解決	能夠對問題進行分析判斷，並找到有效解決方案			
注：考核項目滿分10分，考核者根據實習人員的工作表現填寫評估分數				

小視窗：別忘了處理好隱性的「特殊」人員

當然，企業還有另類的「特殊」人員，比如家族企業老闆的直系親屬、旁系親戚等，處理這些棘手人員的一個原則是，讓老闆定原則，以獲得老闆的親自支持，或取得公司高管的民主決策，作為人力資源部門要堅持「正人必須正己」的原則，加強與這些人員的溝通，力求讓他們成為公司發展的推動者而不是絆腳石。

第 14 章　特殊類型人員績效考核

第 2 篇　強化篇

績效經理的主要職責：

- 擬制並維護公司的績效考核制度，推進績效考核的實施；
- 根據業務特點設計並企業實施基於策略的績效管理系統；
- 進行員工群體績效分析，完成群體績效分析報告並企業改進；
- 進行群體績效診斷，完成企業績效分析報告並企業改進；
- 準確把握企業成功因素，落實企業績效考核結果。

讀完本部分，您應該能掌握如下技能：

掌握從策略到執行的績效管理系統的設計方法；

掌握績效指標庫的構建方法；

掌握基於策略的中高層管理者的績效考核方案；

能設計合適的企業績效考核方案，對企業或團隊進行考核；

能獨立輸出企業績效考核結果並進行應用循環；

具有進行公司策略解讀的能力。

緒言　中堅力量 從策略到執行 —— 寫給那些「有擔當」的績效經理

　　學完了第一部分，掌握了績效考核體系，了解了考核方法，再加上那些考核表，祝賀你，對於績效管理你已經入門了！但如果你感覺自己已經可以從容地應對績效考核的那些事了，那你就錯了，你還太欠鍛鍊了！

　　很快，你會發現，面對老闆仍是「曲高和寡」。你拿著方案和表格找老闆，老闆說：「我今年工作壓力那麼大，重點要讓業績上去，績效考核的事你們人力資源部門搞定，最後把結果告訴我就可以了。」如果你的智商和情商還靠得住的話，一定會倒吸一口涼氣，這不是信任而是放任，老闆是要把你往火山口推啊！

　　很快，你會發現，面對中層卻「孤掌難鳴」。你告訴中層主管業績、能力、態度三因素，給了幾張量化考核表，各路「諸侯」卻愛理不理，這些打仗打出來的業務主管會教育你：「江山和團隊都是我打下來的，我吃的鹽比你多、我走的路比你多，誰好誰壞我清楚，你憑什麼來教育我該如何考核員工呢？考核完了，你就『流動』我的優秀員工，你就讓我淘汰低績效員工，又沒有好處，我才不上這個當！」更可悲的是，你發現他們說的還貌似挺有道理。

　　很快，你會發現，面對數據，你只能「自娛自樂」。經過「脫了幾層皮」的努力，數據終於上來了，好在你推動 HR 團隊的各人員共同作戰，薪水也調了、獎金也發了，可你發現，這成了績效經理圍繞績效等級的自娛自樂了。日復一日，績效管理也成了沒有技術含量的案頭工作。老闆說：「我支持你，考績也打了，薪水也調了，獎金也發了，但業績卻沒有提升，績效管理到底幫到了什麼呢？」

　　很快，你會感覺困惑，考績也打了，優秀員工也有了，末位也淘汰了，我還應該做些什麼呢？

　　我曾經和某位 CEO 交談，這位 CEO 對心中能成長 100% 的業務頗為自喜，我就問他：「產業成長 150%，而你卻為了自身 100% 的成長而自喜？再者，我

和你的中層進行了溝通，沒有人知道你明年的藍圖，也沒有人為此在能力、團隊、企業上進行準備，這恐怕只是你的個人目標，而不是公司的團隊目標吧。」這裡，我還是要再次強調一下，績效管理是個系統，它不僅僅是 HR 的管理系統，更是業務的管理系統；績效考核不僅僅是指標分解，更是策略解讀和上下對齊；績效考核不僅僅是考核比例，更是導向明晰和重點突出；績效考核不僅僅是個人應用，更是企業和團隊的應用。

做正確的事，常常比正確地做事更重要。優秀的績效經理，應該成為老闆的顧問和業務的夥伴，可以解讀策略、促進變革、凝聚團隊、引導人心，打通策略到執行的每一個環節，從而成就由平庸到卓越的績效管理之路。現在，就讓我們沿著績效管理的「康莊大道」向前進發吧！

第 15 章　策略績效考核模式

　　策略績效考核模式，即績效考核的模式，是基於企業的發展策略來設計的。前述的績效管理工具、績效考核表是考核表述的一個載體和管道，策略則是流動其中之水，是靈魂。所謂「水無慣性」，故而，不同產業、不同發展階段、不同價值導向的公司的策略也不相同，沒有基於策略的靈魂，僵化的考核很可能就給「考」死了。如何進行基於策略的績效考核，本章介紹幾種主流的策略績效考核模式供大家參考，在現實操作中，往往可以根據情況綜合這幾種考核模式進行使用。

15.1 目標管理考核法

　　目標管理的考核模式，目前比較常見，它的假設在於，人對於明確的工作目標會更有主動性和參與感，能夠更加積極地為之努力，管理者考核的重心在於目標結果達成的考核。

15.1.1 目標管理考核法簡介

　　目標管理是 1950 年代在美國產生的。目標管理的倡導者認為，傳統管理學派是嚴格管理，它以工作為中心，做什麼、怎麼幹都由管理部門來規定，忽視了人的作用；行為管理學派是放手管理，過於強調人，做什麼、怎麼幹都由員工自主決定，但忽視了人與工作的結合，淡化了管理的嚴格程度，容易放任自流。實踐證明，無論是傳統學派還是管理學派，都有它們自身的缺陷。

　　目標管理把以工作為中心和以人為中心的管理方法系統地統一，使員工了解工作的意義和嚴肅性，對工作產生興趣，實行「自我控制」。也就是說，目標管理就是根據目標來進行管理。這種方式只規定做什麼，不規定怎麼做，在保證完成任務的前提下，員工可以獨立自主地、創造性地選擇完成任務的方法，這樣既能保證任務的完成，又能使員工有自由活動的餘地，更能充分發揮員工的積極性和創造性。因此，目標管理是比較先進的管理方法，是一種主動管理方法。

目標管理實行以來，有力地激發了員工的積極性，許多企業借此獲得了很好的收效。目標管理之所以能夠取得很好的收效，主要應歸功於目標管理自身的科學的方法論。目標的設定是激勵人們不斷努力的動因。心理學家馬斯洛認為，人們的需求分為 5 個層次，成就需求是最高層次的需求，人們在選擇目標，實現目標，達到目標，再制定更高目標的循環中不斷前進。這裡需要說明的是，目標不等於指標，為了緩減 KPI 指標帶來的短視，我們要鼓勵大家盯著目標而非指標，因為指標只是目標的一種描述形式。

15.1.2 目標管理考核法的關鍵程序

目標管理考核的關鍵程序如圖 15-1 所示。

圖15-1 目標管理考核法的關鍵程序

1. 確定策略目標

(1) 確定企業發展的中長期策略目標。

(2) 制訂短期的工作計劃，確定企業目標。

①逐級分解目標；

②遵守 SMART 法則。

公司策略目標的確定可以參考如圖 15-2 所示因素。

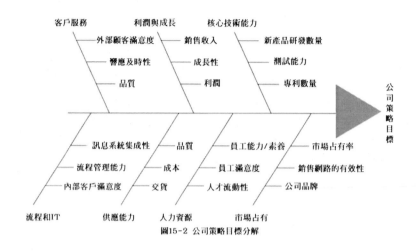

圖15-2 公司策略目標分解

2. 明確業績衡量方法

一旦確定某專案標被用於績效考核，必須收集相關數據，明確如何衡量該目標，並建立相關的檢查和平衡機制。

3. 績效監控

(1) 管理者提供客觀回饋，監控員工的工作進度；

(2) 比較員工實現目標的程度；

(3) 根據完成程度引導員工，必要時修正目標。

4. 業績評價

在績效指標的截止期限到達後，將績效與設定目標進行比較。

15.1.3 目標管理考核的特點

目標管理考核的優點很明顯，目標管理中的績效目標易於度量和分解；考核的公開性比較好；促進了公司內的人際交往。但存在著不少難點。

(1) 因為各部門只在內部對目標進行比較，導致難以進行部門間的工作績效比較。

(2) 目標管理的核心就是目標的設置，如果目標定錯，可能就會使績效目標與結果南轅北轍。

(3) 目標管理還有一個缺點，就是鼓勵短期行為，如果目標定義得不合理，

則此缺點將更為突出。

例如，一個足球隊的教練，從俱樂部老闆那兒得到了這麼一個指示：俱樂部的老闆要求他，在今年的賽季結束之前，必須要讓他的球隊進多少個球，並且球隊要從甲Ｂ升為甲Ａ。如果這個教練以這個指示為目標，那麼他會讓什麼人上場去踢球？為了達到這個目標，誰有把握能踢進去球就會用誰，就是讓那些老隊員上場。他犧牲了年輕的隊員，那些新人就坐冷板凳了，因為，新隊員不能保證會進球。

結果，教練最後即使完成了任務，球隊由甲Ｂ升為了甲Ａ，教練也升了級，但他犧牲了這個團隊的長期的發展。這也是目標管理最大的缺點，即短期行為。也就是說，企業的目標和考績期定得越短，員工越容易衝著這個短期的目標去努力，而放棄一些長遠的東西。

那麼，如何避免短期行為呢？

在績效考核中，要一邊實行目標管理，使企業的當年績效達標；一邊加上另外一個模組 —— 技能評估及員工發展規劃。這個發展規劃是長期的，將這個長期的規劃跟短期的目標配套使用。

第一個模組衡量今年的目標是否達到；第二個模組描述未來三到五年什麼發展計劃，為了達到這個目標，從現在開始要掌握哪些技能。這兩個模組配套使用，某種程度上可以降低這種短期行為帶來的危害。

15.2　360度考核法

360度考核法，聽起來就很明了，因為貌似上手也比較容易，所以，很多公司都在用，但是否用得好，就看個人是否能真正理解360度考核法了。

15.2.1　360度考核法簡介

360度考核法也可以稱為全方位考核法、多源考核法，它區別於自上而下、由上級直接考核下屬員工的方式。除了員工上級之外，與員工工作相關聯的，比如同事、下屬、客戶、合作夥伴等都可以作為評價者。這是一種全方位、多維度、從不同層面的人員處獲取考核資訊的方式。360度考核法如圖15-3所示。

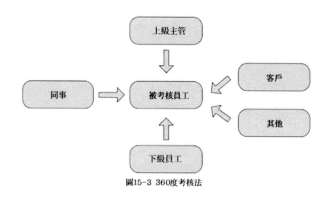

圖15-3　360度考核法

這種考核方式不是單獨透過員工上級對員工進行考核，而是要從與員工發生工作關系的各個方面的主體獲得被考核員工的情況，綜合進行考核評價。

15.2.2　360 度考核法的關鍵程序

360 度考核法的關鍵程序如圖 15-4 所示。

圖15-4　360度考核法的關鍵程序

1. 確定考核範圍

要明確被考核員工，同時需要與被考核員工進行充分溝通，明確這種考核模式的價值和意義，確保員工對考核的認識與公司考績初衷達成共識，避免考績結果受到考績成員個人主觀因素的影響。

2. 確定 360 度考核方式

除了員工自評外，360 度評價還要分別由上級主管、同事、下屬員工以及客戶等從各個維度對員工進行評估，要注意考核方法有效性，對於同事、下屬員工以及客戶等的評估最好採用匿名評價形式，並對評估者填寫的評估報告進行保密，這樣評估者在匿名情況下往往會作出更真實的評價。當然，考核權重要有所側重，重點要體現直屬上級的評價。

3. 實施 360 度考核

按照多維度考核視角，作為績效 HR，我們要收集考核結果並進行初步分

析，發現明顯不公平的，要和考核者進行有效溝通，必要時需要落實相關證據。

4. 統計評估結果

對不同維度的評價結果進行彙總。

5. 考核結果回饋

向被考核員工提供回饋是一個非常重要的環節。透過來自各方（包括上級主管、同事、下屬員工、客戶等）的回饋，可以讓被考核員工更加全面地了解自己的優缺點，以及自己目前的工作與上級和相關聯同事等存在的差距。

15.2.3 360度考核法的特點

1.360度評價不同考績維度比較

360度評價不同考績維度比較如表15-1所示。

表15-1 360度不同考評維度比較

考評維度	優點	注意點
自評	增強績效考核參與意識、對照考核標準，員工對自己的工作要有清醒的認識	過高評價自己，有時候很難做到「知人者智，自知者明」
直屬上級	對下屬工作比較熟悉，有利於績效考核的溝通	有時候會有考核偏見，導致過高或過低的評分；考核中發生暈輪效應或者光環效應；另外，如果上級考核和被考核者薪酬調整掛鈎，會導致上級考核有心理壓力
同級	旁觀者清，對被考核人員有獨立判斷	私人關係遠近會導致考核偏見，此外，由於相關考評下的利益關係會導致互相貶低對方的情況的發生
外部專家	專業性強，和被考核者沒有任何利益關係，相對客觀和公正	考核成本高，另外，如果考核時間特別倉促，也會導致考核產生偏差
直屬下級	對被考核者更知根知底	如果被考核者工作上不小心得罪下級，容易被下級「穿小鞋」
外部客戶	從獨立第三方進行側面評價，相對容易做到客觀公正	如果對被考核者了解不多或者對被考核者有偏見，則會導致考核「只見樹木，不見森林」，客戶的評價標準不同導致被考核者的考核成績差異比較大

2.360度績效考績特點分析

（1）360度績效考績的主要優點體現在如下幾個方面。

①更多和更有效的資訊評價管道；

②兼聽則明，評價資訊互相驗證；

③排除團隊消極分子的有效手段；

④多維度引導促進員工全面發展。

（2）360 度績效考績的主要缺點體現在如下幾個方面。

①數據收集和處理的成本非常高；

②對於一些數據很難辨別真偽，需要大量精力去研究；

③考核過程中可能導致企業內部產生緊張氣氛；

④可能導致團隊內部勾心鬥角，互相猜測不信任。

15.3 關鍵績效指標考核法

關鍵績效指標（KPI）似乎成了績效考核中僵化腐朽的代名詞，SONY 的衰落、NOKIA 的坍塌，總有人對績效主義有微詞，KPI 就躺槍了，一夜之間，它似乎到了「各路英雄，人人得而誅之」的地步。其實，問題的本身不在 KPI，是很多人要麼根本就沒有找到 Key Performance Indicator 的那個 Key，要麼機械地把指標當成了目標，最終導致對 KPI 考核理解不透，使企業經營受挫。

15.3.1 關鍵績效指標考核法簡介

關鍵績效指標（KPI）的理論基礎是二八原理，是由義大利經濟學家柏拉圖（Vilfredo Federico Damaso Pareto）提出的一個經濟學原理，即一個企業在價值創造過程中，每個部門和每一位員工的 80% 的工作任務是由 20% 的關鍵行為完成的，抓住那 20%，就抓住了關鍵。

二八原理為績效考核指明了方向，即考核工作的主要精力要放在關鍵的結果和關鍵的過程上。於是，所謂的績效考核，一定要將考核重心放在關鍵績效指標上，考核工作一定要圍繞關鍵績效指標展開。

KPA（Key Process Area）意為關鍵過程領域，這些關鍵過程領域指出了企業需要集中力量改進和解決問題的過程，及為了要達到某種能力成熟度等級所需要解決的具體問題。每個 KPA 都明確地列出一個或多個目標，並且指明了一組相關聯的關鍵實踐。實施這些關鍵實踐就能實現這個關鍵過程領域的目標，從而達到增加過程能力的效果。從人力資源管理角度看，KPA 意為關鍵績效行動，可以簡單叫做關鍵行為指標，當一件任務暫時沒有找到可衡量的 KPI 或一時難以被量化，就可以對完成任務關鍵的幾個分解動作進行要求，形成多個目

標，對多個目標進行檢查，從而達到考量的結果。KPA 是做好周計劃和日計劃的常用工具，透過 KPA 的檢查考量統計，可以將一個任務的 KPI 梳理出來。

15.3.2 關鍵績效指標考核法的關鍵程序

關鍵績效指標（KPI）考核法的關鍵程序如圖 15-5 所示。

圖15-5 關鍵績效指標考核法的關鍵程序

1. 確定使命、願景和策略

首先要弄清楚整個公司的長遠目標是什麼，即使命、願景和策略。

（1）企業的使命（Why）即一個企業的核心目標，說明了企業存在的意義；

（2）企業的願景（What）描繪了一個有關未來的藍圖，指明企業在未來五年乃至十年應該成為什麼樣；

（3）策略（How）則是為了達到預期的效果，應該採取的與眾不同的措施和行動。

對於如何確定使命、願景和策略，我們會在後續策略績效體系設計的章節中進行具體描述。

要把策略具體落實，需要「顯性化」，要對每個層面的 KPI 進行賦值，形成一個相對應的縱向的目標體系。所以，在落實策略時有「兩條線」：一條是指標體系，是工具；另一條是目標體系，需利用指標工具得到。

2. 指標體系構建與分解

從企業結構的角度來看，KPI 系統是一個縱向的指標體系：先確定公司層面關注的 KPI，再確定部門乃至個人要承擔的 KPI，由於 KPI 體系是經過層層分解的，這樣，就在指標體繫上把策略落實到「人」了。建立 KPI 指標的要點在於流程性、計劃性和系統性。

（1）明確企業的策略目標，並在企業會議上利用腦力激盪法和魚骨分析法找出企業的業務重點，也就是企業價值評估的重點。然後，再用腦力激盪法找出這些關鍵業務領域的關鍵業績指標（KPI），即企業級 KPI。

　　(2) 各部門的主管需要依據企業級 KPI 建立部門級 KPI，並對相應部門的 KPI 進行分解，確定相關的因素目標，分析績效驅動因數（技術、企業、人），確定實現目標的工作流程，分解出各部門級的 KPI，以便確定評價指標體系。

　　(3) 各部門的主管和部門的 KPI 人員一起再將 KPI 進一步細分，分解為更細的 KPI 及各職位的業績衡量指標。這些業績衡量指標就是員工考核的因素和依據。這種對 KPI 體系的建立和測評過程，本身就是統一全體員工朝著企業策略目標努力的過程，也必將對各部門管理者的績效管理工作造成很大的促進作用。

　　(4) 指標體系確立之後，還需要設定評價標準。一般來說，指標指的是從哪些方面衡量或評價工作，解決「評價什麼」的問題；而標準指的是在各個指標上分別應該達到什麼樣的水準，解決「被評價者怎樣做，做多少」的問題。

　　(5) 必須對關鍵績效指標進行審核。比如，審核這樣的一些問題：多個評價者對同一個績效指標進行評價，結果是否能取得一致？這些指標的總和是否可以解釋被評估者 80% 以上的工作目標？追蹤和監控這些關鍵績效指標是否可以操作？等等。審核主要是為了確保這些關鍵績效指標能夠全面、客觀地反映被評價對象的績效，並且使操作變得更為簡易。

3. 目標體系構建與分解

　　指標體系是目標體系的載體。目標體系本身還是一個溝通與傳遞的體系，即使使用 KPI 體系這一工具，具體的目標制定還需要各級管理者之間進行溝通。下級管理者必須參與更高一級目標的制定，由此他才能清楚本部門在更大系統中的位置，也能夠讓上級管理者更明確對其部門自身的要求，從而保證制定出適當、有效的子目標。這樣，透過層層制定出相應的目標，即形成一條不發生偏失的「目標線」，保障策略將會有效傳遞和落實到具體的操作層面。目標分解圖如圖 15-6 所示。

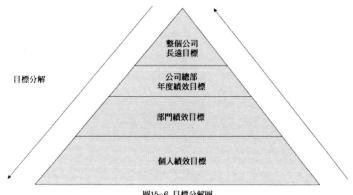

圖15-6 目標分解圖

　　績效管理是管理雙方就目標及如何實現目標達成共識的過程，管理者給下屬確定工作目標的依據來自部門的 KPI，部門的 KPI 來自上級部門的 KPI，上級部門的 KPI 來自企業級 KPI。只有這樣，才能保證每個職位都是按照企業要求的方向去努力。公司各個層面制訂績效計劃的流程如圖 15-7 所示。

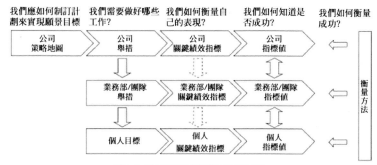

圖15-7 公司各個層面制訂績效計劃的流程

15.3.3 關鍵績效指標考核法的特點

1. 關鍵績效指標（KPI）考核法的主要優點

　　（1）目標明確，有利於公司策略目標的實現。KPI 是企業策略目標的層層分解，透過 KPI 指標的整合和控制，使員工績效行為與企業目標要求的行為相吻合，不至於出現偏差，有利於保證公司策略目標的實現。

　　（2）提出了客戶價值理念。KPI 提倡的是為企業內外部客戶實現價值的思想，對於企業形成以市場為導向的經營思考是有一定提升的。

241

（3）有利於企業利益與個人利益達成一致。策略性地將指標分解，使公司策略目標成為個人績效目標，員工個人在實現個人績效目標的同時，也是在實現公司總體的策略目標，達到兩者和諧，實現公司與員工的共贏。

2. 關鍵績效指標（KPI）考核法的主要缺點

（1）KPI 指標比較難界定。KPI 更多是傾向於定量化的指標，這些定量化的指標是否真正對企業績效產生關鍵性的影響，如果沒有運用專業化的工具和手段對其進行測評，這是很難界定的。

（2）KPI 會使考核者誤入機械的考核方式。由於 KPI 要統計大量的數據，增加了管理成本。同時，過分地依賴考核指標，而沒有考慮人為因素和彈性因素，會產生一些考核上的爭端和異議。

（3）KPI 並不適用所有職位。對於一些非主業務流程的輔助性的職位，KPI 就比較難使用，也很難把這些職位的價值透過分解與主業務目標連接起來。

小視窗：核算的是 KPI 數據，但考量的一定是 KPI 以外的東西

非常值得注意的是強化 KPI 導向後的副作用，即大家只做 KPI 中的事，對於 KPI 之外的不聞不問或者能躲就躲。要知道，我們的績效管理一定是全面的績效評價，KPI 是關鍵指標，而不是所有的工作要求。為了激勵員工完成既定目標，短期的獎金等回報可以和 KPI 完全掛鉤，但人員的選拔、績效等級則不能完全參照 KPI。

15.4 關鍵成功因素考核法

關鍵成功因素法（Key Success Factors，KSF）原先是確定資訊系統需求的 MIS 總體規劃的方法，1970 年由哈佛大學教授 William Zani 提出，作為一種對於問題的重點影響因素進行識別的方法，關鍵成功因素法在策略績效考核中經常被使用。事實上，關鍵成功因素分析法既可以被獨立使用，其中最常使用的魚骨圖又可以作為一種思維分析和關鍵指標識別的工具被其他策略績效考核模式所使用。

15.4.1 關鍵成功因素考核法簡介

關鍵成功因素指的是對企業成功起關鍵作用的因素。關鍵成功因素法就是透過分析找出使得企業成功的關鍵因素，再圍繞這些關鍵因素來確定系統的需求，並進行規劃和管理。關鍵成功因素的重要性置於企業其他所有目標、策略和目的之上，尋求管理決策階層所需的資訊層級，並指出管理者應特別注意的範圍。若能掌握少數幾項重要因素（一般關鍵成功因素有 5～9 個），便能確保較強的競爭力，它是一組能力的組合。如果企業想要持續成長，就必須對這些少數的關鍵領域加以管理，否則將無法達到預期的目標。

關鍵成功因素主要來自以下幾個方面。

(1) 產業結構。不同公司所處的產業特性不同，因此會有不同的關鍵成功因素。

(2) 競爭策略、產業中的地位及地理位置。產業競爭狀態對公司選擇關鍵成功因素影響很大。

(3) 環境因素。企業外在環境的變化也會影響企業的關鍵成功因素，如總體經濟情況等。

(4) 暫時因素。這個主要是來自公司的內在企業的特殊情況。

15.4.2 關鍵成功因素考核法的關鍵程序

關鍵成功因素法主要包含如圖 15-8 所示的幾個步驟。

關鍵成功要素法主要包含如圖15-8所示的幾個步驟。

圖15-8 關鍵成功要素考核法的關鍵程序

1. 確定企業的策略目標

不同企業的策略目標重點不同，其策略目標核心結構自然不同。通常情況下，策略目標可以從以下幾個方面展開：市場目標、創新目標、盈利目標和社會目標。

2. 識別所有的成功因素

識別所有的成功因素主要是分析影響策略目標的各種因素和影響這些因素的子因素，從中選擇決定企業成敗的重要因素。關鍵成功因素的選擇力求精練，通常控制在五、六個因素以內。在目標識別的基礎上，由資訊專家和決策者參與，透過一系列訪談問題的設置來整理訪談紀錄，完成關鍵成功因素的確定。

3. 確定關鍵成功因素

不同產業的關鍵成功因素各不相同。即使是同一個產業的企業，由於各自所處的外部環境的差異和內部條件的不同，其關鍵成功因素也不盡相同。

在關鍵成功因素中最常見的一種分析形式就是魚骨圖，又名特性因素圖，是由日本管理大師石川馨先生發明的，故又名石川圖。魚骨圖是一種發現問題「根本原因」的方法，它也可以稱為「因果圖」，簡捷實用，深入直觀。它看上去有些像魚骨，問題或缺陷（即後果）標在「魚頭」外。在魚骨上長出魚刺，上面按出現機會多寡列出產生問題的可能原因，有助於說明各個原因之間如何相互影響。魚骨圖基本結構如圖 15-9 所示。

4. 明確各關鍵成功因素的評價指標和評估標準

具體指標是對關鍵成功因素的明確和細化，是關鍵成功因素的具體評價體系。具體指標的確定過程是構造形象系統的評價體系，也是為以後的工作提供框架的過程。一個關鍵成功因素的具體評價指標很多，實際應用過程中，根據每個指標的重要程度選擇最重要的幾個指標，通常控制在三個以內。

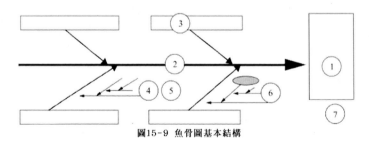

圖15-9　魚骨圖基本結構

5. 制訂行動計劃

根據確定的成功因素和評價指標制訂具體的行動計劃。

6. 評估行動計劃及各項指標的完成情況

建立監測系統以評估指標的完成情況。

15.4.3 關鍵成功因素考核法的特點

關鍵成功因素考核法利用魚骨圖的形式，能夠形象清晰地表現影響問題解決的各因素及其相互間的關係，可以幫助我們找出引起問題的潛在的根本原因，針對性強，使我們能夠更加聚焦能促使企業成功的因素。同時，這種分析方式能夠將目光集中於問題的實質，而不是問題的由來或使問題受個人觀點左右。

但是也正因為如此，在用魚骨形式表示關鍵成功因素過程中，必須注意因素分解的關聯性、因素替代的順序性，因為一旦某個主因素方向錯誤或者遺漏，則會引起末梢的錯誤。同時，應用關鍵成功因素法需要注意的是，當關鍵成功因素解決後，又會出現新的關鍵成功因素，就必須重新進行識別。

15.5 平衡計分卡考核法

平衡計分卡（Balance Score Card，BSC）是哈佛商學院的卡普蘭教授在 1992 年創立的，據調查，目前全世界的前 500 強的企業中有 70% 企業已運用了 BSC。平衡計分卡在如何將策略和績效有機結合、形成具體的目標和評測指標方面形成了系統的方法，已經成為很多大中型企業首選的策略績效管理模式。

15.5.1 平衡計分卡考核法簡介

平衡計分卡（BSC）是一種績效管理方法，它透過 4 個邏輯相關的角度及其相應的績效指標，考察公司實現其遠景及策略目標的程度。這 4 個角度分別是：財務、顧客、內部流程、學習與成長。

1. 財務維度

財務維度可以顯示企業策略的實施與執行，對於改善本期淨利是否有所貢獻。財務目標通常與獲利能力有關，如銷售的快速成長或產生現金流量等，而衡量標準往往是營業收入、資本運用報酬率，或附加經濟價值（Economic Value Added，EVA）。企業在不同的生命週期，有不同的財務目標，然而企業的生命週期與衡量策略的財務指標可相互結合。可以將企業的生命週期分為三個階段：

成長期、成熟期、衰退期。而這三個時期的企業策略，都受到三個財務性指標的驅使，分別為收益成長與組合、降低成本／改進生產力、資產利用／投資策略。處於不同生命週期的企業可依照公司策略，分析出各財務性指標適合的績效衡量維度。

2. 顧客維度

顧客是企業獲利的主要來源，因此，滿足顧客的需求便成為企業追求的目標。在這個維度中，管理階層確立他們希望部門競逐的顧客和市場區間，並隨時監督部門在這些目標區間的表現。同時，企業管理層也協助企業能夠明確地傳達自己的價值主張來吸引和保留目標顧客，且價值主張是核心顧客成果度量的動因。而核心顧客的度量包括顧客滿意度、顧客保留率、新顧客增加率及顧客獲利率等。

3. 內部流程維度

為滿足股東、顧客維度目標，應先作企業價值鏈分析，對舊有的營運流程進行改善，從而達到滿足財務及顧客維度的目標，建立一個能解決目前及未來需求的完整的內部過程價值鏈。一個企業通用的內部價值鏈模式包含三個主要的企業流程：創新、營運及售後服務，由了解顧客需求用以創新並用以設計新的營運流程，再透過售後服務來達到顧客和股東的目的。

4. 學習與成長維度

員工成長相當於企業的無形資產，有助於企業的進步。而這個維度的主要目標為其他三個維度的目標提供了基礎架構，並且是驅動前三個維度獲得卓越成果的動力。為了創造長期的成長與進步，確立企業的基礎架構，企業的學習與成長來自三個方面：人、系統、企業程序。在其他三個維度中，往往會顯示人、系統、程序的實際能力以及其與目標間的落差，企業可借學習與成長維度以達到縮小落差的目的，其衡量指針包括員工的滿意度、保留率、培訓、技術等。

這 4 個維度之間的邏輯關係在於公司的目標是為股東創造價值（財務維度），財務的成長取決於客戶購買量和滿意度（顧客維度），為使客戶滿意公司必須具備一定的技能和能力（內部流程維度），公司的技能和能力歸根到底取決於公司管理制度和人力資本（學習和發展維度）。根據這 4 個維度可以衍生出具體

的指標體系。

BSC 中常見評價指標體系如表 15-2 所示。

表15－2　BSC中常見評價指標體系

指標類別			具體指標
財務指標	盈利指標	利潤基礎	稅後利潤、EVA、ROI、RI、NOPAT、EBIT
		現金基礎	OCE、RCF、FCF、CFROI
		市價基礎	股票市價、市價、托賓Q
	營運指標		資產周轉率、存貨周轉率、應收帳款周轉率
	償債指標		流動比率、速動比率、資產負債率
非財務指標	顧客角度		顧客滿意度、顧客忠誠度、顧客兼併、顧客盈利分析
	內部流程角度	產品開發	開發所用時間
		生產製造	成品率、次品率、重製率
		售後服務	對產品故障的反應速度、服務成本
			一次性成功的比例
	學習與發展角度	雇員	雇員滿意度、雇員忠誠度
		相關制度	員工培訓、晉升、輪調

15.5.2 平衡計分卡考核法的關鍵程序

平衡計分卡考核法的關鍵流程如圖 15-10 所示。

圖5-10　平衡計分卡考核法的關鍵程序

（1）建立企業的願景和策略任務。透過調查、採集企業資訊，運用 SWOT 分析法、目標市場價值定位分析法等對企業內外部環境和現狀進行系統分析，明確企業的願景和策略任務。

（2）就企業的願景和策略達成共識。與所有員工溝通，就企業的願景和策略任務達成共識。

（3）確定量化考核指標。從財務、客戶、內部營運、學習發展 4 個維度設定業績考核指標。

（4）績效目標確定和內部溝通宣導。對願景規劃和策略構想進行宣貫滲透，把績效目標和指標分解到每一個基層員工處。

（5）績效考核實施。在這個過程中需要完善整體系統，加強各項管理基礎，建立高效率的度量系統。

15.5.3 平衡計分卡考核法的特點

1. 主要優點

（1）平衡計分卡可以將抽象的、比較總體的策略目標分解、細化並具體化為可測的指標；

（2）平衡計分卡考慮了財務和非財務的考核因素，也考慮了內部和外部客戶，將短期利益和長期利益相互結合。

2. 主要缺點

（1）平衡計分卡實施難度大，工作量也大；

（2）不能有效地考核個人；

（3）平衡計分卡系統龐大，短期很難體現其對策略的推動作用。

15.6 基於素養的績效考核法

素養或勝任力（Competency）考核，這兩年很流行，這個假設就在於為了完成公司的策略目標，就要選擇具備相應素養或素養組合的員工。因此，發現決定績效好壞的關鍵因素，並持續地對員工的某些素養進行考核，才能選擇到具備合適素養的員工或者敦促員工進行改進，以促使公司的績效目標的達成。

15.6.1 基於素養的績效考核法簡介

素養是驅動員工產生優秀績效的各種個性特徵的集合，是可以透過不同方式表現出來的知識、技能、個性和內驅力等。將素養應用於工作領域起始於 1970 年代。1973 年，美國管理學家戴維·麥克蘭德發表論文，論證了行為特質和特徵比潛能測試能夠更有效地決定人們工作績效的高低。在戴維麥克蘭德的研究中，績效出眾者具有較強的判斷能力，能夠更有效地發現問題，採取適當的行動加以解決，並設定富有挑戰性的目標，這樣的行為相對獨立於知識、個人技能水準和工作經驗等。

自此以後的各項類似研究都在試圖回答一個基本問題，為什麼工作環境和管理機制相同，但員工的績效卻大相逕庭？研究發現，員工的素養是造成績效差異的重要原因。

素養是判斷一個人是否能勝任某項工作的起點，是決定並區別績效好壞的個人特徵，由此，素養考核成為區分績效好、壞者的最好工具。

那麼素養是如何構成的呢？

（1）動機。這是推動個人為達到一定目標而採取行動的內驅力，如成就導向、親和力、影響力，它們將驅動、引導和決定一個人的外在行動。

（2）個性。表現出來的是一個人對外部環境與各種資訊等的反應方式。

（3）自我形象與價值觀。這是指個人對其自身的看法和評價，即內在認同的本我。

（4）社會角色。這是指一個人留給大家的形象。

（5）態度。這是一個人的自我形象、價值觀以及社會角色綜合作用外化的結果，它會根據環境變化而變化。

（6）知識。這是指一個人在某一個特定領域擁有的事實型與經驗型資訊。

（7）技能。這是指一個人結構化地運用知識完成某項具體工作的能力。

以素養為基礎進行績效考核，不再將目光僅僅聚焦於知識、經驗和技能等可以直接觀察到的資訊，而是更加關注那些隱藏在冰山之下、不被人們直接觀察到但卻對績效形成起決定作用的部分。

素養的冰山模型如圖 15-11 所示。

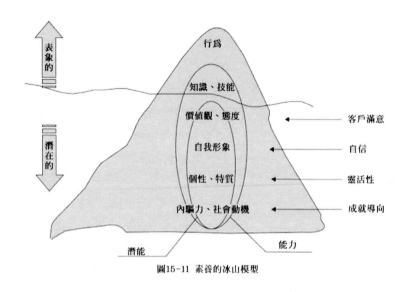

圖15-11 素養的冰山模型

15.6.2 基於素養的績效考核法的關鍵程序

基於素養的績效考核法的關鍵流程如圖 15-12 所示。

圖15-12 基於素養的績效考核法的關鍵程序

1. 編制素養庫

要編制素養庫就要清楚，對企業而言，哪些素養是最重要的，要以哪些素養為基礎進行績效考核來幫助企業實現既定的績效目標，這些素養的劃分等級的標準是什麼，等等。編制素養庫不但是一個費時費力的艱苦過程，它更是一個專業化程度非常高的過程。

企業可以與研究機構或諮詢公司合作，借助他們既有的研究成果，結合企業的實際，構建素養的基本框架，細化具體的素養因素，最終編制適合本企業的素養庫。JoneWarner 為大家確定了 36 種比較通用的素養，包括核心素養、通用素養和角色素養。

2. 建立素養模型

素養模型開發流程如下。

（1）選定研究職位。素養模型的建立對企業來講是耗時耗力的事情，要建立一套完整的素養模型通常要花費 2 ～ 3 個月的時間。因此，企業在建立素養模型之前必須確定哪些是企業的關鍵職位，是值得企業對其進行投入的。一般可以透過收集分析企業結構圖、策略計劃執行記錄，或對企業高層進行訪談的方式得知。

（2）明確績優標準。對於選定的職位，明確績優標準，就是要制定一些客觀明確的標準與規則，用來確定與衡量什麼樣的績效是優秀的，什麼樣的績效是較差的。有些職位的績優標準是顯而易見、較容易衡量的，但有的則相反。績效標準除了評價工作成果之外，還要由該職位的上級、同級及其他相關人員對任職者的績效進行評價，以此來界定該職位的績優標準。

根據績優標準與實際考核結果，甄選該職位的素養模型研究樣本：一組為具備勝任能力但是業績不夠突出的人；另一組為績優人員。其中一般人員 2 ～ 3 名，績優人員 3 ～ 6 名。

（3）任務要項分析。依據工作分析的方法，將職位的績優標準分解、細化成為一些具體的任務要項，以此來發現並歸納驅動任職者產生高績效的行為特徵。

（4）行為事件訪談（BEI）。採用結構化的問卷對優秀和一般的任職者分兩組進行訪談，並對比分析訪談結論，發現那些能夠導致兩組人員績效差異的關鍵行為特徵，繼而演繹成特定職位任職者所必須具備的素養特徵。

（5）資訊整理與歸類編碼。將透過行為事件訪談獲得的資訊與資料進行歸類，找出並重點分析對個人關鍵行為、思想和感受有顯著影響的過程片段，發現績優人員與績效一般的人員處理片段時的反應與行為之間的差異，識別導致關鍵行為及其結果的、具有區分性的素養特徵，並對其進行層次級別的劃分。

3. 進行素養考核

進行素養考核常用的考核工具包括如下幾個。

（1）個人需求量表；

（2）個人行為量表；

(3) 心理測量工具；

(4) 人格測量工具；

(5) 評價中心技術；

(6) 工作樣本檢測；

(7) 無領導小組；

(8) 關鍵事件訪談技術。

4. 考核結果應用

考核結果應用與招聘甄選、培訓開發、晉升調動、績效改進等應用手段類似，在此不再贅述。

15.6.3 基於素養的績效考核法的特點

1. 主要優點

(1) 素養模型中各職位的能力指標是對企業願景和策略目標分解後得到的，是體現企業整體策略目標的較為明確和精細化的指標體系，可以有效避免「小團體主義」下的「團隊精神」的缺失。

(2) 素養模型使績效評估更加結構化，很好地明確了績效期望，防止因個人降低目標而帶來的「挑戰精神」的喪失。

(3) 基於素養的績效考核更加注重在考核的中間階段，對於提高員工工作水準和督導其完成工作目標的關注和指導，對員工的成長發展頗為關注。

2. 主要缺點

(1) 對結果性指標關注不足，容易造成人滿意但事未成的尷尬局面。

(2) 對評價等級的標準表述容易抽象和模糊，令評價者產生歧義，不同的人可能有不同的理解，故人與人之間評定等級差異較大，一旦操作不當，即容易流於形式，使考核不能達到應有的效果。

15.7 各類考核模式的選擇與組合

上述所有的考核模式，都與公司策略相關，但又各有其一定範圍的適用性。在企業實際考核方法選擇上，要緊密結合企業管理實際和期望進行選擇，如有需

要，有些考核方式還要結合起來使用。此外，考核方式不是固定不變的，考核模式的選擇必須針對不同類型人員，二者的選擇應儘可能保持一致，尤其要注意，特殊職位的考核不能採用一刀切的方式。

綜合對比分析，各類考核模式適用對比如表 15-3 所示。

表15-3　各類考核模式適用對比

考核模式	使用場景	關注要點
目標管理（MBO）考核法	適用較廣、比較通用，只要目標可衡量即可，適合對組織和各類的目標責任制員工進行考核，尤其適合銷售等業績目標單一、容易量化的職位的考核	缺乏過程追蹤，目標過程容易失控
關鍵績效指標（KPI）考核法	方法使用較成熟，中型以上企業使用較多，如果結合平衡計分卡使用，會使指標選擇更加準確。適合業務場景變化不大、部門職責清晰、容易量化、容易收集資料的職位的考核	量化指標評價需要提供大量資料支援
360度考核	適合對個人進行考核，從員工上司、直屬下級、同事甚至客戶等全方位來，個人的績效，多維度兼聽。大型企業用於員工考核的使用率較高。如使用於組織考核，則需要明確考核指標和標準	工作量大，資料分析量大，可能成為某些員工發洩私憤的途徑
平衡計分卡（BSC）考核法	多維度考核、長期利益和短期利益、內部和外部客戶相平衡，多數大中型企業適用，從財務、客戶、內部經營管理、學習和成長4個維度進行考核。適合部門經理以上人員	將企業策略轉化為4個維度，實施難度大，成本高，部分指標量化的難度大，實施週期也很長
關鍵成功要素（KSF）考核法	適用於目標清晰情況下的創新或突破型的場景，通過此方式能最大限度地找到企業成功要素，並牽引問題解決或課題達成。此方法也可以作為基礎工具和KPI、平衡計分卡等其他考核法共同使用	當關鍵成功要素解決後，又會出現新的關鍵成功要素，必須時刻關注內外部要素變化，再進行識別
基於素養的績效考核法	在以人為最基本生產要素的技術密集型企業適用較廣，以人才的選擇、培養和發展為基礎來開展企業的績效評價工作，也非常有利於團隊合作	為避免過度以「人」為中心，可以將目標管理或其他結果導向型的考核模式結合起來使用

第 16 章　策略績效體系設計

　　了解了各類基於策略的考核模式，那麼如何基於策略來設計整個績效體系呢？即如何確定公司的策略發展目標並層層分解、循環管理，本章重點介紹公司整體策略績效體系的設計過程。

　　策略績效體系的設計包括確定公司使命、願景和核心價值觀、確定策略和策略地圖、部門策略解碼、分解落實指標等方面，至於指標的定義和權重設計等，則分別在前文績效計劃環節和後文指標庫建設環節進行具體講述。

16.1 確定公司使命、願景和核心價值觀

　　在設計策略績效體系時，首先要對公司進行策略梳理，因為明確公司策略之後，績效指標體系才有源頭。但策略的明確首先要源自清晰的公司使命和願景，我們需要將使命、價值觀、願景、策略和日常工作聯繫起來。從圖 16-1 可以看到，如何明確企業使命、價值觀、願景及策略，並最終達成策略使命。

圖16-1 公司願景、使命、價值觀、策略的關係

16.1.1 確定公司使命和願景

在前述篇章中，我們已經了解到企業的使命就是企業存在的意義，是其區別於其他公司的最本質的東西；而願景則是一個企業未來一段時間的發展藍圖。

企業的使命陳述應該具有如下特點。

(1) 是寬泛和概括性的陳述，而非具體的陳述；

(2) 具有前瞻性、發展性；

(3) 是本企業區別於其他企業的根本所在；

(4) 較長時期內有效；

(5) 讓人容易理解。

企業的願景陳述應該具有如下特點。

(1) 陳述簡潔，最好是一句話；

(2) 能調和企業內部存在的各種差異，包容不同利益相關者；

(3) 具有激勵性、可行性；

(4) 和使命、核心價值觀保持一致。

16.1.2 確定公司核心價值觀

　　所謂核心價值觀是為了實現使命和願景而提煉出來，並予以倡導的、企業員工共同的行為準則。核心價值觀影響著員工的行為，也是公司評判贊成什麼、反對什麼的標尺。

　　企業的核心價值觀陳述應該具備如下特點。

　　(1) 源於員工內心並極力倡導；

　　(2) 符合主流文化，與使命、願景一致；

　　(3) 容易理解；

　　(4) 影響員工的行為，使員工行為帶有公司文化特徵。

小視窗：知名企業的使命、願景和核心價值觀

　　範例：迪士尼公司

　　願景：成為全球的超級娛樂公司。

　　使命：使人們過得快樂。

　　核心價值觀：

　　(1) 極為注重一致性和細節刻畫；

　　(2) 透過創造性、夢幻和大膽的想像不斷取得進步；

　　(3) 嚴格控制、努力保持迪士尼「魔力」的形象。

16.2 確定公司策略與策略地圖

　　根據公司的願景、使命和核心價值觀，結合對內外部環境的分析，公司要明確自己的策略，並用策略地圖的工具對從策略到執行進行描述。

16.2.1 策略分析與描述

　　策略分析的方法和工具有很多種，我們總結了策略分析 6 步法來進行策略分析。

第一步：社會環境分析

明確公司策略，需要先了解社會環境對公司的影響，可以採用 PESTEL 等

分析工具,對影響企業策略的政策、經濟、社會、技術、環境和法律等社會環境因素進行分析。

第二步:產業環境分析

明確公司策略,需要分析產業中的關鍵因素對企業策略的重大影響,包括明確標竿企業、競爭對手等。

第三步:企業環境分析

在分析了社會環境和產業環境的因素後,再對企業內部在生產、行銷、人才、研發、財務等方面的情況進行系統分析,以便調整資源,制定切實的策略。

第四步:SWOT 策略分析

SWOT 分析工具是一種最基礎和常見的策略分析工具,可以集成以上三個步驟的分析結果,進行優勢、劣勢、機會和威脅的分析。SWOT 模型用於策略業務分析,如圖 16-2 所示。

S/W 的部分主要是用來分析內部的資源能力,O/T 的部分主要用於分析外部環境因素的影響,利用 SWOT 分析法可以找出哪些因素對自己是有利的,值得發揚的;哪些是不利的,需要去避開或改善的。我們可以把企業的各個業務放到圖 16-2 中,以明確在不同區域採取不同的措施。如 A 區域業務市場機會大,但處於劣勢,策略重點就應該在減少弱勢利用機會上。其餘區域亦可根據情況採取針對性的策略決策。這些策略決策點也可以在表 16-1 中進行描述。

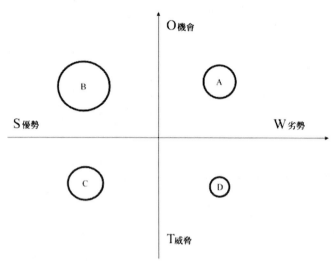

圖16-2 SWOT模型用於策略業務分析

表16-1 SWOT分析表

我們的優勢是什麼(Strength)	原因	我們的優勢應如何發揮才能成長業績？
我們的劣勢是什麼(Weakness)	原因	我們的劣勢應如何規避才能成長業績？
我們的機會是什麼(Opportunity)	我們要如何抓住外部機會來提高業績？	
我們的威脅是什麼(Threat)	我們要如何應對外部威脅來提高業績？	

第五步：梳理策略重點

在上述分析的基礎上，我們可以羅列出策略重點，如提高庫存控制能力、提高產品供應準確性、降低成本費用、改善激勵體系等，之後將策略重點梳理出

來，就後續的策略地圖繪製做好準備。

第六步：繪製策略地圖

策略地圖的核心是客戶價值主張，客戶價值主張向上支撐公司策略及財務目標的實現，向下指導內部營運流程改善，是策略應用的重點。下文將對其進行重點描述。

關於公司策略規劃確定的具體內容，可以參考後文關於策略規劃的篇章的描述。

16.2.2 繪製策略地圖

企業需要一個制勝的策略，更需要具備執行該策略的能力，我們可以運用策略地圖來提高企業成功執行策略的能力。策略地圖的核心就是我們有什麼樣的不同競爭策略，然後把它們用策略地圖的方式呈現出來。策略只有被清晰地描述出來才可能被理解，而只有能被理解的策略才可能被成功地執行，策略地圖清晰地描述和表明了企業策略，從而保證企業成功地執行該策略。

策略轉換，既是一個從上至下、也是一個從下至上的過程。企業策略轉化示例，如圖 16-3 所示。

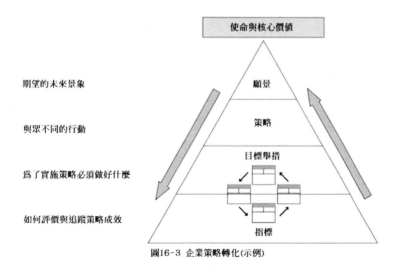

圖16-3 企業策略轉化(示例)

策略地圖的繪製，是對前述願景、使命確定和策略重點的形象化描述。首先要確定股東價值目標，需要參照集團策略，對本部的願景、使命等進行分析來

確定本部策略，並根據本部策略來確定支持策略的財務目標。其次，根據策略和財務目標，從產品、服務特徵與客戶的關係定位以及要展現的形象來確定客戶價值主張。再次，根據財務目標和客戶價值主張從流程的 4 個方面，即營運管理流程、客戶管理流程、創新管理流程以及法規與社會流程確定策略主題。最後，根據策略主題確定策略準備度，分析企業現有無形資產的策略準備度，具備或者不具備支撐關鍵流程的能力，如果不具備，找出辦法來予以提升。圖 16-4 的策略地圖整體框架說明企業是如何創造價值的。

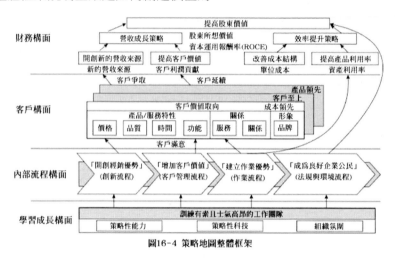

圖16-4 策略地圖整體框架

　　策略地圖在績效實際應用中，主要為公司、部門、個人績效目標的建立提供有效的工具，從而使公司、部門、個人績效圍繞 4 個維度：財務、客戶、內部營運、學習與成長層面進行分解及設計。我們對這 4 個維度的策略地圖設計提供樣例供大家參考，這個地圖的繪製必須由各部門共同討論完成。

1. 財務方面

　　策略地圖的構建過程依循從上至下的順序，從最上層的財務構面 ── 成長、效率和股東價值開始。企業應選擇一個最主要的目標作為其長期成功的象徵，創造股東價值是所有策略追逐的目標。透過成長策略，從新的市場、產品和客戶開創新的營收來源，提升現有客戶的獲利水準。透過效率提升策略，降低運作成本，提高資產的利用效率。財務方面策略地圖設計（樣例），如圖

16-5 所示。

2. 客戶方面

　　企業應以目標客戶為焦點來考核績效。通常，我們可以從三個角度考慮客戶構面，即品牌、客戶滿意和新客戶開發。客戶方面策略地圖設計（樣例）如圖16-6 所示。

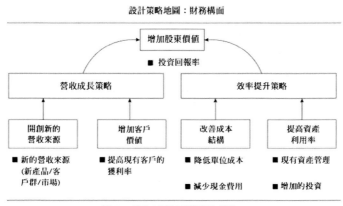

圖16-5 財務方面策略地圖設計(詳例)

圖16-6 客戶方面策略地圖設計(樣例)

3. 內部營運方面

企業內部流程面的關鍵績效領域設計必須與企業所確定的價值定位保持一致。

採取「產品領先」策略的企業必須具備領先的創新流程，才能開創具有最佳功能的新產品，並且快速地使該產品上市。其客戶管理流程可能著重於快速招攬新的客戶，以掌握其作為產品領先者所占領的市場先機。

採取「客戶至上」策略的企業必須具有優異的客戶管理流程，例如客戶關係管理與解決方案。基於目標客戶的需求，可能仍需要促使企業發展創新流程，然而其著眼點是為了增進客戶的滿意而開發新產品或強化服務內容。

採取「成本領先」策略的企業則強調作業流程的成本、品質和週期時間、卓越的供應商關係，以及供應商及配送流程的速度和效率。

內部營運方面策略地圖設計（樣例）如圖 16-7 所示。

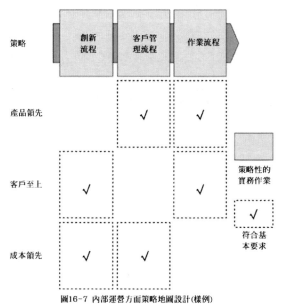

圖16-7 內部運營方面策略地圖設計(樣例)

4. 學習與成長方面

學習和成長構面一般包括三個主要專案。

(1) 策略性能力：工作團隊為達成企業策略所須具備的策略性技能和知識；

(2) 策略性科技：為實現策略所必需的資訊系統、資料庫、工具和網路；

(3) 企業氛圍：在策略的前提下所必需的企業文化轉變、激勵、授權及整合工作團隊。

學習成長方面策略地圖設計（樣例）如圖 16-8 所示。

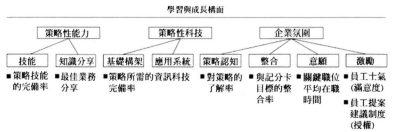

圖16-8 學習成長方面策略地圖設計(樣例)

16.3 部門策略解碼

部門策略解碼解決如何對齊公司目標和部門、個人目標並應用實施的問題，透過識別策略主題，明確部門願景、使命和獨特價值，建立價值模型及因果關係來實現。

16.3.1 識別策略主題

識別策略主題就是使策略目標透過策略主題識別矩陣，尋找到有相關性的部門，從而把策略目標分解到各部門，這是公司策略地圖向部門分解的開始。策略主題識別矩陣如圖 16-2 所示。

表16-2 策略主題識別矩陣

策略主題與目標		市場部	銷售部	生產部	客戶服務部	研發部	產品部	人力資源部	財務部	……
財務	降低成本費用									
	提升考客戶收入比重									
	增加新產品銷售收入									
客戶	提高產品獲得便捷性									
	建立長期客戶關係									
	提升公共形象									
	增加政府客戶拓展									

(續表)

策略主題與目標		市場部	銷售部	生產部	客戶服務部	研發部	產品部	人力資源部	財務部	……
內部營運	提高庫存周轉水準									
	提高生產營運能力									
	提高產品供應準時性									
	提高產品研發能力									
	降低庫存損耗									
學習成長	保留核心員工									
	提高員工專業能力									
	建立資訊系統									
	客戶導向的文化建設									

這個向部門分解和落實的過程有些是直接的，如銷售收入 500 萬，那麼銷售部就會有一個相同的目標，有些要在幾個部門間進行分解，如公司要降低成本費用，銷售部的目標是「降低銷售費用」，採購部的目標是「降低材料採購成本」，技術部的目標是「縮短研發週期」，倉儲部的目標是「降低庫存水準」，幾

個部門需從不同角度支持公司「降低成本費用」的目標。

16.3.2 明確部門願景、使命和獨特價值

透過對策略主題的識別，我們可以將公司的目標和部門目標連接起來，對於各部門而言，要明確工作目標，就要明確部門的願景、使命和獨特價值。部門願景和使命的思考和公司願景、使命的思考模式類似，獨特價值則是指該部門區別於其他部門能給公司帶來的排他性的價值。

關於此問題的思考輸出可以概括為以下幾點。

(1) 部門在公司中的定位：部門在公司中應如何發揮價值。

(2) 部門的使命和願景。

(3) 部門的主要職責。部門的核心職責需要支持公司的目標，目標—職責的支持關係如表 16-3 所示。

表16-3 目標－職責矩陣支持表

類　別	公司目標1	公司目標2	公司目標3	公司目標4	公司目標5	公司目標6
部門職責1						
部門職責2						
部門職責3						
部門職責4						

注：在對應的目標處打「√」。

(4) 部門的年度重點工作方向。部門的年度重點工作方向可以源於對公司策略支持的需求的思考，具體見表 16-4 部門策略重點需求分析表。

表16—4　部門策略重點需求分析表

維度	主要需求重點
財務層面	部門對公司哪些財務目標的實現具有支撐作用？ 部門是如何支援公司財務層目標的？
客戶層面	部門內外部客戶有哪些？ 部門對其他部門、外部客戶提供哪些方面的價值？
內部營運層面	針對部門具體職能或重點，主要業務控制點有哪些？是否加強？ 部門在專業領域與內外部客戶的服務關係如何？ 為實現對內外部客戶的有效服務，部門需要進行哪些改進？
學習成長層面	要實現部門的目標，員工應具有哪些能力？ 要實現部門的目標，員工能力差距如何？ 針對部門的人員供應有哪些計劃？ 部門的資訊化水準是否支援專業管理？有哪些改進項？

小視窗：沒有參與感，就談不上成就感

在做部門策略解碼、明確部門願景、使命和獨特價值的過程中，一定要讓部門的核心員工都參與，每個人都摒棄自己的狹隘職位角色，從部門全局的角度來看問題，既鍛鍊了員工的大局觀，又能讓他們親身參與目標的制定，有利於目標責任的分解和達成。

16.3.3 建立價值模型及因果關係

企業層面的績效指標需要形成一個相互聯繫的指標「網路」，網路的指標之間存在某種「因果」關係，而企業的策略則透過這個網路得到了有效詮釋。

「因」與「果」之間的關係，形成了獲得更為長久客戶關係的能力，最終實現長遠的成長，而向目標客戶傳遞的具有企業特色的價值贏得了客戶高度的忠誠，而合理設計的職位及營運流程，使我們的員工致力於創造有價值的活動，所有這一切環境的建立，最終使得公司處於一個良性循環的過程中。因果關係圖，如圖16-9 所示。

對於因果關係，可以用流程驅動來尋找。結合簽署的策略主題的識別矩陣，分析哪些流程對策略主題有最直接的驅動力。每一個策略主題和目標，都可以透過價值樹模型建立因果邏輯關係。到了這一步，我們基本上可以用指標來描述策略地圖了。用價值樹模型建立因果關係，如圖 16-10 所示。

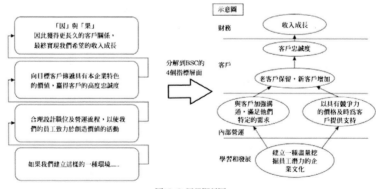

圖16-9 因果關係圖

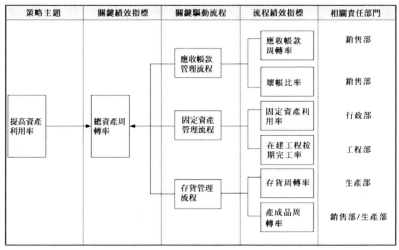

圖16-10 用價值樹模型建立因果關係

16.4 分解落實指標

　　策略地圖、重點工作、策略地圖中的績效指標落實後，整個策略績效管理體系的整體思路就出來了。策略績效管理流程圖見圖 16-11。

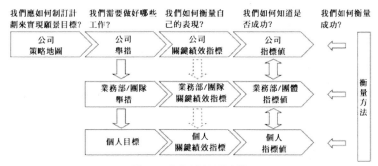

圖16-11 策略績效管理流程圖

16.4.1 公司年度策略指標落實

　　從公司策略地圖中提取的指標都是重要指標，這個可以理解，但如果都是考核公司的指標，那可能就有點多了，放入公司考核的指標一定是能夠充分體現公司策略重點並廣泛適用的關鍵性指標、結果性指標，公司的考核指標數量應該是

16 ～ 25 個，其他指標可以分解到部門或者進行關注追蹤。

　　如何選取關鍵性指標，可以採用前述的比較法來進行提煉，即將得分最高的前 16 ～ 25 個納入公司級考核指標，至此，我們就可以完全用指標來描述公司策略地圖了。

16.4.2 部門關鍵績效指標落實

　　分解主要業績衡量指標意味著將適當的整體目標向下分解到企業內的各業務部門。

1. 分解落實部門關鍵績效的理念

　　(1) 分解衡量指標不是去確定主要業績指標的多少百分比會被分解到部門和個人。

　　(2) 有效分解的衡量指標是各業務部的業績驅動因素，其直接影響到公司的主要業績衡量指標。

　　(3) 分解的量度不一定要全方位考慮整體的策略，它們應該是與支持某價值鏈相對應的業績驅動因素，同時能夠反映出正在進行中的支持業務策略的局部活動。

　　(4) 績效指標的測量與修改，對初步選定的績效指標用如圖 16-12 所示 8 項原則進行測試，對不完全符合這些原則的指標進行修改或淘汰，篩選出最合適的指標。

1、該指標是否可理解？	5、該指標是否可衡量？
• 是否用通用商業語言定義？	• 指標可以量化嗎？
• 能否以簡單明了的語言說明？	• 指標是否有可信的衡量標準？
• 是否有可能被誤解？	6、該指標是否可低成本獲取？
2、該指標是否可控制？	• 有關指標的資料是否可以直接從標準報表上
• 該指標的結果是否有直接的責任歸屬？	獲得？
• 績效考核結果是否能夠被基本控制？	• 獲取指標的成本是否高於其價值？
3、該指標是否可實施？	• 該指標是否可以定期衡量？
• 是否可以用行動來改進該指標的結果？	7、該指標是否與整體策略目標一致？
• 員工是否明白應該採取何種行動對指標結果	• 該指標是否與某個特定的策略目標相聯繫？
產生正面影響？	• 指標承擔者是否清楚企業的策略目標？
4、該指標是否可信？	• 指標承擔者是否清楚該指標如何支持策略目
• 是否有穩定的資料來源支援指標或資料構成？	標的實現？
• 資料能否被操縱以使績效看起來比實際更好	8、該指標是否與整體績效指標體系一致？
或更糟？	• 該指標和組織中上一層的指標相聯繫嗎？
• 資料處理是否引起績效指標計算的不準確？	• 該指標和組織中下一層的指標相聯繫嗎？

圖16—12　關鍵指標測試篩選原則

2. 部門級關鍵績效指標

部門級關鍵績效指標來自以下幾個方面。

(1) 部門指標從公司級指標中分解得出；

(2) 部門指標從部門職責中推導得出；

(3) 部門指標來源於部門年度重點工作；

(4) 部門指標從公司內部客戶的需求中推導得出。

16.4.3 個人關鍵績效指標落實

從公司績效到部門績效再到個人績效指標，層層分解，層層落實，具體到個人關鍵績效指標的設計，需要按照不同層級逐層設計。

1. 個人績效管理設計思路：高層管理層

(1) 高層管理層不存在嚴格意義上的個人績效，可以採用公司的 BSC 作為高管績效的基礎。

(2) 高層管理層考核最常用的方法是整體考核法，因為高管級別的管理層的團結和合作對企業的長遠發展是至關重要的，片面考核個人績效是沒有意義的。因此也可以採用公司整體績效作為參數整體考核高層管理層。

(3) 高管的績效考核和薪酬之間的關係由董事會決定。

2. 個人績效管理設計思路：部門經理層面

部門經理個人績效與部門的表現有非常大的關聯，可以直接採用部門的關鍵績效指標結果作為部門經理的個人績效參數，因為策略績效指標體系中已經包含了平衡發展的諸多指標。

3. 個人績效管理設計思路：基層員工

基層職位的個人績效應當根據職位說明書、部門關鍵指標和部門業務實際要求靈活確定。

個人績效指標的確定如圖 16-13 所示。

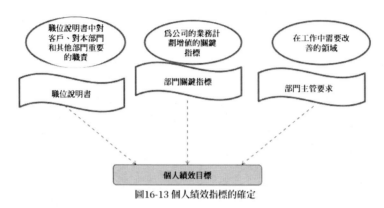

圖16-13 個人績效指標的確定

基於基層職位的指標設計通常要考慮到職位的性質，以下提供根據職位說明書來確定績效指標的例子，如表 16-5 所示。

表16-5 根據職位說明書確定績效指標(示例)

ABC公司職位關鍵績效指標領域			
部門：審計室　　職位：財務審計			
序號	工作職責	期望結果	關鍵績效指標
1	熟悉國家、集團公司的財經政策、法規、制度，掌握內審理論	遵守國家及公司的相關法規和制度，嚴格依法審計	違規、違紀次數
2	熟悉公司內部業務流程、管理制度、內控體系，對財務專案進行審計	加強建設專案管理，提高投資效益	在相同審計範圍內應發現而未發現的違規次數 審計重複發現問題的次數
3	配合部門主任，制定內審規章制度體系，使其更加高效、合理運行	健全內審制度，確保審計工作的高質高效	對分公司內部風險控制的改進建議次數 提高內審效率被採納合理化建議次數

(續表)

ABC公司職位關鍵績效指標領域		
部門：審計室　　　職位：財務審計		
序號	工作職責	期望結果	關鍵績效指標
4	配合部門主管，利用資訊技術提高內審工作品質和效率	提高審計工作品質和效率	審計整改按時回覆率 審計整改發現缺陷的次數
5	與被審計對象協作，充分發揮內審的幫助、促進作用，為公司經濟效益的逐步提高發揮作用	與相關部門形成良性合作關係，保證審計工作的順序開展	審計專案結束後，審計報告的全面按時提交率 向公司及相關部門提出的建議次數
6	按照工作計劃，開展內審工作，嚴格按業務流程和內審程序工作，對於工作結果及時總結、匯報	工作計劃制訂準確及時，確保工作有序開展	財務審計工作及時完成率 財務審計工作未及時完成次數
7	加強相關部門人員的協調和交流	定期進行工作焦點、難點探討，提高工作效率	被部門主任認可的有效難點、焦點的次數

確定了指標之後，需要對指標進行目標的賦值和權重設計等，已經在前述篇章進行講述，此處不再複述。

第 17 章　績效指標體系建設與最佳化

　　策略績效體系的落實，離不開具體績效指標的落實，前面章節已經對績效考核的各種常用工具做了比較深入的介紹，具體到實際操作過程中，績效指標的設定就成為績效考核制度能否成功的關鍵。無論使用何種績效考核工具，績效指標都是非常有用且必須的支撐。那麼績效指標如何設置，系統化的績效指標體系如何建設與不斷改良，就成了我們必須要學習和研究的部分，下面將系統地為讀者展現一個完整的績效指標體系是如何建設起來的。

17.1 績效指標體系構建

17.1.1 績效指標類型

　　為了全面衡量工作過程與效果，關鍵業績指標和重點工作指標需要綜合使用。

　　（1）關鍵業績指標。一般以定量的形式出現，如計劃達成率、費用率、銷售毛利率等。

　　（2）重點工作目標。一般以非定量的形式出現，如制度與流程建設、市場研究、技術策略制定等。

17.1.2 各部門及部門負責人指標結構

　　（1）業務單位。主要負責公司產品及業務的部門。

　　（2）支持單位。主要為業務支撐職能部門（如銷售支持中心、財務中心、技術 & 服務中心）。

　　（3）發展單位。主要為純職能部門（如人力行政中心、策略發展中心、證券事務部）。

　　各部門指標結構建議如表 17-1 所示。

表17-1 各部門指標結構建議

序號	指標類型	業務單位	支持單位	發展單位
1	關鍵業績指標	75%	50%	40%
2	重點工作目標	25%	25%	50%
3	內部客戶滿意度	—	25%	10%

17.2 績效指標庫建設與維護

績效指標庫由一個個相關指標組成，每個指標可以根據 CRT 法來確定。

17.2.1 指標庫結構設計

績效指標庫的結構可以參考表 17-2。

表17-2 xx事業部業績指標庫

序號	指標類別	業績指標	指標描述	指標表述及公式	量化/非量化	目標值	考核週期	考核訊息來源
1	財務類	經營計劃達成率	事業部經營任務完成情況	(本期實際完成收入/計劃收入)X100%	量化		季	財務部
2		×××	×××	×××	×××	×××	×××	×××
3		×××	×××	×××	×××	×××	×××	×××

17.2.2 具體指標來源

指標庫內每個指標的來源可以採取 CRT 法，具體做法如圖 17-1 ～ 圖 17-5 所示。

1. 透過職能分解確定部門的關鍵職責（Responsibilities）

CRT法的工作流程

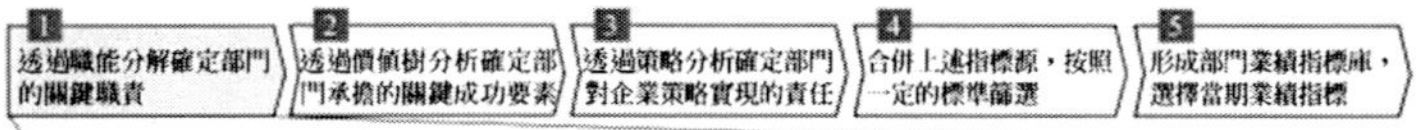

1 透過職能分解確定部門的關鍵職責	2 透過價值樹分析確定部門承擔的關鍵成功要素	3 透過策略分析確定部門對企業策略實現的責任	4 合併上述指標源，按照一定的標準篩選	5 形成部門業績指標庫，選擇當期業績指標

CRT指標匯總篩選表								
操作指南								
部門	大客戶整合服務事業部							
關鍵職責(R)								
序號	職責內容	可提煉的指標	具體性	可衡量	可達到	策略相關	時效性	可控	成本管理
1	完成公司下達的經營目標(收入、毛利、費用率)，對本事業部的經營結果負責								
2	建立適應大客戶集成服務的盈利模式，並使其有效運作								
3	對於大客戶、老客戶、策略產業、地區客戶制定相應的客戶策略，提高單位客戶的綜合業務貢獻								
4	參與本部門人員招聘、組織部門業務培訓，建設和培養核心員工團隊，負責本部門人員的考核評價								
關鍵成功要素(C)								
序號	要項內容	可提煉的指標	具體性	可衡量	可達到	策略相關	時效性	可控	成本管理
1	收集產業、市場資訊								
2	評估現有產品、客戶、市場								
3	建立和廠商的聯繫								
4	與客戶高層保持密切關係								
5	與客戶相關部門的密切關係								
6	產品的代理範圍								
7	及時收集、整理客戶訊息								
8	定期維護客戶關係								
9	客戶管理系統								

圖17-1 關鍵職責的職能分解

2. 透過價值樹分析確定部門承擔的關鍵成功因素（Critical Successful Factors）

CRT法的工作流程

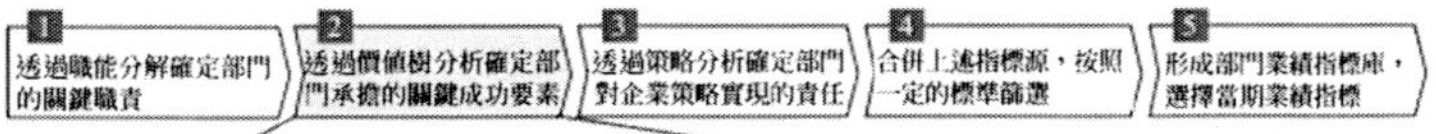

| 1 透過職能分解確定部門的關鍵職責 | 2 透過價值樹分析確定部門承擔的關鍵成功要素 | 3 透過策略分析確定部門對企業策略實現的責任 | 4 合併上述指標源，按照一定的標準篩選 | 5 形成部門業績指標庫，選擇當期業績指標 |

關鍵成功要素與部門關聯度評價表									
操作指南	選出與關鍵成功要素相關聯的部門，並進行排序								
公司關鍵成功要素									
序號	關鍵成功要素	資訊產品	應用產品	大客戶合成	銷售支持	財務	人力行政	企業發展	工程
1	收集產業、市場資訊	1	1	1				2	
2	評估現有產品、客戶、市場	1	1	1				2	
3	與客戶高層的密切關係	1	1	1	2				
4	與客戶相關部門的密切關係	1	1	1					2
5	價格因素								2
6	產品的代理範圍			1					
7	庫存結構合理	2	2	2					
8	訂單執行迅速準確	1	1	1					1
9	及時收集、整理客戶資訊	1	1	1					1
10	定期維護客戶關係	1		1					
11	客戶管理系統	1	1			2			
12	與廠商銷售人員密切聯繫	1	1						
13	行業資訊	2	2	2				1	
14	合成商關係維護	1	1						
15	價格因素				1				
16	服務	1	1						1
17	通路設計	1							
18	市場支持	1			2				
19	開放通路的價格管理	1		1					
20	代理管理								
21	商務支持	1	1						
22	合理接單	1		1					
23	銷售總量	1		1					

圖17-2 關鍵成功要素的價值樹分解

3.透過策略分析確定部門對企業策略實現的責任（Targets）

CRT法的工作流程

1. 透過職能分解確定部門的關鍵職責
2. 透過價值樹分析確定部門承擔的關鍵成功要素
3. 透過策略分析確定部門對企業策略實現的責任
4. 合併上述指標源，按照一定的標準篩選
5. 形成部門業績指標庫，選擇當期業績指標

公司的總體策略或經營目標與相關部門的聯繫									
操作指南	選出與策略目標相關的部門								
總體策略或經營目標	全球領先的ICT產品服務供應商								

序號	總體策略或經營目標具體細分	通訊產品	應用產品	大客戶整合	銷售支持	財務	人力行政	企業發展	工程
	全球領先的ICT產品服務提供商								
1	服務最多的重要產業用戶	✓	✓	✓	✓				✓
2	客戶信賴的策略合作夥伴	✓		✓					✓
3	為客戶提供全面的ICT產品服務		✓						✓
4	精英團隊						✓	✓	
	使命與價值觀								
5	推動企業資訊化	✓							✓
6	打破資訊溝通的障礙		✓						
7	建立信任						✓		
8	股東價值最大化					✓			
9	客戶利益最大化	✓		✓	✓				
10	優秀人才的事業平台						✓		
11	回報社會					✓			
	核心競爭策略								
	建立廣泛的策略聯盟，包括：								
12	產品與技術提供商	✓	✓	✓					
13	軟體服務開發商								
14	客戶							✓	
15	價值合作夥伴							✓	
16	競爭對手	✓	✓	✓	✓				
	發展深度的客戶關係，與客戶在下述幾方面成為全面策略合作夥伴								
17	策略策劃							✓	
18	ICT策略制定							✓	
19	ICT投資							✓	
20	運營服務								✓
21	應用開發		✓	✓					

圖17-3 公司策略的部門分解

4. 合併上述指標源，按照一定的標準篩選

圖17-4 指標篩選

5. 形成部門業績指標庫，選擇當期業績指標

各二級部門的關鍵業績指標可以根據各部門的定位，由部門負責人與上級部門協商確定，指標應報備人力資源部。

CRT法的工作流程

| 1 透過職能分解確定部門的關鍵職責 | 2 透過價值樹分析確定部門承擔的關鍵成功要素 | 3 透過策略分析確定部門對企業策略實現的責任 | 4 合併上述指標源，按照一定的標準篩選 | 5 形成部門業績指標庫，選擇當期業績指標 |

某資訊科技股份有限公司以及部門關鍵業績指標						
部門名稱	通訊產品部					
部門等級	一級					

序號	關鍵業績指標類別	關鍵業績指標	關鍵業績指標描述	指標公式	目標值	考核週期	數據源
1	經營業務指標	經營計劃完成率	考核事業部銷售收入完成情況	本期實際完成收入/計劃完成收入×100%		年	財務部
2	經營業務指標	毛利率控制	考核事業部盈利水準	本期實際毛利率/計劃毛利率×100%		年	財務部
3	經營業務指標	大客戶銷售收入貢獻率	考核大客戶的收入貢獻	本期大客戶收入/本期直銷收入總額×100%		半年	財務部
4	經營業務指標	大客戶平均利潤貢獻	考核大客戶的利潤貢獻	本期大客戶銷售總利潤/大客戶數		半年	財務部
5	經營業務指標	銷售成長率	考核銷售收入的增長情況	(今年銷售收入−去年銷售收入)/去年銷售收入		年	財務部

圖17-5 當期業績指標選擇

17.3 績效指標的選取程序

17.3.1 關鍵業績指標的選取

關鍵業績指標主要從《部門關鍵業績指標庫》中選取。部門關鍵業績指標庫的創建、使用、指導部門為人力資源部。關鍵業績指標的選取程序如表17-3 所示。

表17-3 關鍵業績指標的選取程序

序號	工作項目	主要責任者	參與者	階段成果
1	下發考核指標討論的通知	人力資源部	各事業部、一級部門	《關於啟動關鍵業績指標選取的通知》
2	確定初步的指標體系結構，如業績類、重大任務類、周邊評價類，等等	薪酬考核委員會	執行委員會	各部門指標結構
3	指標庫開放給一級部門負責人及上級主管	人力資源部	執行委員會、各部門	
4	被考核部門負責人在表格上選取指標並寫明理由	各部門	人力資源部	《上級選擇和部門自選指標表》(見表17-4)
5	周邊部門在表格上選取指標並寫明理由	各部門	人力資源部	《周邊部門選擇指標表》(見表17-5)

(續表)

序號	工作項目	主要責任者	參與者	階段成果
6	上級主管在表格上選取指標並寫明理由	CEO	人力資源部	《上級選擇和部門自選指標表》
7	整理上述表格，註明不同意見，進行初步分析	人力資源部		《指標匯總分析表》(見表17-6)
8	薪酬考核委員會討論	薪酬考核委員會	人力資源部	《討論意見》
9	修改指標，與CEO/被考核部門負責人溝通	薪酬考核委員會	CEO/各部門	《考核指標初稿》
10	對於意見分歧較大的部門，召開CEO、被考核人、薪酬考核委員會的三方會議，討論確定方案	薪酬考核委員會	CEO/各部門	《考核指標》

表17-4 上級選擇和部門自選指標表

	指標庫			部門自選		上級選擇	
序號	業績指標	指標描述	指標表達及公式	是否選擇	理由	是否選擇	理由
1	經營計劃達成率	事業部經營任務完成情況	(本期實際完成收入/計劃收入)×100%	√	反映部門的基本經營情況	√	同左
2	×××	×××	×××	×××	×××	×××	×××
×	×××	×××	×××·	×××	×××	×××	×××

表17-5　周邊部門選擇指標表

指標庫					同級部門選擇
序號	業績指標	指標描述	指標表述及公式	是否選擇	理由
1	經營計劃達成率	事業部經營任務完成情況	(本期實際完成收入/計劃收入)×100%	✓	反映部門的基本經營情況
2	×××	×××	×××	×××	×××
×	×××	×××	×××	×××	×××

表17-6　指標匯總分析表

指標庫		選擇記錄				評價分析	
序號	業績指標	指標表述及公式	自選	上級選	同級選	一級性	差異原因	討論結果
1	經營計劃達成率	(本期實際完成收入/計劃收入)×100%	✓	✓	✓	上級、本部、同級一致認可	✓	同左
2	×××	×××	×××		×××	×××	×××	×××
×	×××	×××	×××		×××	×××	×××	×××

17.3.2 重點工作目標的選取

　　一級部門重點工作目標的選取由 CEO 負責。在人力資源部的協助下，CEO 與被考核部門負責人溝通，結合公司發展策略、業務發展計劃，針對被考核部門的職責與定位，把一些具有長期性、過程性、輔助性的關鍵工作納入重點工作目標，作為對關鍵業績指標的補充和完善。

　　重點工作目標的選取流程類似於關鍵業績指標的選取程序，但一般在上下級之間進行，如有必要，也可以請同級其他部門協助。

　　重點工作目標選取時應注意的問題有如下幾個。

　　(1) 與關鍵績效指標的選擇遵循同樣的原則，但側重不易被衡量的領域；

　　(2) 作為關鍵績效指標的補充，不能和關鍵績效指標內容重複；

　　(3) 由於關鍵績效指標客觀性更強，對績效的衡量更精確，可用關鍵績效指標衡量的工作領域應首先考慮關鍵績效指標，在無法科學量化的領域，再引入工作目標完成效果評價；

　　(4) 只選擇對公司價值有貢獻的關鍵工作領域，而非所有工作內容；

　　(5) 不宜過多，一般不超過 5 個；

　　(6) 不同工作目標應針對不同工作方面，不應重複；而每個工作目標，應只針對單一的工作方面。

17.3.3 績效指標庫的檢查

績效指標庫設置後，應該按照橫縱兩個維度進行檢查。

從橫向上，檢查相同單位、職務的關鍵績效指標與工作目標設定的選擇和權重的分配等標準是否統一；從縱向上，根據公司策略及業務計劃、職位工作職責描述，檢查各上級的考核指標是否在下屬中得到了合理的承擔或進一步分解，能否保證公司整體發展策略目標和業務計劃的實現。

第 18 章　公司管理層績效考核

　　多數的績效經理的工作內容也許不會涉及管理層的考核，因為有些層面如董事會、CEO 的考核已經超出了公司人力資源部的職權範圍，但理解管理層的評價要點，對理解公司的治理架構和整體營運會有很大的助益，那麼在此，不妨一起來探討下對於公司管理層的考核。

18.1 董事會考核

　　公司董事會是股份公司的經營決策機構，向股東大會負責，代表股東對公司的經營實施監督管理。董事會負責審定公司發展規劃和經營方針，批准公司的基本管理制度和機構設置；審議公司重大的財務、股權等相關方案；任免公司高層管理人員，並決定其報酬和支付方法。儘管公司業績可能是考績董事會業績的一個有效標準，但董事會的行為與公司業績在時間上不一致，會使得這種評價標準具有時滯性。現代的競爭要求進行直接迅速的回饋，這需要對董事會行為進行直接的而不是間接的考績。董事會的業績就像其所管理的公司業績一樣，只有依據預先設定的一些標準，才能對其行為和結果進行有效的評估。事實上，對於董事會的考核，不少也還在探索中，以下探討僅供參考。

18.1.1 董事會的考核企業

　　對董事會的考核評價必須基於這樣一個原則，即沒有人能夠自己評價自己。誰能評價董事會，當然是股東大會，但股東大會非日常行政機構，無法對董事會的運作及時監管。董事會的日常監管可以由股東大會委託監察人進行。監察人根據董事會績效評估的標準和目標要求獨立評估，也可委託外部專業機構進行評估。但如果董事會對於外部機構能夠施加實質性的影響，使外部機構不能作出客觀的評價，那麼，儘管評價結果出自外部機構，但是也可以視同為董事會的自我評價。因此，從程序上解決外部機構的獨立性是設計董事會考績機制的關鍵。

　　在外部專業機構對董事會開展業績評價過程中，在外部機構選擇環節、評價

結果匯報評審環節、支付外部機構報酬環節董事會都能夠對外部專業機構發揮實質性影響，需要考慮如何減少董事會在這三個環節的影響。

選擇外部機構環節是最關鍵環節，不恰當地選擇將影響以後其他環節的工作品質，並且將從根本上影響董事會工作績效評價的正常開展。選擇外部機構一般可以考慮交給獨立董事或第三、第四大股東，交給第三、第四大股東效果可能更好。第三、第四大股東是控股股東，而且持股比例和金額足夠大，因此有動力關心企業運行效果。讓第三、第四大股東選擇外部專業機構，能夠選出專業能力強、且不受現有董事會成員影響的外部專業機構。

評價結果匯報評審關鍵是由誰來評審，它決定績效評價報告最終是否能獲得透過。股東是公司風險的最終承擔者，對企業經營狀況最為關注，因此，讓股東評價效果會比較好。企業每年召開股東大會，在股東大會上公布董事會績效評價報告，讓股東了解企業經營情況，了解董事、經營團隊的經營過程，使股東能夠掌握更多的資訊。對董事會的工作業績評價報告事先要和董事會成員溝通，給董事會成員一個溝通申辯的機會，以便使評價報告更加客觀公正。

18.1.2 董事會的考核內容

對於董事會的評價，其重點是董事會運作的規範性和有效性，主要內容包括公司經營業績情況、董事會工作機構設置、制度建設、日常運行、決策效果等。作為經營決策機構，董事會對公司的經營情況承擔責任、對董事會的運作承擔責任，對董事會的考核指標的設置應關注兩方面的內容：關鍵業績（經營業績）和關鍵行為能力、態度（運作的規範、有效性）上的表現。

1. 經營業績考核

作為關鍵業績指標的一部分，公司當年經營成果一般能夠透過財務報表反映出來，財務報表一般都經過會計師事務所審計，真實性相對能夠得到保證，這些內容包括發展速度、資產品質、盈利能力等方面的指標。

2. 關鍵行為、能力、態度考核

（1）董事會結構科學、合理性評價。董事會下設機構是否符合需要；董事之間是否有清晰分工；董事之間合作、溝通機制是否通暢；董事會決策是否順暢；董事會是否能有效監管經營層。

（2）董事任職資格。董事是否具有產業背景資格；獨立董事是否有獨立董事資格；董事是否具有高管工作經驗。

（3）董事會運作的科學、合理性。對於董事會各項議事規則設計科學合理性的評價和實際運行效果的評價，可以透過對董事、高管訪談、問卷調查的方式了解其實際運行情況。

（4）審計報告意見。一般有無保留意見、保留意見、否定意見、無法表示意見4種。

尤其對於上市公司而言，獨立審計機構的意見是對公司內控能力至關重要的評價意見。

（5）董事會決策效果評價。如參與公司發展策略、重大投資決策及經營計劃的制訂與審批所花費的時間和精力，監評企業內部控制制度與風險政策的會議次數，對CEO及其高層管理團隊的經營業績與合法性的評估狀況，制定CEO及高層管理層的薪酬安排與繼任計劃狀況，定期審核與評估重大專案在實施過程中的技術、成本和進度狀況，公司治理結構的改進措施等。

董事會考核表如表 18-1 所示。

表18-1 董事會考核表

考核項目	權重	指標	指標描述
經營業績	30%	年度利潤總額	經核定後的企業合併報表利潤總額
		主營業務收入	經核定後的企業合併報表主營業務收入
		淨資產收益率	衡量淨資產的盈利能力
董事會結構的科學、合理性	15%	機構合理性	衡量董事會工作機構設置是否符合公司發展需要
		職責明確性	衡量董事會與經營層職責劃分清晰、董事間分工是否清晰
		制度健全性	衡量董事會及專門委員會工作制度、議事規則、公司各項基本管理制度是否健全
董事任職能力	10%	董事會結構合理性	獨立董事比例的合理性及董事會規模的合理性
		董事資格符合度	董事是否具有行業背景資格，是否具有高管工作經驗
		獨立董事資格符合度	獨立董事是否具有獨立董事資格
董事會運作的科學、合理性	10%	依法依章履責	董事會按照規定程序決策；董事會與經營層各司其職，各負其責，協調運轉
		資訊溝通有效性	董事會同股東代表、監察人、經營層等利益相關方進行及時、有效溝通，為獨立董事提供充分有效的決策所需訊息
審計報告	15%	審計報告意見	根據外部審計機構的獨立審計意見進行衡量
決策效果	20%	董事會報告通過率	股東大會審議通過的董事會報告率
		公司發展策略促進	決議符合公司改革發展的要求，企業價值創造能力、主營業務成長和公司核心競爭力得到有效提升
		風險管理	對經營、管理的重大事項進行正確審核與評估，避免重大決策失誤，強化風險管理

注：本考核表僅供參考，如有需要，請根據實際產業和業務情況調整。

18.1.3 董事個人的考核內容

對董事工作效果的評價可以從其責任履行、工作結果的角度進行評價，具體可以從以下 4 個方面進行。

1. 履職義務

履職義務即董事按照職責要求，必須參加的工作任務。履職義務具體考核指標如下。

（1）決策參與；

（2）投入工作時間；

（3）工作任務完成情況。

2. 董事互評

董事互評是董事工作品質評價的最關鍵環節，也只有董事清楚董事工作品質是否符合企業發展要求。董事互評從以下幾方面開展。

（1）溝通合作；

(2) 專業能力；

(3) 履職態度。

3. 監察人評價

監察人評價是董事工作合規性的外部約束力量，透過監察人監督，確保董事決策行為的合法、合規性。

4. 決策效果評價

決策效果評價即董事任期內個人決策和董事會正確決策的一致性，包括誤拒決策和誤受決策。誤拒決策指董事會決策事項是正確的，但是董事個人投反對票。誤受決策指董事會決策事項是錯誤的，但董事個人投贊成票。當然，這種評價要考慮決策事項的效果體現需要更長時間的因素，部分決策評價可以延期到任期結束之後。

18.1.4 董事會考核結果應用

對董事會進行考核評價目的在於，推動董事會運作效能的改善，促使董事更好地工作，以提升公司的營運效率。因此，對董事會考核的評價主要在於揭示資訊，讓股東、社會公眾更多地了解公司營運狀況，監督董事更好地工作。一般的考核評價都會影響被考核者當期的報酬，但對董事會的考核評價不建議對董事的報酬產生影響。主要原因在於，董事會工作業績評價週期較長，一般和任期相同。其次，部分董事沒有從公司領取報酬，也無法影響董事報酬。董事一般社會地位較高，資訊披露已經足以影響其行為，其效果要遠大於降低薪資對其所產生的影響。

18.2 公司高層管理團隊績效考核

公司高層管理團隊指執行長（CEO）帶領的高層管理者，如營運副總、行銷副總、財務副總等，對他們的考核除了遵循一般的管理者的考核思路之外，也有一定的特殊性。

18.2.1 公司高層管理團隊績效考核設計原則

高層管理團隊績效考核設計應遵循如下原則。

1. 考核對象

高層管理團隊原則上指執行長及其直接管轄的高層管理者。

2. 考核週期

由於高層管理者從決策到效果的影響週期長，因此，一般建議為年度考核，最短也是半年考核。

3. 考核內容

(1) 軟因素考核中，與公司中基層管理者相比，對高層管理團隊的考核更偏重於其對未來的洞察力、策略管理的能力、大局觀、領導能力、文化塑造能力、外部合作的能力等。

(2) 對於高管的考核更應該強調目標責任結果。作為對公司經營管理能直接產生影響的高管，需要承擔完成公司經營目標的責任。

4. 考核方式

(1) 量化考核與述職相結合。財務、人力、營運等各部門提供支持數據，由主管副總向執行長述職，執行長向公司董事會述職是比較常見的考核方式。

(2) 個人績效與團隊績效相結合。高管團隊要具備大局觀，整體團隊績效不達標，個人績效即使達標也會受到較大影響。

5. 考核應用

核結果應用於高管團隊的任免、薪酬等方面，一般都需要得到公司董事會的批准。由於考核週期較長，高管考核的結果往往又影響到其負責的團隊，因此，考核結果需要盡快應用，以便後續下級團隊的應用操作。

18.2.2 公司高層管理團隊績效考核辦法

根據以上的設計思路，對於高層管理團隊的績效考核辦法可以參考以下示例。

某公司執行長及其高管團隊年度績效考核與薪酬管理辦法（示例）

一、目的

(1) 強化以目標責任結果為貢獻評價根本標準的公司價值評價體系，確保公司年度各項經營目標的達成。

(2) 促使公司執行長及其高管團隊不斷提升個人自身素養，樹立良好的品德和領袖風範。激發獻身精神和奮鬥精神，不計個人得失，勇於承擔目標責任。

(3) 促使公司高管團隊關注公司整體團隊運作，注重團隊士氣和企業氣氛的營造，重視關鍵員工的培養和團隊的建設。

(4) 年度薪酬激勵分配以年度績效考核結果為根本標準，同時也作為下一年度公司執行長及其高管團隊安排的依據，促進建立公司管理者能上能下的機制。

二、適用範圍

經公司董事會決議聘任的公司執行長、公司副執行長級別公司高層管理人員的年度績效考核與薪酬管理工作適用本辦法，具體包括以下內容。

(1) 公司執行長及其高管團隊年度績效目標的確定與完成情況考核的執行。

(2) 與年度績效目標掛鉤的公司執行長年度紅利的確定與執行。

(3) 與年度績效目標掛鉤的除執行長外的其他高管團隊整體年度紅利的確定與執行。

三、指導原則

(1) 責任結果導向原則。強調以責任結果為價值評價導向，關注個人績效目標的達成，同時也關注對公司整體績效目標的支撐。

(2) 述職與考核相結合原則。透過述職，促進公司執行長及其高管團隊理清思路，抓住重點，合理分配資源，確保對公司年度績效目標的支撐；透過承諾與考核，強化執行落實與企業合作意識，不斷提高企業的整體績效。

(3) 公司績效與團隊績效、個人績效結合原則。為強化公司執行長及其高管團隊的責任和目標意識，公司執行長及其高管團隊須就公司年度績效目標進行承諾。同時，績效承諾達成的結果即績效考核成績直接影響公司整體紅利額度、公司執行長年度紅利額度以及除公司執行長外其他高管整體年度紅利額度。

(4) 客觀公正原則。強調依據結果數據和事實進行評價。

四、年度績效目標承諾與完成結果考核流程

1. 公司執行長及其高管團隊的年度績效目標承諾與考核流程

(1) 年初的公司執行長及其高管團隊的年度經營計劃述職與績效目標承諾

（包括持平目標、達標目標、挑戰目標），並分別簽訂承諾書。

（2）年中的績效目標達成情況追蹤。

（3）第二年年初對上一年的年度績效綜合評議。

2. 年度經營計劃述職

為推動公司年度經營目標自上而下有效落實，要求公司執行長及其高管團隊在年初（一季度）進行年度經營計劃述職。原則上要求各副執行長要向執行長述職，具體要求由公司執行長另行規定；公司執行長向董事會考核與薪酬委員會預述職，在經會議審議後，向公司董事會正式述職。

（1）公司執行長年度經營計劃述職的關注點。

①公司長期規劃與重點；

②公司未來一年的年度經營計劃與績效目標；

③公司未來一年的財務預算和人力資源規劃；

④公司企業氣氛的營造，關鍵員工的培養和團隊建設等相關計劃；

⑤強調品質和客戶滿意度，落實業務流程最佳化進展指標；

⑥強調與業界最佳比較、與上年比較，不斷改進；

⑦其他未來一年工作中需要強化的管理要點。

（2）公司執行長年度經營計劃述職的主要內容。

①上年度工作回顧（成績與教訓）；

②與競爭對手及業界最佳基準比較；

③本年度關鍵績效目標承諾；

④業務策略與關鍵措施；

⑤財務及人力預算；

⑥困難求助等。

3. 年度績效目標承諾

依據年初的述職結果，公司執行長及其高管團隊確定並簽署年度績效承諾書。簽署後的承諾書由董事會考核與薪酬委員會存檔，作為對績效承諾者進行績效評價的依據。

年度績效承諾的內容包括以下幾項。

(1) 結果目標：公司執行長及其高管團隊承諾在考績期內所要達成的績效結果性目標，分為持平目標、達標目標和挑戰目標，以支持公司年度經營績效目標的實現。

(2) 執行措施：為達成績效結果性目標，應採取哪些關鍵措施，以確保結果目標的最終達成。

(3) 團隊建設：為保證公司整體績效的達成，更加高效地促進關鍵措施的執行和結果目標的達成，應就團隊士氣和企業氣氛的營造、關鍵員工培養和團隊建設等相關方面計劃進行承諾。

4. 績效追蹤

(1) 該階段由董事會考核與薪酬委員會利用季度財務報告等資訊，對公司執行長及其高管團隊的績效目標執行完成狀況進行例行追蹤、分析。

(2) 公司年度經營計劃及績效目標一經確定，原則上應保持相對穩定。如確實需要更改，須向董事會考核與薪酬委員會提出申請，經董事會考核與薪酬委員會會議審核，並提交董事會決議透過才能變更，並在董事會考核與薪酬委員會備案。

5. 年度績效綜合評議

對照公司執行長及其高管團隊年度績效承諾目標的達成狀況，董事會考核與薪酬委員會進行綜合評議並給出初評意見，雙方將初評意見與公司執行長及其高管團隊進行回饋溝通後，提交董事會會議審議透過，確定最終年度績效考核結果。

五、年度績效考核職責分工

1. 董事會

(1) 評審公司執行長及其高管團隊的年度經營計劃述職報告；

(2) 與公司執行長及其高管團隊討論確定其年度績效目標承諾；

(3) 建立並企業實施例行的績效分析評審會，針對公司執行長及其高管團隊的績效承諾和改進要求，及時監控與指導；

(4) 負責對公司執行長及其高管團隊進行年度績效考核，確定績效考

核結果；

(5) 就年度績效考核結果，向公司執行長及其高管團隊進行溝通回饋。

2. 公司執行長及其高管團隊

(1) 年初根據要求，撰寫述職報告，向董事會進行年度述職；

(2) 與董事會一起討論確定並簽署年度績效承諾書；

(3) 參與董事會企業的例行追蹤、分析和評審會議，按照評審的意見企業不斷進行績效改進；

(4) 承諾書中相關工作內容如有較大變更，應及時向董事會提出對承諾書的修改意見，以及向董事會考核與薪酬委員會提出修改申請。

3. 董事會考核與薪酬委員會

(1) 考核實施的企業部門，確保績效考核符合流程規範；

(2) 協助公司執行長及其高管團隊制定年初述職報告和年度績效承諾目標書；

(3) 收集、追蹤公司執行長及其高管團隊承諾目標的達成情況，並進行必要分析；

(4) 負責公司執行長及其高管團隊的述職、例行績效分析評審、年終考核的初評會議，提出初評意見並與公司執行長及其高管團隊進行溝通回饋。

六、年度績效目標承諾及考核結果的應用

1. 考核結果的得出

年度績效綜合評議結果主要採取參照年度績效承諾指標達成目標值的情況進行考核並以加權記分的方式得出，具體記分方式包括以下幾項。

(1) 年度績效指標達成持平目標值的為 70 分；

(2) 年度績效指標達成達標目標值的為 100 分；

(3) 年度績效指標達成挑戰目標值的為 120 分。

存在多項績效考核指標的，以各項指標得分的加權分數之和作為最終年度績效綜合評分。

2. 考核結果的應用

（1）年度績效綜合評分≤70，即年度績效未達成或剛達成承諾的持平目標。

①公司執行長及其高管團隊年度紅利按照以下方式計算減少或者凍結（在計算數額已低於上一年度實際已發薪酬數額時）：

本年度紅利總額＝上一年度紅利總額×[1-（70- 年度績效綜合評分）/70]

②公司執行長及其高管團隊正職降為副職或予以免職。

（2）70＜年度績效綜合評分≤100，即年度績效超過了承諾的持平目標，或已達成了承諾的達標目標。

公司執行長及其高管團隊年度紅利按照以下方式計算：

本年度紅利總額＝上一年度紅利總額×[1+（年度績效綜合評分 -70）/30×30%]

（3）100＜年度績效綜合評分≤120，即年度績效超過了承諾的達標目標，或達成了承諾的挑戰目標。

公司執行長及其高管團隊年度紅利按照以下方式計算：

本年度紅利總額＝上一年度紅利總額×[1+（年度績效綜合評分 -100）/20×50%]

（4）120＜年度績效綜合評分。

公司執行長及其高管團隊年度紅利按照以下方式計算：

本年度紅利總額＝上一年度紅利總額×[1+50%+（年度績效綜合評分 -120）/120]

七、解釋、修訂和廢止

本辦法的解釋、修訂和廢止權歸公司董事會。

×× 公司董事會

×××× 年 × 月 × 日

18.3 CEO 績效考核

在多數公司中，執行長（CEO）通常就是整個企業裡職務最高的管理者，作

為公司經營管理的一把手，執行長負責看方向、建團隊、調資源，毫無疑問，執行長要對完成公司的經營目標承擔責任，但短期目標和長期目標如何均衡？執行長的考核又是誰說了算呢？

18.3.1 CEO 的考核企業

當然，如果執行長自身就是大股東，那就只能由市場來說明執行長的優劣了。股份公司的執行長是由董事會聘任的，對董事會負責，在董事會的授權下，執行董事會的策略決策，實現董事會制定的經營目標。因此，在股份公司內部，評價執行長是董事會的重要責任。

關於公司預期達到的業績目標和如何對其進行量化與評價，董事會與執行長應事先明確。對執行長的績效評估通常包括正式的年度評估和中期評估兩個部分。通常由董事長提供回饋意見，如果董事長和執行長由一人兼任，則由一個指定的獨立董事來提供。

對於其他高管人員，董事會也應該考慮執行長如何正確地評估向其報告工作的高管。董事會應該採取一個廣泛的視野來評估執行人員績效，要以一個商定好的明確標準為基礎，包括對財務指標、非財務指標和策略性目標的評估。

18.3.2 CEO 的考核內容

董事會對執行長的業績評價，主要包括以下幾個方面內容。

1. 領導力

(1) 誠實正直。執行長是否具備高尚的道德意識、誠實、公平和創業精神，並且幫助公司營造了一種積極向上的氛圍？其行為是否適合職位的要求？

(2) 策略視野。執行長是否在經營上為公司確定了一個合理且清晰的方向？此經營方向是否為業務的建立與發展提供了一個堅實的基礎？實際的經營計劃是否反映出這個視野？

(3) 領導團隊。執行長是否已建立起一個很強的管理團隊？管理團隊是否像一個團隊一樣運作？執行長是否能及時替換不能勝任工作的管理人員？

2. 策略管理能力

(1) 策略一致性。公司的策略是否每時每刻都在發揮作用？公司的各級管理

者是否都明確知曉公司的策略方向？公司各方面的營運是否與策略協調一致？策略是否得以有效實施？實施的方法有哪些？實施過程中的問題又有哪些？

（2）公司文化。對於一個公司的 CEO 來講，他在調動大家工作積極性、強化公司活力方面做得怎麼樣，直接決定了其作為領導者的勝任力。同時，公司的企業文化是否強化了公司的使命和價值觀，印證了領導者是否能夠高瞻遠矚。

3. 實現公司業績目標的能力

（1）公司財務與經營目標。長期和短期的目標做得怎樣？銷售收入、利潤、生產率、資產利用率、產品品質和客戶滿意度是否正在朝著正確的方向發展？執行長實現策略計劃中的目標的能力如何？

（2）股東價值和競爭地位。一個具有策略遠見的 CEO，應該能夠很好地均衡股東價值目標（如股價）和競爭業績目標（如市場占有率）。

（3）人才團隊建設。根據公司策略規劃所進行的人才儲備是否充足，直接決定了一家公司未來的發展潛力。同時，支持公司成長目標的人才儲備是否充足，也將為公司在未來的競爭中發揮決定性作用。

4. 外部關係管理能力

（1）外部利益相關者關係。執行長是否能夠帶領公司與所有的利益相關者，包括客戶、供應商、政府、媒體等建立有效的關係？

（2）與董事會的關係。執行長是否尊重董事會的獨立性？執行長是否就公司將要作出的重大投資決策事先與董事會商量，並獲得董事會的批准？執行長是否尊重非執行董事以及他們獨立開會的要求？

為保持考核模式的一致性，我們將如上評價因素用平衡記分卡的思路進行整理，執行長（CEO）考核表如表 18-2 所示。

表18-2 執行長考核表

考核方向	權重	指標	指標描述
財務	15%	淨資產報酬率	衡量淨資產的盈利能力
	10%	稅後淨利潤率	衡量公司的盈利能力
	15%	銷售收入	衡量公司的銷售收入
	10%	股價(上市公司)	是否透過合理的經營結果及長遠策略使股價持續成長，為股東帶來回報
	5%	總資產周轉率	提高資產的利用效率
	5%	成本費用利潤率	提高當期經營投入的盈利能力
內部營運	20%	公司策略目標完成率	公司策略發展計劃的完成情況，確保策略執行能力和一致性
客戶	5%	市場占有率	確保公司在產業內的市場領導地位
	5%	品牌價值成長率	建立良好的企業和品牌形象
學習與發展	5%	核心員工保留率	增強企業對於關鍵人才的吸引和保留能力
	5%	員工流失率	確保有序的人員流動，防止員工流動給經營帶來風險

小視窗：對執行長的考核應該從實際情況出發

不同產業、企業的不同階段，對執行長的能力要求都不同，能創業的不一定能守業，能守業的不一定能創新，基業長青的企業對執行長的實際考核應該從實際情況出發，不能完全照搬照抄其他企業經驗。

18.3.3　CEO 考核結果應用

作為公司內部管理的最高決策者，對於執行長的績效考核結果的應用，需要由董事會根據考核結果、聘用文件的約定和董事會相關章程來決定。一般而言，可以應用於如下方面。

1. 執行長任免

如考核週期內執行長被認定為不勝任，則執行長會被董事會彈劾、降職乃至直接撤銷對執行長的任命；如基本勝任，則董事會可以聘請外部顧問對其給予輔導，幫助其在經營管理上進一步改進；如完全勝任，則執行長可以在任期滿後，被繼續聘用。當然，如果經營業績不好，不僅執行長面臨職業危機，整個管理團隊乃至公司都有裁員或策略收縮之憂了。

2. 執行長薪酬及高管團隊的薪酬

作為高層管理者，為最大限度地將執行長和公司的利益捆綁在一起，執行長

的薪酬很大部分應依據公司的經營情況或考核結果來決定。常見的是將執行長及高管團隊的紅利與考核結果掛鉤，根據完成情況對薪酬進行發放，比如，可以設立挑戰、達標、合格等不同的考核檔，不過不同考核結果間要拉開差距，以增加激勵強度。

第 19 章　績效結果分析

　　企業的績效考核是人力資源管理的一種手段，考核的目的並不終止於考核結果，在員工及各級企業的績效考核結果出來之後，我們應該從各種維度對績效結果進行診斷和分析，找到績效的變化點，形成績效分析報告進行管理改進。根據考核對象的不同，我們將績效分析的對象分為員工績效分析及企業績效分析。

19.1 績效結果分析方法

　　績效改進所採取的措施是建立在分析業績成果基礎上的，透過績效考核文字性或數字型的結果挖掘更深層次的原因，提出有價值的綜合性績效改進意見，可以從客觀、有針對性的角度制訂績效改進計劃，達到提升績效的目的。考核結果的分析方法從分析的對比性來劃分，可以分為兩大類：橫向分析和縱向分析。

19.1.1　橫向比較分析

　　橫向比較分析是指在同一考核週期內，以不同客體（指標、人員、部門、類別）為變化量進行比較分析。我們可以對同一對象（人員、部門、類別等）的各指標進行比較，分析其各項工作的執行情況，便於進行進一步的指導和工作協調；也可以對人員不同部門和類別進行比較，分析任務完成或對企業貢獻的優劣順序，確定績效薪水、評優等依據。同時，在比較過程中，也可以發現本次評價過程存在的各種誤差，以利於及時調整，使以後的評價工作品質提高。

　　如某公司在考核之後對考核結果的橫向比較分析，如表 19-1 和圖 19-1 所示。

表19-1　考核覆蓋情況

部門	總人數/人	應參考人數/人	實際參考人數/人	考核覆蓋率/%	說明
成本管理中心	22	20	20	100	兩名試用期員工未參加
設計管理中心	7	7	7	100	無
光明專案部	8	8	6	75	行政經理、司機各一人缺考
奇新專案部	6	6	6	100	無
合計	43	41	39	95.12	

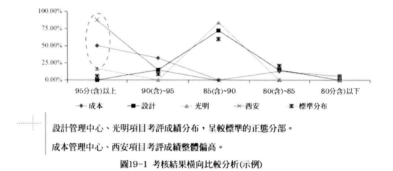

設計管理中心、光明項目考評成績分布，呈較標準的正態分部。

成本管理中心、西安項目考評成績整體偏高。

圖19-1　考核結果橫向比較分析(示例)

19.1.2　縱向比較分析

　　縱向比較分析是指以客體（人員、部門、公司）為變量對不同考核期的同一考核指標進行比較分析。透過對員工（或部門、公司）本期指標考核結果與上期的考核結果進行對比分析，尋求業績差距及引起差距的內在原因，以達到有針對性地改進員工、部門、公司績效的目的。具體可以從以下幾個方面進行比較分析。

　　(1) 單項考核結果的平均水準與任一年度比較，當年的單項考核指標平均值，與上一年度或任一年度的同一考核指標比較，觀察其變化情況，有無進步以及進步大小。它可以進行全部指標的比較，也可以任選某些指標進行比較。

　　(2) 各單項考核結果的平均水準的歷年變化情況，以分析單項考核的歷史變化趨勢。

　　(3) 對各組考核指標總體平均水準進行比較，對某一年度或歷年的變化趨勢進行分析，方法與單項指標相同。

　　如某公司在考核之後對考核結果的縱向比較分析，如圖 19-2、圖 19-3、圖

19-4 所示。

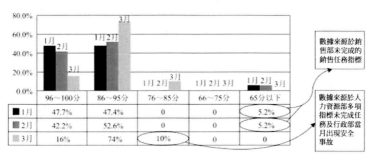

圖19-2 第一季度各部門考評結果分布圖(未強制分布)

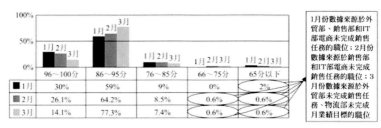

圖19-3 第一季度各職位考評結果分布圖

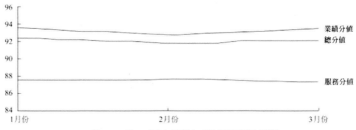

圖19-4 第一季度各部門各項目考評結果折射圖

19.1.3 績效結果分析關鍵活動

在進行考核結果分析時，應有明確的從考核結果的數據收集到提出績效改進計劃的程序，以達到考核結果分析的目的。

1. 明確考核結果分析的責任

分析是改進的前提，考核結果由於要用於改進員工和企業的業績，因此，在確定考核結果分析責任時，績效分析人員應從熟悉、掌握員工、企業的工作情況

的人員中產生，並且應對他們進行培訓，這一做法也有利於緊接其後的業績改進計劃的指導實施。人力資源部可以給出總體分析報告，各部門或負責人給出各自領域的分析報告。

2. 收集、整理考核結果

對考核結果進行收集、整理包括考核的指標、權重、標準、執行計劃等資訊，儘量多地掌握考核的整個過程情況，以透過考核文字和數據材料來分析產生考核結果差異的原因。

3. 掌握考核結果分析方法

掌握考核結果分析方法，即對考核結果分析方法的選用和培訓，以指導分析人員正確地運用分析方法，經過對比得出客觀的分析結果。

4. 分析原因提出改進措施

分析人員應對考核的指標進行多維度分析，首先應對單個指標在同一條件下不同時期的考核結果進行分析，以確定單一指標的差異及原因；在此基礎上，對各個指標的考核結果進行全面綜合分析，以確定業績改進的總體目標和措施。在實際分析過程中，對員工考核中的能力類指標（難以量化的）和業績類指標（能量化的）應區別對待，應透過對業績類指標的分析，在找出差距的基礎上，再進行能力類指標分析。這主要是因為業績類指標考核結果更客觀且容易得到員工認可，而能力類指標也必須服務於業績才有價值。

5. 分析限制條件

在對本期與上期縱向比較進行分析時，要考慮以下因素的限制。

(1) 考核結果的計算方法不變；

(2) 權重體系保持不變；

(3) 單項指標相對得分的對照量不變。

如果不具備上述條件，可以進行以本期調整上期（或以上期調整本期）的方式對考核結果進行調整，以使考核結果分析具有可比性。

6. 注意事項

無論是各部門主管還是人力資源部門人員，都必須具備豐富的經驗和對實際

情況的深刻了解。只有這樣，才能透過分析呈現事件的本質。為了防止或減少在分析中的誤差，避免出現誤導員工行為指向及浪費公司人力、物力等情況，必須嚴格地挑選和培訓分析人員。

19.2 員工績效結果分析

員工績效結果分析是指對員工群體的績效考核結果進行分析，以發現問題實施改進的活動。我們可以把這種分析結果展現在員工績效分析報告中。以強制考績比例分布的模式為例，員工的績效分析多數可以從考績等級、考核規範度、部門、職級、職位人群等方面來進行分析。

19.2.1 考核等級總體分析

考核等級的總體分析主要是分析考績等級的總體分布情況，可以從以下兩個角度進行分析。

(1) 考績等級的分布是否符合公司的強制等級分布結果；

(2) 考績等級的分布是否符合正態分布的規律。

以下提供示例。

某次考核成績優秀（85 分以上）297 人，占考核人數 70.7%；合格（75 ～ 84.9 分）104 人，占 24.8%；需改進（60 ～ 74.9 分）17 人，占 4%；不合格（60 分以下）2 人，占 0.5%。該考核成績沒有採取強制分布。較合理的等級分布比例應為：卓越（S）—— 5%；優秀（A）—— 30%；合格（B）—— 40%；需改進（C）—— 20%；不合格（D）—— 5%，而本期考核等級呈現不合理的等級分布。主要的不合理分布在於 ×× 部門得 A 的比例過高。

基於表 19-2 的等級考核總體分析見圖 19-5。

表19-2　考核成績(示例)

等級	卓越(S)	優秀(A)	合格(B)	需改進(C)	不合格(D)	合計
人數	60	237	104	17	2	420
結構比例	14.3%	56.4%	24.8%	4.0%	0.5%	100%

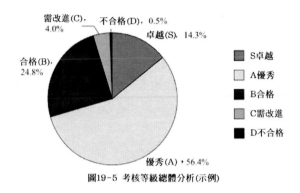

圖19-5　考核等級總體分析(示例)

19.2.2 考核規範度分析

　　有關考核規範度的分析，主要是看考核過程及結果的規範情況，可以從以下幾個角度分析。

1. 及時性

　　及時性包括是否按時提交計劃、是否按時完成績效計劃擬制、是否按時完成績效溝通等。

2. 過程規範度

　　過程規範度包括考核材料是否所完整、是否按照考核程序完成所有規定動作、材料品質如何等。考核規範度分析示例如表 19-3 和圖 19-6 所示。

表19-3 考核規範度分析表

序號	部門	未達到目標說明填寫份數	占總份數比/%	總份數	填寫品質
1	資訊組	0	0	4	差
2	財務部	5	29.4	17	一般
3	採購組	7	50	14	一般
4	倉管組	14	33.3	42	一般
5	一工廠	2	6.1	33	差
6	二工廠	0	0	26	差
7	三工廠	37	94.9	39	良
8	加工組	1	5.0	20	一般
9	維修組	7	10.4	67	差
10	塑膠組	21	87.5	24	一般
11	生管組	10	90.9	11	優秀
12	品管組	31	72.1	43	一般
13	業務組	29	36.3	80	一般
	合計	164	39.0	420	

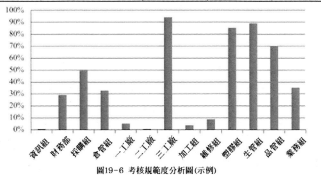

圖19-6 考核規範度分析圖(示例)

19.2.3 部門分析

部門分析主要是看各部門的考績等級或分數的分布情況，關注各部門考績尺度的一致性。可以從以下角度進行分析。

(1) 每個部門員工考績等級的分布情況；

(2) 每個部門員工考績分數的分布情況；

(3) 如非強制比例分布情況下，各部門員工考績結果的對照。

以下是各部門員工考績結果對照，如表 19-4 和圖 19-7 所示。

表19-4 部門考評結果表

部門	卓越	優秀	良好	合格	需改進	合計
財務部	3	5	6	8	2	24
生產部	7	15	8	15	1	46
工程部	2	4	3	8	2	19
銷售部	6	3	3	2	1	15
研發部	5	7	10	6	3	31
合計	23	34	30	39	9	135

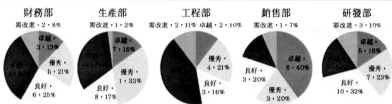

圖19-7 各部門員工考評結果對照

　　從以上部門考績結果的對照中，可以明顯看出，銷售部的考績比例分布嚴重不均衡，卓越及優秀的比例過高，需要進行進一步分析。

19.2.4 職級分析

　　如果採用分層分級考核的模式，職級分析主要考察不同職級間的績效等級結果的分布情況。如果部門主管作為績效考績人，考績可能以高職級的員工為佳，如此在強制比例分布的情況下，低職級的員工可能會承擔更多的低績效的比例。可以從以下角度進行分析。

　　（1）不同職級的考核結果分布情況；

　　（2）不同職級段考核結果分布情況。

　　各職級員工考績結果分布分析如表 19-5 所示。

表19-5 各職級員工考評結果分布分析

層級	職級	類別	傑出	優秀	良好	合格	不合格	合計
基層	13	人數	5	12	23	7	3	50
		比例	10%	24%	46%	14%	6%	100%
	14	人數	6	24	30	4	1	65
		比例	9%	37%	46%	6%	2%	100%
	15	人數	2	10	15	3	1	34
		比例	6%	29%	44%	9%	3%	100%
	合計	人數	13	46	68	14	5	146
		比例	9%	32%	47%	10%	3%	100%
中層	16	人數	1	5	6	2	0	14
		比例	7%	36%	43%	14%	0%	100%
	17	人數	1	3	5	2	0	11
		比例	9%	27%	45%	18%	0%	100%
	合計	人數	2	8	11	4	0	25
		比例	8%	32%	44%	16%	0%	100%

參考比例：傑出≦10%；優秀≦30%；良好≧45%；合格≧10%；不合格<5%

從以上數據可以看到，雖然從基層員工的總體看，問題不大，但14級員工嚴重擠占了13級員工的優秀比例，而中層員工沒有被評為不合格的，不符合正態分布，是否存在越到高層越追求和諧不敢淘汰的傾向，需要進一步分析。

19.2.5 職位分析

職位分析主要考察不同職位間績效等級結果的分布情況，如強制比例分布下，管理者的高績效比例是不是會擠占專業技術人員或操作類人員的比例。可以從以下角度進行分析。

（1）不同職位的考核結果分布情況；

（2）不同職位的考核結果分布情況。

各職位員工考績結果分布分析，如表19-6和圖19-8所示。

表19-6 各職位員工考評結果表

職位	類別	傑出	優秀	良好	合格	不合格	合計
中基層管理者	人數	2	6	9	2	0	19
	比例	11%	32%	47%	11%	0%	100%
專業技術類	人數	5	12	23	7	3	50
	比例	10%	24%	46%	14%	6%	100%

(續表)

職位	類別	傑出	優秀	良好	合格	不合格	合計
操作輔助類	人數	3	15	18	5	4	45
	比例	7%	33%	40%	11%	9%	100%
總體	人數	10	33	50	14	7	114
	比例	9%	29%	44%	12%	6%	100%

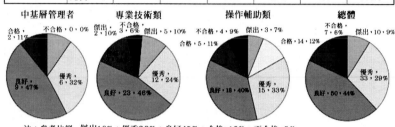

注：參考比例－傑出10%；優秀30%；良好45%；合格>10%；不合格<5%

圖19-8 各職位族員工考評結果分布分析

從圖 19-8 可以看出，雖然總體比例基本符合，但專業技術類的優秀、傑出比例明顯被擠占，中基層管理者無不合格人員，對這些異常需要進一步分析。

19.2.6 年資分析

按入職時間分析主要是考察不同年資間績效等級結果的分布情況。重點觀察老員工是否會擠占新員工的高績效比例、年資和考核結果的關係等。按年資員工考績結果分布分析，如圖 19-9 所示。

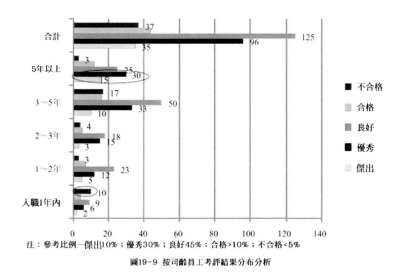

注：參考比例－傑出10%；優秀30%；良好45%；合格>10%；不合格<5%

圖19-9 按司齡員工考評結果分布分析

從圖 19-9 可以看到，雖然總體而言分布基本合適，但 5 年以上的傑出 / 優秀比例明顯偏高，入職一年內的新員工幾乎攬下了三分之一的不合格。對這一現象，需要進一步分析。

19.2.7 等級分析

按績效等級分析主要是對尋找到的績效異常的員工進行分析，重點觀察績效的持續性或績效異常的規律性。可以從以下角度進行分析。

（1）持續高績效員工的情況；

（2）持續低績效員工的情況。

表 19-7 是對員工績效等級趨勢進行的分析。

表19-7　員工績效等級趨勢分析

姓名	一季度	二季度	三季度	四季度
王紅	優秀	傑出	良好	良好
李斌	良好	傑出	傑出	不合格
張星星	良好	良好	不合格	不合格
劉文武	合格	不合格	不合格	不合格
胡勁松	傑出	良好	優秀	良好
張麗麗	不合格	合格	良好	優秀
孫麗娟	傑出	傑出	傑出	優秀
李燕	合格	優秀	良好	良好
馬秋霜	優秀	良好	優秀	良好
張三豐	合格	合格	良好	良好

從表 19-7 中可以看到，李斌作為一個優秀員工，在四季度出現了績效突變，需要進一步分析；劉文武長期績效不佳，需要採取管理措施；孫莉娟長期績效優秀，是要特別關注的員工。

19.2.8 結合其他維度分析

各類維度的考核結果也可以和員工滿意度、企業氛圍、離職率、考勤情況、工時等等指標交叉分析，尋找影響績效的相關因素，對於各項指標異常度較高的群體關注。當然，這個需要分析人員有更廣闊的視野，同時對整個考核體系和各指標間的關係有更深入的理解。

小視窗：科學決策的基礎是對數據進行有效的分析

在考核完之後一定要對數據進行分析，考察是否和考核導向一致，並結合綜合的資訊得出後續的管理決策。這個分析報告建議在執行長會議上發布和討論，以形成持續的管理改進。

19.2.9 員工績效考核實施總結報告

在完成對公司員工的績效考核之後，建議結合本次績效考核情況形成員工績效考核實施總結，總結範圍涵蓋考核對象、考核過程、考核形式等，一旦發現不足，立刻進行改進。在此提供某公司員工績效考核實施總結報告，供參考。

××公司員工績效考核實施總結報告（示例）

為了更加清楚地了解各部門員工的工作成果、能力和工作態度，人力資源部

從×××× 年 ×× 月 ×× 日開始，分批對中層和部分基層員工進行了一系列的考核。考核結束之後，人力資源部還針對考核結果安排考核主管分別與被考核對像一一進行了績效回饋與面談，以確保被考核者明確自己的績效改進方向。另外，對於考核成績不理想者，人力資源部還對此進行了深入的調查，以避免考核結果可能出現的偏差，最終確定淘汰的人員名單。

接下來，就本次考核的具體過程作如下彙總分析。

一、考核方法的選取背景

鑒於公司目前考核體系尚不健全，員工考核意識淡薄，本次考核主要採用 360 度全面考核評估法。這種考核法能夠最大限度地避免由評估人所造成的不公正，進而保證考核結果的客觀性和科學性。在現有的情況下，這樣的考核結果，員工也比較能夠接受。

二、考核目的

掌握中層管理幹部和部分基層員工的工作成果，並進一步了解他們的工作能力和工作態度，為下一輪的人員分配、員工績效管理等人力資源工作打下良好基礎。

三、考核與被考核對象

1. 被考核對象：中層管理幹部（14 人）；基層員工（14 人）

2. 考核對象：中層管理幹部（35 人）；基層員工（24 人）

四、考核的具體形式介紹

1. 考核指標的提取

(1) 中層管理幹部：中層管理幹部的考核指標的選取主要涉及業績成果、執行力、團隊影響力、企業文化認同等 16 個有代表性的方面。

(2) 基層員工：基層員工考核指標的選取主要從其業績成果、工作態度、工作能力三個方面進行。

2. 考核的具體執行

本次考核主要根據 360 度考核表進行評分，考核對象主要從被考核人的直屬上級、本部門同事、工作關係密切的其他同級同事、客觀公正並有責任心的部

分員工當中選取，以不記名的方式進行。

被考核者在此次考核中，同時又是考核對象，但是被考核者不對自己進行考核。

五、考核結果說明

考核評估結果主要包括每項指標的單項總分、單項均分、單項評定等級、綜合評定結果、優點與不足之處。

以下是中層管理幹部綜合評定結果彙總。

考核對象 1 良好水準，總分 2604.4，平均分 78.92，單項均分 4.08；

考核對象 2 良好水準，總分 2558.5，平均分 79.95，單項均分 4.07；

……

六、績效回饋與面談

人力資源部根據每個人的考核結果，將其回饋給被考核對象，並分別與之進行了績效面談，共同制訂出績效改進計劃，使被考核對象明確自己的績效改進方向。

七、考核中的問題

1. 考核本身設計問題

績效考核的前提是需要有穩定的企業結構與科學的職位描述體系，但這些正是我們所欠缺的，這些缺失會導致某些考核指標的選取及流程的設計不夠全面。

2. 溝通問題

考核實施操作過程中的關鍵問題是考核者與被考核者之間的溝通問題。如果部門經理在協助下屬員工制定其個人工作目標時不與本人進行充分溝通，考核過程中沒有進行引導與協助，那麼最後的考核結果就不會造成績效改進的作用，本次考核部分考核數據的失效就緣於這一問題。

3. 認識問題

部分員工（也包括一部分中層管理人員）在認識上還不十分到位，他們認為績效考核是人力資源部的工作，對於他們來說只是一個形式，所以還不夠重視。此外，在考核實施過程中，有的員工認為考核無非就是考核者找員工的麻煩，這

些認識上的迷思在操作中使被考核者產生了明顯的牴觸與排斥情緒。

八、改進策略

1. 改良績效考核體系

透過本年度績效考核的實踐，對績效考核體系進行有針對性的完善，尤其要完善那些反映問題較多或所占權重較大的考核指標。在對基層員工進行的 360 度評價考核的基礎上引入平衡計分卡的機制，降低考核中評價者主觀因素的影響。

2. 加強績效考核培訓

透過增加對全體員工的績效考核知識培訓，逐步導入績效考核理念，使績效考核成為一種常態。

3. 加強溝通

人力資源部應加強與考核實施部門之間的溝通，透過表格或其他方式做好部門經理與下屬員工之間考核溝通與互動的引導工作。

4. 強力推行

績效考核工作雖然由人力資源部帶領，但需要公司自上而下的強力推行，關鍵是中高層主管的推行強度要大。所以，人力資源部的工作重點就是要加強績效考核系統面向中高層管理者的推行工作。

5. 考核結果循環

績效考核只有與薪酬掛鉤，才能獲得員工的重視，也才能夠在考核中充分暴露一些原本無法暴露的問題，之後透過調整並不斷改良考核體系，最終真正達到激勵員工不斷改進績效的目的。

此次考核，雖然存在方方面面的不足，但因為考核方法和考核對象的選取比較科學，一定程度上彌補了考核本身存在的不足。就考核結果來說，還是相當有效的，能夠反映中層管理幹部和部分基層員工的工作業績、能力和工作態度，而且在進行績效面談時，受評人也比較能夠接受。

××公司人力資源部

19.3 企業績效分析

企業績效是指企業在某一時期內企業任務完成的數量、品質、效率及盈利情況。企業績效分析指的是對正式企業的績效完成情況的檢視和分析，對企業績效的分析包括對個體企業的績效診斷、多企業基於指標、部門、領域、績效差距等維度的橫向或縱向的績效分析。對企業績效的分析也應該形成績效分析報告，以供管理改進。

19.3.1 企業績效診斷

企業績效實現應在個人績效實現的基礎上，但是個人績效的實現並不一定能保證企業是有績效的，這還需要考慮個人績效與企業績效的關聯性。企業績效診斷是指系統地對企業、流程、團隊直至個人的現實績效和期望績效進行定義，檢視異常，形成績效改進的方案。企業績效診斷多數是在公司各部門的企業績效考核之後，針對一些異常部門進行重點診斷。

企業績效不佳的表現很多，如生產效率下降、品質問題突出、員工積極性不高等，我們也可以為此找到很多的原因，如績效考核不公平、技術人員能力不強、部門職責混亂等。但如何才能夠透過現象抓住問題的本質，從而幫助企業找到問題的根源呢？這就需要一個系統的企業績效診斷。企業績效診斷流程如下所示。

績效問題確認⇒績效診斷⇒明確改進目標⇒擬定績效改進方案

1. 績效問題確認

績效問題，多數是圍繞當前的績效產出形成的，如在產量、品質、進度、成本等方面沒有達到期望目標，這種低績效也反過來導致了企業目前的困境，如員工士氣低落、工作流程低效等。因此，我們不能把低績效的問題本身和它表現出來的現象或原因混為一談。這些低績效的問題，我們也可以從公司營運的記錄上發現或者直接從被考核主管打成低績效等級的團隊中進行挖掘。

2. 績效診斷

我們可以建立影響企業績效的 4 個變量和問題產生的 4 個層級的矩陣對績效不良原因進行分析。企業績效診斷矩陣如表 19-8 所示。

表19-8 企業績效診斷矩陣

績效層次 績效變量	組織層次	流程層次	團隊層次	個人層次
使命/目標	該組織的使命/目標與社會外部環境和趨勢相適應嗎？	該流程目標與組織及個人的使命/目標相吻合嗎？	該團隊的目標與個人目標協調嗎？	員工的使命/目標和組織相一致嗎？
組織與流程	組織系統是否具備達成預期績效的結構和政策？	該流程是否以系統的工作方式來設計和運作？	該團隊的工作方式是否有助於合作和提升績效？	員工是否清楚流程中的節點、障礙和問題決策方式？
能力	組織是否具備完成目標的領導力、資金和基礎設備？	該流程的設計是否有達到目標產量、質量、成本和進度的能力？	該團隊是否具有完成團隊運作目標的知識和技能？	員工是否具有工作所需要的專門知識和技能？
激勵	該組織的政策、文化和獎懲政策是否能支持達成預期績效？	該流程是否具備繼續運營的人力和訊息因素？	該團隊是在彼此尊重、相互支持的狀態下工作的嗎？	員工是否願意並正在積極地工作？

企業績效的診斷透過具體的經營或管理數據，結合訪談、問卷調查的方式來進行。

3. 明確改進目標

為了明確績效改進的目標，需要確定與企業、流程、團隊、個人4個層次相對應的績效產出，每個層面的績效產出可以從數量、品質、成本、時間的角度進行設計。

4. 擬定績效改進方案

績效改進的具體措施應該針對企業績效的4個變量和4個層級展開。一份績效改進方案，至少應該包括以下4個因素。

(1) 績效差距。明確當前績效和期望績效的差距及與希望達成的改進績效目標的差距。

(2) 績效診斷。觀察績效4個變量4個層次的關鍵問題矩陣的診斷結果，要注意的是，各變量之間並非完全獨立，而是互相影響的。

(3) 措施建議。問題是多維度的，所以績效改進措施往往也是多維度的。和人相關的措施建議可以使用加強理解/了解、提升操作能力等說法；和企業、流程相關的措施建議可以使用排除外部障礙、改良、調整等說法；和團隊目標相關的措施建議可以使用改進、創造等說法。

(4) 收益預測。收益預測就是對績效產出和投入成本的分析預測。

第 19 章　績效結果分析

此處提供某公司貨運部績效改進方案，供參考。

×× 公司貨運部績效改進方案

主題：運輸部績效改進方案

報送：生產供應總監

績效差距：公司層面

過去 6 個月，個別部門企業管理渙散，亂象叢生，成本指標上升，退貨率增加了 8%，庫存差錯率增加了 4%，經過績效管理團隊對流程和企業的分析，該方案是針對運輸部團隊的，該部門需要加強專案管理和培訓，以改進企業績效。

績效目標：運輸部層面

未來 6 個月，運輸部的目標是：

(1) 減少運輸部 10% 的員工加班時數，以加班記錄時間計算。

(2) 減少庫存差錯率到 3%，以所處理的單個訂單計算。

績效診斷：運輸部

(1) 使命 / 目標。公司和個人都很關心生存和發展問題，但當這些目標衝突的時候，個人的「生存目標」占據了上風，對公司產生了負面影響，擬透過全面品質管理來解決這個問題。

(2) 企業與流程。運輸部人手不足，兩個主管中其中一個長期請假，運輸部的職責、界面也因此被弱化或剝離了。

(3) 能力。出貨員對公司和部門的全貌缺乏了解；軸承替換工作常常不合規定，而且操作複雜，需要較高的技能。

(4) 激勵。運輸部和上下游部門有「敵對」的關係，防衛心裡嚴重，員工不願意承認問題，雖然想積極做好，但又怕承擔責任。

措施建議：運輸部

(1) 替換運輸主管；

(2) 界定運輸部的職責；

(3) 培訓所有員工，使他們對運輸系統加深理解；

(4) 培訓主管的溝通和全局協調能力；

(5) 培訓 5 名員工，使其掌握軸承替換能力；

(6) 培訓經理和主管團隊激勵的能力。

19.3.2 指標分析

指標分析指針對具體某維度的指標進行縱向或橫向的分析，可以結合部門維度進行。一般會選用績效考核中各部門通用的指標維度，如公司級通用的學習成長類指標 —— 員工主動離職率、關鍵員工離職率、企業氛圍滿意度等，也可以按研發、生產等領域選擇跨部門通用的指標進行橫向對比。某公司 2020 上半年離職率指標的橫向對比，如圖 19-10 所示。

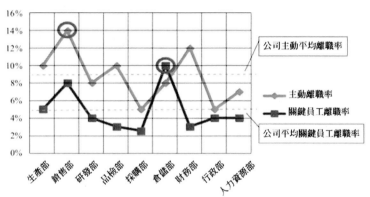

圖19-10 某公司2020上半年離職率指標的橫向對比

從圖 19-10 可以看出，銷售部的主動離職率和關鍵員工離職率都比較高，需要重點關注分析此類員工，可以結合時間維度的縱向對比進行分析；倉儲部的主動離職率水準正常，但關鍵員工離職率更高，存在異常，需要進行分析。

19.3.3 部門分析

部門分析是指按部門的考核等級或 KPI 完成情況進行分析，對各部門進行排名和統計。從部門分析中，可以看到完成情況不同的部門的分布情況。某公司2020 年上半年各部門 KPI 完成情況如表 19-9 所示。

表19-9　某公司2020上半年各部門KPI完成情況表

部門	設定量		完成量		綜合得分
	指標項數	權重/%	指標項數	權重/%	
生產部	10	100	9	90	90
銷售部	9	100	9	100	100
研發部	8	100	6	80	80
品檢部	8	100	8	100	100

(續表)

部門	設定量		完成量		綜合得分
	指標項數	權重/%	指標項數	權重/%	
採購部	8	100	7	95	95
倉儲部	9	100	8	80	80
財務部	8	100	8	100	100
行政部	10	100	8	90	90
人力資源部	10	100	8	85	85

　　如表 19-9 中可以看出，在企業績效考核中，研發部和倉儲部得分最低，可以對其低分項進行深入分析。

19.3.4 職能分析

　　職能分析是指按照各職能領域對各部門的績效情況進行對比分析，由於在各職能領域內部工作性質比較相似，因此，各指標間的可比性較高。表 19-10 為某研發部門 KPI 完成情況對比。

表19-10　某研發部門KPI完成情況對比

KPI指標	研發1部	研發2部	研發3部
研發項目完成準時率	100%	90%	75%
產品開發週期	240天	270天	300天
研發項目階段成果達成率	90%	70%	70%
發明專利申報數	7個	6個	6個
內部合作滿意度	85%	80%	70%
培訓計劃完成率	85%	85%	85%
關鍵員工離職率	3%	4%	5%

　　從表 19-10 中可以看出，研發 1 部基本在各指標上都保持領先，而研發 3 部則表現糟糕，無論是專案完成情況還是團隊情況都不盡如人意，如研發 3 部與之前相比表現出異常的話，則需要對其進行專門的企業績效診斷，以尋求解決方案。

小視窗：晒晒指標，互找差距

讓同一職能領域的團隊晒晒指標，互找差距，是我慣用的方法，這種方式能夠刺激管理者的競爭意識，也能讓各團隊互相取長補短、共同進步。

第 19 章　績效結果分析

第3篇　精通篇

人力資源總監在績效管理領域的主要職責：

- 營造高績效的文化氛圍，全面構建公司績效管理體系，領導績效管理的實施；
- 指導下屬部門、子公司績效體系建立，並進行日常監控；
- 審核公司日常績效考核結果，推進績效體系的持續改進；
- 根據業務特點推進預算、計劃等績效支持系統的建立，設計全面績效管理體系；
- 根據產業發展趨勢，追蹤研究績效管理的新動態，引導公司的績效模式變革；
- 建立和維護公司績效管理資訊系統，促進績效管理視覺化；
- 不斷改良人力資源各模組間的關係，建立完善的人力資源體系，推進策略績效系統循環。

讀完本部分，您應該能掌握如下技能：

掌握高績效文化變革的方法；

掌握全面績效管理理念，將績效管理與企業的營運管理系統連接起來；

掌握績效管理的新趨勢，形成應對新趨勢的全新績效思維；

能設計素養模型、任職資格等績效的底層支持系統，形成完整的績效體系架構。

緒言　頂層設計 創新之道 —— 寫給勇敢引領績效變革的 HRD 們

　　既然你已經讀過了第二部分的強化篇，已經知道如何把策略和績效應用連接起來了。這裡，我們已經具備了一些思維反應模式，以便應對不同發展階段下企業對績效管理的不同要求。此時，你終於發現，可以嘗試著和老闆探討一些策略問題，並把這些問題轉化為績效的行動方案，即便你沒有學過 MBA，你也已經具備 MBA 的策略管理邏輯了。

　　此時，也許你依然會感到力不從心。為什麼力量不足、舉步維艱，因為要做好績效管理還需要很多的支持系統，公司管理越來越複雜，績效管理跑得太快也沒有用，需要把許多的支持系統建立起來，如發展通道體系、計劃體系、預算體系、資訊系統等。工欲善其事，必先利其器，所以，當策略績效管理向前「跑」一陣後必須回過頭來再打打基礎，讓我們的績效系統可以適應更龐大、更複雜的企業，這才能讓你跑得更遠、更輕鬆。

　　那麼，跑得更遠、更輕鬆是否意味著就跑對了呢？ 2014 年 8 月 14 日，由於業績下滑，全球著名網路解決方案供應商 Cisco 宣布將進行第四次重大重組行動，作為重組行動的一部分，Cisco 將最多裁減 6000 名員工，至此從 2011 年開始，Cisco 已經累計裁員達 2.5 萬人，占公司員工總人數的 25%。僅僅 15 年前，也就是 1999 年，Cisco 推出了眾多創新方法和產品，在富比士最具創新力公司榜中高居榜首，如今早已跌出百名開外，這不得不讓人感嘆。而現在在 SDN 領域，Cisco 已經力不從心。也就是在這個成長的轉型階段，Cisco 開始大量地引入優秀的高管，他們個個精通規劃、分析和改良，這正是我們在前兩篇中討論的內容，但毫不奇怪的是，隨著公司被一群擁有超強執行技能的經理人主導，這家公司就開始失去了他的活力。

　　你可能想問，活力究竟來自哪裡？很明顯的一點是，在這個巨變的時代，任何一家企業只有不斷創新，才有持續的生命力，沒有標竿，沒有前輩，你甚至不

知道你的競爭對手在哪裡。但更不幸的是,創新是個變量,它從來不是一個靠系統設計出來的常量,很多出人意料獲得成功的產品都是從夾縫中頑強「生長」出來的「黑專案」,不少「備受疼愛」的專案反而在聚光燈下表現平平。管理擅長的就是系統,而系統輸出的是恆量或常量,能產生改進型創新,很難產生破壞性創新,因為創新來自於執著和突破,而管理怕的就是意外。

　　商場之道,適者生存,既然時勢如此,那就主動擁抱變革吧!

第 20 章　構建策略績效管理體系的支持系統

策略績效管理體系的運作需要計劃管理、預算管理、經營例會和管理報告體系的支持，即透過這些子系統協調動合，構建完整的策略管控循環。如此，策略績效管理才能成為公司策略、資源、業務和行動有機結合起來的完整管理體系。關於績效管理報告，我們在強化篇中已經介紹，本章主要介紹計劃管理和預算管理兩個支持系統。

計劃是策略規劃的具體化，我們一般做 3 ～ 5 年的策略規劃，然後用 1 ～ 2 年的業務計劃來進行滾動，1 年期的計劃則是年度經營計劃。預算則是用貨幣形式表示的計劃，包括業務預算、資本預算、財務預算等。

20.1 計劃管理

計劃管理就是計劃的編制、執行、調整、考核的過程，它是用計劃來企業、指導和調節各企業一系列經營管理活動的總稱。我們總說事情要有計劃，「凡事豫則立」，就是說大家都認為只有有了計劃，才能開展其他工作。

20.1.1 策略規劃

計劃管理的核心內容就是目標的明確和計劃的制訂。根據週期而言，中長期的叫策略規劃、一年期的叫年度計劃，分解到員工和企業的則成為績效計劃，如此，計劃才是一個完整的系統。

1. 策略規劃 —— 年度經營計劃 / 預算 —— 績效管理之間的邏輯關係

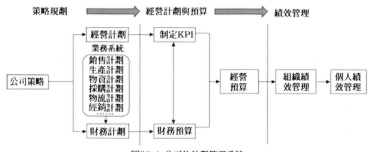

圖20-1 公司的計劃管理系統

如圖 20-1 所示,由公司的策略驅動經營計劃和財務計劃,據此制定業務的
KPI 和財務的預算,形成績效目標下達給企業和個人,這就將規則、計劃和績效
連接起來了。

2. 策略規劃制定的流程

策略規劃制定流程如圖 20-2 所示。

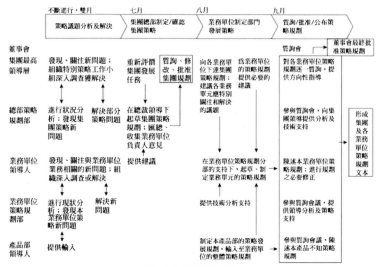

圖20-2 策略規劃制定流程

3. 集團策略規劃主要內容

1) 集團發展宏圖及五年策略目標

2）總體經濟環境及產業發展分析及對集團影響的評估

（1）今後五年集團所處的各產業的發展展望。

（2）總體經濟和產業發展將對本集團造成的影響：①發展機會；②威脅。

3）本集團現狀分析

（1）各業務單位情況、業績及趨勢。

（2）各業務單位在所處產業的地位、優勢及弱點。

4）集團未來五年策略目標

（1）集團未來五年業務重整：①放棄哪些產業；②進入哪些新業務產業；③各業務單位的發展側重。

（2）主要策略舉措：①關、停、並、轉；②合資、合作、兼併。

5）集團財務目標預測

（1）總銷售收入。

（2）投資報酬。

6）主要資源需求預測

（1）資本投資。

（2）人才需求。

7）和上一年策略規劃的差異和總結

4. 業務單位策略規劃主要內容

1）本業務單位發展遠景及五年策略目標

2）總體經濟環境及產業發展分析及對本業務單位影響的評估

（1）今後五年中外總體經濟環境發展變化趨勢。

（2）今後五年產業的發展展望：①產品發展趨勢；②主要法規及經營環境變化。

（3）總體經濟和產業發展將對本業務單位造成的影響：①主要機會；②威脅。

3）本業務單位現狀分析

（1）本業務單位近年業績及發展趨勢。

（2）本業務單位主要競爭優勢及弱點。

4）業務單位面臨的主要競爭對手分析

（1）競爭對手近幾年業績分析。

（2）競爭對手在未來五年可能採用的策略舉措。

（3）競爭對手策略舉措對本業務單位的潛在威脅。

5）本業務單位五年策略方案

（1）本業務單位今後五年將在哪些市場競爭：①地理市場；②產品定位；③業務模型。

（2）如何競爭：主要競爭策略。

（3）主要策略舉措：①市場擴張；②新客戶、通路的建立。

6）業務單位五年經營及財務目標預測

（1）主要成長點預測。

（2）總銷售收入。

（3）市場占有率。

（4）投資報酬。

7）配合業務單位策略的主要資源需求預測

（1）資本投資。

（2）人才需求。

8）和前一年策略規劃的差異和總結

小視窗：只有迭代的策略才能適應劇變的環境

後工業時代競爭激烈，不少大的公司都被新技術或新的跨界者擊垮，做五年的規劃然後用來指導後五年的工作在競爭性產業是不可能的，這也是很多看起來很美的規劃只能變成一堆廢紙的原因，因為失去實效性的它們已經無法指導日常的工作。因此，規劃需要在一定週期進行不停迭代，具體迭代的週期可以根據企業的實際需求而定。

20.1.2 年度經營計劃

公司要透過年度經營計劃確定年度目標、規劃年度活動、確定經營對策。

1. 年度經營計劃與績效管理

依據公司的策略規劃，可以按照三個層級來搭建計劃管理體系，如表

第 20 章　構建策略績效管理體系的支持系統

20-1 所示。

表20-1 公司的計劃管理體系

計劃層級 ＼ 時間跨度	年度	季度	月度	週	日
公司(總公司與分公司)	計劃 →	計劃 →	計劃		
部門	計劃 →	計劃 →	計劃 →	計劃	
員工	計劃 →	計劃 →	計劃 →	計劃 →	計劃

　　計劃管理中，計劃的編制是基礎，審計是手段，執行是保障，績效考核則是結論。與計劃的時間跨度和層級相對應，透過策略解碼，我們可以形成公司、部門、員工的年度、季度、月度的關鍵績效指標，針對關鍵績效指標的計劃、實施、評估、回饋與調整形成完整的策略績效管理體系。

2. 年度經營計劃制訂的流程

　　為了推動公司年度經營計劃的制訂，有些公司會成立專門的計劃預算工作組，有些公司則是由總經辦進行推動。此外，為了決策，有些也會組成包括董事長、公司執行長、副執行長在內的高層決策委員會。總體而言，年度經營計劃的制訂都要經過專案啟動、策略研討、經營目標確定、具體經營策略和措施、計劃實施與監控等流程。

　　以下提供某公司的年度經營計劃制訂流程供參考。

　　某公司年度經營計劃制訂流程

　　1. 公司年度目標擬定

　　完成時間：每年 11 月 10 日

　　活動描述：

　　(1) 公司董事會依據公司發展策略提出次年的經營目標；

　　(2) 財務部完成當年財務業績預測用於年度經營計劃的制訂；

　　(3) 總經辦向公司高層主管書面徵求對於公司經營目標的意見；

　　(4) 總經辦彙總整理高層意見，起草年度經營策略地圖和年度經營目標；

　　(5) 執行長主持公司年度策略研討會，分析經營目標和策略的一致性、各目標之間的邏輯關係；

(6) 總經辦根據研討會成果,整理完成公司的年度目標、策略的草案。

2. 公司年度經營目標分解

完成時間:每年 11 月 30 日

活動描述:

(1) 總經辦企業各部門研討,把年度公司經營目標分解細化到各部門;

(2) 把草案發各部門徵求意見。

3. 部門年度計劃制訂

完成時間:每年 12 月 10 日

活動描述:部門依據公司年度目標、策略制訂各部門的年度計劃

各部門年度經營計劃的編製程序如下所述。

(1) 行銷計劃:行銷部根據市場預測、客戶反映等資訊,結合公司產品目標,制訂行銷計劃;

(2) 生產計劃:生產部依據行銷計劃,考慮本年生產設備、人員、產能、成本等,制訂生產計劃;

(3) 產品開發計劃:產品研發部根據銷售計劃,制訂產品開發計劃;

(4) 採購計劃:採購部依據生產計劃、產品開發計劃,根據材料需求、庫存保障和資金情況,制訂採購計劃;

(5) 人力資源計劃:人力資源部依據各部門人力需求,考慮現有人員數量、素養及人工成本等情況,制訂人力資源計劃;

(6) 財務計劃:財務部根據以上各項計劃,籌措資金、控制成本,制訂財務計劃。

4. 公司年度經營計劃的編制

完成時間:每年 12 月 15 日

活動描述:

(1) 總經辦收集並評估各部門年度計劃,編制本年度公司經營計劃,經執行長辦公會審核後由財務部編制預算;

(2) 財務部完成預算編制;

(3) 公司年度經營計劃和預算草案報執行長審批。

5. 各部門討論公司年度經營計劃

完成時間：每年 12 月 20 日

活動描述：

(1) 總經辦召開年度經營計劃研討會，各部門就此進行研討、修訂；

(2) 修改後的方案報執行長審批，形成匯報材料提請董事長召開董事會批准；

(3) 董事會審核與批准公司年度經營計劃。

6. 年度經營計劃的實施

完成時間：每年 12 月 25 日

活動描述：

(1) 總經辦把年度經營計劃下發各部門；

(2) 各部門依據公司年度經營計劃和部門年度計劃安排部門工作；

(3) 各部門一把手負責部門年度計劃的執行。

7. 年度經營計劃的監控、回饋與調整

完成時間：隨時

活動描述：

(1) 總經辦每季度對公司年度經營情況進行彙總分析，提交執行長辦公會議作為決策參考；

(2) 財務部依據預算進行日常費用的管理；

(3) 各部門把計劃執行過程中存在的問題和改進措施上報總經辦，經執行長批准進行修改調整。

3. 公司年度經營計劃的內容（參考）

1）上年度經營計劃執行情況

(1) 上年度經營計劃完成情況。

(2) 上年度重大差異事項及說明。

(3) 存在的主要問題及解決措施。

2）公司發展策略與本年度經營計劃的關係

3）本年度經營環境分析

(1) 總體經濟影響分析。

(2) 市場環境影響分析。

(3) 產業政策影響分析。

(4) 公司內部能力資源狀況分析。

4) 年度經營管理方針與經營目標

(1) 經營管理方針。

(2) 經營目標。

5) 年度經營計劃、措施與資源分配

(1) 市場行銷計劃、措施與資源分配。

(2) 生產經營計劃、措施與資源分配。

(3) 產品研發計劃、措施與資源分配。

(4) 採購計劃、措施與資源分配。

(5) 人力資源計劃、措施與資源分配。

(6) 財務計劃、措施與資源分配。

6) 風險及對策

(1) 經營風險及對策。

(2) 財務風險及對策。

4. 部門年度經營計劃的內容（參考）

1) 上一年度管理計劃執行情況

(1) 上年度管理計劃完成情況。

(2) 上年度重大差異事項分析。

(3) 上年度主要管理措施。

2) 公司發展策略對部門工作的要求

3) 本年度管理方針與目標

(1) 服務與支持目標。

(2) 管理計劃與措施。

4) 工作計劃、措施、資源分配

(1) 部門主要工作計劃。

(2) 部門制度完成計劃。

(3) 部門重要工作事項執行計劃。

(4) 公司要求的其他重點工作。

(5) 人員能力、資源分析。

5）需要的幫助和支持

20.2 預算管理

預算是什麼？簡單而言，預算就是貨幣形式表現的計劃，就是對公司資金的取得和

投放、各項經營活動的收支、經營成果的分配等資金運作所做的具體安排。

20.2.1 預算管理和績效管理

預算的過程就是表達公司策略和部署戰術的過程，是公司策略執行的工具。

預算為策略績效管理提供數據支持，績效指標和資金相關的預算值通常需要預算的數據來設定。

策略績效管理也為預算調整提供依據，策略重點變化了，導致計劃變化，之後導致預算調整，如企業經營成果的利潤率、銷售收入、投資報酬率等 KPI，要根據策略進行及時調整。

同時，預算也能反映預期和實際執行情況的差距，有利於企業的策略反思。

預算與策略績效管理的循環如圖 20-3 所示。

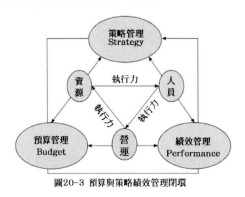

圖20-3 預算與策略績效管理閉環

20.2.2 預算編制流程

公司預算可以分為業務預算與財務預算。業務預算用貨幣形式反映公司的各項經營和業務目標，包括經營預算、籌資預算、投資預算；財務預算是業務預算的綜合，反映公司的總體狀況，財務預算最後表現為預計利潤表、預計現金流量表、預計資產負債表。

1. 總體流程

(1) 下達目標（自上而下）：董事會（預算委員會）下達任務給各部門。

(2) 編制預算（自下而上）：各部門參與預算草案的編制。

(3) 審查平衡（自上而下）。

(4) 審議批准。

(5) 下達執行。

2. 具體操作流程（參考）

1) 預算準備

完成時間：每年 10 月 10 日

活動描述：

(1) 組成預算工作組。

(2) 總結當年預算進展，預計預算完成情況，形成預算初步總結。

(3) 提出明年預算工作的總目標，包括目標利潤和營業規模。

(4) 就預算年度的預算編制、考核作出安排，提出工作建議，報預算委員會。

2) 經營目標確定

完成時間：每年 10 月 25 日

活動描述：

(1) 對預算工作組提出的目標體系和企業工作方案進行討論，提出修改意見，報執行長辦公會。

(2) 執行長辦公會根據公司發展策略、預算工作組和預算委員會提出的建議，確認預算年度的經營目標。

(3) 執行長辦公會確定公司目標利潤和營業規模，下達給預算委員會及工作

組啟動預算目標的二級部門分解。

（4）預算工作組向人力行政部、財務部、企劃部、投資管理部等各職能部門通報明年預算目標方案、指標體系和預算企業工作方案，聽取意見。

（5）預算委員會審議、批准預算工作組提出的經過職能部門討論的目標方案、指標體系和預算企業方案。

3）目標下達

完成時間：每年 11 月 5 日

活動描述：

（1）預算工作組召開公司預算編制工作會議，將預算目標體系和工作基本方案、預算表格下發給各職能部門、二級單位。

（2）預算工作小組召開本單位預算會議，安排時間進度和規定品質要求。

4）預算編制

完成時間：每年 11 月 20 日

活動描述：

（1）投資管理部根據年度經營目標，確定與其相搭配的投資計劃，包括企業併購計劃、擴產基建、設備投資等。

（2）銷售部門根據年度經營目標，在客觀估計未來市場及企業自身產能的前提下，合理確定產品銷售結構、銷售數量、銷售單價、收現情況，最終確定銷售收入預算，制定相應的銷售策略。

（3）生產部門根據銷售計劃及庫存產品情況，確定各產品當期的產量，進而制訂相應的生產計劃，生產預算需要包括直接材料預算、直接人工預算和製造費用預算等。

（4）採購部門根據生產預算確定的直接材料預算、其他非生產用材料及庫存材料的情況，確定材料採購數量及預測價格，制訂採購計劃及支付政策。

（5）由銷售部門根據銷售計劃、銷售政策及上年實際情況制定銷售費用預算；由各職能部門根據各自年度工作計劃及上年情況制定部門費用預算；由財務部根據融資計劃及上年實際融資情況編制財務費用預算。

（6）現金預算由財務部根據銷售預算的回款、採購預算的支付、投資計劃、

付現費用預算及籌資預算確定。

(7) 財務部根據以上各項預算編制預計利潤表、預計資產負債表和預計現金流量表。

5) 預算確定

完成時間：每年 12 月 15 日

活動描述：

(1) 預算工作組彙總初步方案，對不合理的預算進行調整、討論透過或駁回重編，在此基礎上，形成初稿。

(2) 預算工作組將預算初稿分發給各職能部門，各職能部門討論簽署意見後，返回給預算工作組。

(3) 預算工作組將確定的預算方案提交預算委員會審議，交執行長辦公室簽署下發。

20.2.3 預算報表內容

1. 部門預算報表內容

我們可以根據業務特點為不同部門訂製不同的預算模板，也可以用統一的預算模板，讓各部門根據業務情況選擇填寫。部門預算按月度預算的模板如表 20-2 所示。

表20-2 xx部門xxxx年度預算表 　元

類別		累計	1月	2月	3月	……	12月
收入							
	服務收入						
	產品收入						
總收入							
	季度成長率/%						
經營稅收							
	季度成長率/%						

（續表）

類別		累計	1月	2月	3月	……	12月
淨收入							
成本							
	服務成本						
	使用者推廣成本						
	薪酬福利						
	固定資產折舊						
	租金						
	出差和招待費						
	生產成本						
	存貨成本						
銷售成本							
	月度成長率/%						
營運費用							
	工資						
	獎金						
	社會保險						
	出差						
	通訊費						
	寬頻費						
	交通費						
	招待費						
	辦公費						
	固定資產折舊費						
	補充福利						
	租賃費						
	快遞費						
	顧問費						
	審計費						
	法務費						
	評估費						
	印花稅						
	會員費						
	招聘費						
	測試費						
	智慧財產權費						
營運費用總計							
	月度成長率/%						

（續表）

類別		累計	1月	2月	3月	……	12月
資本性開支							
	固定資產採購						
	無形資產採購						
資本性開支總計							

2. 預算監控報表

對預算執行情況進行監控，及時發現預算偏差，是預算執行過程中的重要工作，根據監控的時間可以分為日報、週報、月報、季報、年報。某生產工廠季度預算差異分析表如表 20-3 所示。

表20-3　xx車間xxxx年x季度預算差異分析表(示例)

月份 預算項目	季度預算	月 實際值	月 實際值	月 實際值	季度累計 實際值	季度 完成率	季度累計 預算值	季度累計 差異率
生產量								
包材								
維修費用								
電費								
辦公費用								
人工費用								
季度合計								

第 21 章　高績效文化變革

　　推行了策略績效管理體系的績效變革，企業是否能夠真正實現高績效呢？我們絕對不否認大眾的學習能力，也不否認企業引入績效變革的決心，但真正透過引入策略績效管理體系達到預期目標或者脫胎換骨的公司寥寥無幾。事實上，策略績效管理體系要應用，需要一個高績效文化的土壤，績效文化是績效管理的靈魂，一個沒有靈魂的績效體系沒有內生成長的力量，必然會走向僵化和死亡。

21.1 高績效文化與績效變革

　　對企業和流程動刀，是企業改善績效最常見的做法，以企業的價值鏈為基礎來梳理，結合各個量表、指標，哪裡不通打通哪裡，哪裡不行砍掉哪裡，大刀闊斧重組整合，也許短期內業績向好，但能持續多久，則很難說。一般見效迅速的變革往往失敗得也快，因為最難改的不是企業和流程，而是人的意識和觀念。在企業變革與流程再造過程中，員工常常感到迷惘、遲疑而不願跟進，乃至變革稍有偏差就全盤否定，可見，觀念意識嚴重影響了變革的效果。

　　治大國如烹小鮮，企業和流程變革要有文化變革先行，企業變革與流程再造的本質是文化變革，這個道理如同種樹只有先鬆土後栽苗，果實才有根基。當然，文化的脫胎換骨是痛苦的，需要一個有策略的漸進的過程，但自我革命總比被別人革命要好得多。

21.1.1 認識企業文化

　　企業為什麼能夠獲得成功，這是個老話題，有「競爭力說」，有「文化說」，專家們的總結和歸納雖有事後諸葛亮之嫌，但從必要條件來看，任何區別於他人的競爭力都是可以被解構、複製的，而恰恰是「猶抱琵琶半遮面」的企業文化，潤物無聲又無所不在。變革成功，文化先行，而一旦公司出了問題，往往是文化先出了問題。美國蘭德公司、麥肯錫公司的專家透過對全球優秀企業進行研究，得出以下一系列結論。

世界 500 強比其他公司優秀的根本原因就在於，這些公司善於給他們的企業文化注入活力，這些一流公司的企業文化同普通公司的企業文化有著顯著的不同。更有區別性的還在於，在大多數企業裡，實際的企業文化同公司希望形成的企業文化出入很大，但對那些傑出的公司來說，實際情況同理想的企業文化之間的關聯卻很強，他們對公司的核心準則、企業價值觀的遵循始終如一，這一理念可以說是那些世界最受推崇的公司得以成功的一大基石。其實，對於多數真正有追求的企業而言，理想與現實脫節的主要原因有兩個，一是確實是這樣想的，但能力不足以達到；二是以為自己是這麼想的，但骨子裡不是這樣，最終才導致「照貓畫虎」、「動作變形」。

企業文化是由企業創始人或決策層所倡導，為企業全員所遵循的價值觀念、信仰、道德規範與行為準則，是「由一些被認為是理所當然的基本假設所構成的範式」。這些假設是某個團體在探索解決對外部環境的適應和內部的結合問題這一過程中而發現、創造和形成的，在應用於實踐的過程中卓有成效，所以被認為是正確的，被當作解決問題的正確的感知、思考和感覺的方式傳給新成員。這也就是說，文化是來自過去的成功實踐或教訓總結，是用來指導未來更加成功或避免失敗的。

21.1.2 認識高績效文化

並非所有的企業文化都是高績效文化，只有我們把績效作為衡量企業經營管理成敗的唯一標準，有助於達成企業績效的文化才是高績效文化。但事實上，也並非所有的企業都追求高績效文化。

由於地域、民族、歷史、文化背景及社會制度不同，企業所倡導或流行的文化也有很大差異。例如，有些企業倡導以人為本的文化；也有些企業如百事可樂公司提倡以結果為導向、強調短期績效的明星文化；還有如惠普之類的公司倡導鼓勵創新和獎勵長期貢獻的團隊文化等。不同企業文化都有一個共同點，那就是企業文化都代表了當時企業的發展策略，表明企業將調動一切資源為企業的策略績效服務。

企業管理文化的實質就是營造一種激勵員工投身事業、與企業共同發展並取得成功的氛圍，其最終目的是使企業在能夠保證生存和發展的前提下，幫助員工

第 21 章　高績效文化變革

在個人利益和職業生涯上得到滿足與發展。促使員工創造性工作的原動力是有效的激勵機制，激勵的前提就是績效管理。如果我們不能透過績效管理體系告訴員工企業在倡導什麼、獎勵什麼、懲罰什麼、反對什麼，以及企業的策略重點和發展方向，那麼再好的企業文化也會成為空談。在對人的假設上，無論是 X 理論，還是 Y 理論，都需要有績效管理系統對個人的行為進行回饋和激勵，所以，企業文化的精髓最終就落在了績效文化上。有員工說，我付出勞動，企業就要付薪水，並對我負責終身。其實這是沒把道理想明白，市場是按照企業對外部的績效價值給企業回報，勞動只有轉化為績效價值，對企業才是有意義的。

21.1.3 高績效企業與高績效文化

高績效企業必須有能力判斷產業當前和未來價值的最重要的驅動力，深知自己的核心競爭力是實現價值驅動的關鍵，並能夠靈活運用高效的績效管理體系實現其自身的價值成長。

績效管理就是透過科學的管理方法有效地企業企業資源按照企業策略方向和方針策略的要求，最終實現目標的管理過程。在企業五大因素資源中，物質資源、知識資源、資本資源和基礎設施這四項都是顯性資源，是無生命易掌控的；只有人力資源必須透過個體主觀能動性的發揮，才能使其由隱性資源轉化為顯性資本。舉例說，雖然企業已經擁有了足夠的人力資源，但這並不意味著就擁有了人的競爭實力，企業還必須使這些人力努力工作，自覺地為企業貢獻力量和才智，最終才能達成績效目標，如此才能算是將人力資源利用起來。所謂的核心能力建設，從根本上來講，也是人才團隊的建設、人的產出的組合。

高績效文化可以有效地激勵人力資源，透過人將物質資源、知識資源、資本資源和基礎設施向社會財富進行最大化轉變。通俗地說，就是使平凡的人作出不平凡的事。然而企業卻不能依賴天才來創造財富，因為天才稀少，如鳳毛麟角。那麼衡量一個企業管理是否成功，就要看它能否使員工取得比他們自己估計所能達到的更好績效。一個良好的績效管理系統能夠激勵員工發揮長處和潛能，並調整和影響員工的行為方向取得企業所希望的績效。我工作多年，深深地感受到一個企業的成功，並非是依靠一幫高水準的人才。

高績效文化與績效管理體系的關係如圖 21-1 所示。

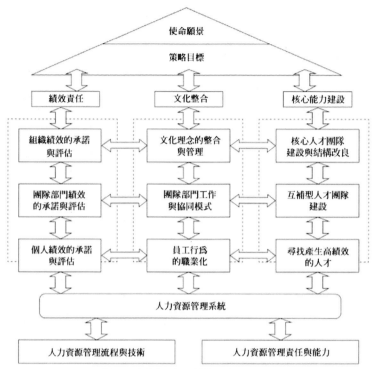

圖21-1 高績效文化與績效管理體系的關係

21.2 創建高績效文化

　　績效變革不易，要創建一種文化更是難上加難。如何創建高績效文化，首先要把握高績效文化的特點，掌握構建高績效文化的要點和原則，運用科學的方法把控流程，構建、檢視、改良、加強，如此「文火慢炖」出的績效文化，「味」才純正。

21.2.1 高績效文化特徵

　　可以先來做一個調查。請填寫表 21-1，如果平均得分能夠達到 4.5 分以上，該公司則基本具備高績效公司的屬性。

表21-1　高績效文化公司調查問卷

問題	全部如此(5分)	多數如此(4分)	有些如此(3分)	少數如此(2分)	從來沒有(0分)
(1)所有的員工都有參與感，知道公司的目標					
(2)有明確的價值觀體系					
(3)高層主管以身作則，推動文化與策略					
(4)高層經理關注組織績效					
(5)良好的工作氛圍					
(6)以結果為重					
(7)有序的流程，視覺化管理					
(8)人人都展現自己最高水準的績效					
(9)敢於與競爭對手比較					
(10)以超越產業內所有企業、成為一流企業為目標					

21.2.2 高績效文化構建要件與流程

1. 高績效文化構建的要件

　　企業文化的運行及其作用發揮具有自身的獨特方式與規律性，企業文化解決企業內、外部問題，實現企業高績效、持續發展的作用方式與規律構成了企業文化作用機制的主要內容。企業文化受到以下兩類因素的限制。

　　一類是環境因素，它們是企業文化物化條件的外在制約因素。企業文化形成的根源和目的就是適應環境，並為環境所認同，以發揮企業內部共同認可並身體力行的價值觀念和行為準則，來提高企業效率，使企業各種資源能夠達到最佳分配，從而提高企業績效。企業文化必須要適應企業環境，不適應企業環境的企業文化或者會降低價值創造，或者會阻礙價值實現。這裡的企業環境主要包括企業外部環境（具體包括政治、經濟、技術和文化等總體環境以及競爭者、供應商、顧客、潛在進入者、互補品供應者和替代品供應者等產業環境）和企業內部環境（股東、員工、領導者、企業的資源和能力狀況）。

　　另一類是高層管理人員和企業經營理念、目標因素。這種人為因素，特別是企業決策者和管理者的人為作用規定了企業文化的具體形式，同時也決定了企業的領導方式和決策模式。不論是勞心者還是勞力者，都渴望得到企業和社會的尊

重、使自我價值得以實現。因此,寬鬆而嚴謹的管理風格成為一種必然的趨勢,這其中有效的溝通和交流是企業所必須具備的。

這兩類限制因素從物化條件和人為因素兩方面對企業文化的形成產生直接或間接的影響,他們共同作用於企業文化的結果形成了企業的發展策略。企業據此制定相應的企業和人事制度,在企業和人事制度的約束下,企業員工形成符合企業文化要求的一般行動模式,並以此來企業企業的經營活動,最終取得經營成果,而所有員工個人績效的總和就構成了企業的績效。

2. 高績效文化構建的流程

具備了物化和人為的這兩個要件之後,我們可以對高績效文化的構建流程進行梳理,如圖 21-2 所示。

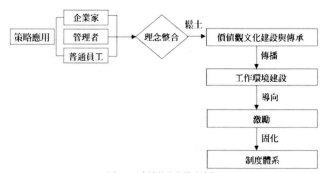

圖21-2 高績效文化構建流程

高績效文化的構建首先要在願景層面進行理念的整合,以形成共同的價值觀,透過傳播、宣導創建良好的工作環境與氛圍,之後加強激勵樹立導向,最後以制度體系進行加強。

21.2.3 價值觀文化建設與傳承

一種策略變革往往要輔之以一個文化的變革。企業的文化建設要從解決公司的長遠策略問題入手,以解決問題為導向,進行漸進式的建設。而在策略應用的過程中,企業家、管理者、員工對企業發展的理念及承擔的責任要進行整合和明確。

第 21 章　高績效文化變革

1. 企業家

企業家是企業最高領導人，是企業的締造者，也是企業文化變革的原動力。他們負責構建文化基因，實現以價值觀為基礎的領導。將企業家的意志、直覺、創新精神和敏銳的思想轉化為成文的宗旨和政策，使之能明確地系統地傳遞到全體員工，這是一個「權力智慧化」的過程，也是企業家精神的體現。

（1）樹立企業的核心理念。企業的使命追求和核心價值觀需要有意識地去引導和創造，這既是對企業成功經驗的總結，又是對某些不再適應企業策略應用需要的文化傳統的揚棄，還是面向未來、對一些先進文化因素的充分吸收。

（2）完成策略性系統思考。企業家需要帶領團隊明確自身具體的客戶、策略方向、核心競爭力、關鍵業務領域、經營模式。

（3）成為企業文化的忠實的追隨者、布道者、傳播者、感召者、激勵者。核心價值觀應該用明確有力的文字記錄下來，並向每位員工進行解讀並與之進行溝通。企業家每次與員工溝通或員工彼此溝通的互動中，都應該融入這些價值信念。文化的傳承要天天講，新員工培訓、幹部培訓、員工表彰、跨級會議，各類活動都要體現企業的核心價值觀。

（4）成為文化變革的催化劑。在文化的變革中，企業家要不斷引燃團隊的激情和求勝欲，促使團隊產生化學反應，促進團隊的脫胎換骨，破繭重生。

（5）確立和維護工作標準，並身先士卒，率先垂範。言傳不如身教，企業文化價值觀的傳承也是如此，對這些價值觀和工作標準，領導者應主動踐行，作出表率。

（6）文化的傳承與繼任者的確定。一個企業有企業的性格，繼任者對價值觀的秉承是關鍵因素。同時，幹部團隊是傳承價值觀的中堅力量，在幹部選拔中，必須考慮價值觀的遵從程度。

小視窗：企業管理哲學的背後是企業家的人生哲學

判斷一個企業的績效文化可以看企業倡導的和其實際之間的符合程度，判斷一個企業家的管理哲學也是如此，有多大程度可以做到與其人生哲學的一致。優秀的企業家都非常好地統一了個人價值觀和企業文化，做到了知行合一。

2. 中層管理者（核心與中堅人才）

（1）共同參與企業願景與核心價值觀的制定。企業的中堅力量必須主動參與願景和價值觀的討論，碰撞、思考、領會，如此才能使其發自內心地遵從和踐行價值觀。

（2）各級管理者要在本領域內不斷提煉經驗、總結教訓、探尋方法、確立準則付諸行動。

（3）將核心價值觀融入制度建設和流程建設之中。企業的核心價值觀是依託在各種管理思想之上、滲透於具體管理制度之中的。要把倡導的思想、新文化滲透到管理過程中，變成人們的自覺行為，實現管理與文化的互動。

（4）積極宣傳績效管理文化，為績效文化的推進奠定扎實的群眾基礎。對企業所倡導的理念和企業的制度規範應透過有效的培訓和傳播手段，確保員工認知企業倡導的文化，與員工進行溝通、對其進行輔導並最終就該文化達成共識。

（5）在部門內進行團隊氛圍建設與維護，建立良好的溝通管道，營造符合績效文化的良好的工作環境。

3. 全體員工

（1）參與、認同、遵從。員工應該參與價值觀的討論、學習，從內心認同到行為遵從。

（2）輿論導向、企業氛圍。在公司各層面樹立傳遞高績效的輿論導向，形成先進帶動後進、鞭策後進的氛圍。

（3）遵守企業制度和行為規範，在日常工作中落實價值觀。

21.2.4 工作環境建設

最近看到一篇「八年級生」寫的職場文章，他們對工作環境帶給自己的感受更加在意了，不禁感嘆，我們又老了。不過不分年代，誰不希望有一個充滿挑戰、令人滿意又有樂趣的工作環境呢？

高績效文化的管理手段可以嚴格，但不能太嚴厲，以免讓氣氛變得太沉悶而使員工失去工作的樂趣。一個非常有戰鬥力的團隊內部人人以客戶為中心，注重責任結果，注重開放溝通，人際關係簡單，為員工營造了非常良好的工作環境。

高素養人才是企業發展的重要力量，在滿足他們自身發展需要的基礎上，企

業還應創造一種良好的工作環境，特別是精神層面的工作環境，以此來強化企業對高素養人才的吸引力，留住核心員工。如下幾方面人力資源相關氛圍的營造對高績效文化的工作環境的創設非常重要。

1. 公平、公正、公開

獎懲分明，創造一種公平考核的環境，營造一種主動溝通的氛圍。對員工的考核必須做到公平、公正，這樣既能創造一種和諧融洽的工作氛圍，又能促進上下級的雙向交流，有助於提高員工績效。至於考核的公開，其實更重要的是是否敢於公開，可根據團隊的成熟度和要公開的內容有步驟、分層次地進行。人力資源策略不是黑箱，是透明的，是可以溝通的。

2. 鼓勵學習

在企業創設鼓勵員工積極學習的文化，能為員工提供必要的學習、培訓機會，使員工不斷提高素養。透過營造學習型企業的工作氛圍和企業文化，引導員工不斷學習，不斷進步，以滿足員工成長和發展的需要，從而使企業持續、長久地發展。

3. 適當競爭

創造一種和睦競爭的工作氛圍，讓團隊富有張力，如考核中適當採用相對考核方式，把屬於同一工作水準的員工放在一起評比，因為比較的基礎一致，所以能較科學地判斷每個人在該工作領域的表現。

4. 工作豐富化

這裡的工作豐富化是指縱向上工作的深化，是工作內容和責任層次上的改變，透過讓員工更加有責任心地開展工作，使其得到工作本身的激勵和成就感。

5. 鼓勵承擔責任

我們不僅要增加員工個體產出的責任，還要增加其對全流程和團隊的責任，使員工感到自己有責任完成完整工作流程的一部分，對整個企業負責。我們鼓勵每位員工為公司的成敗負責，這需要企業授權給員工，很多優秀的企業都提倡員工突破部門、職位的藩籬，增加全流程的責任意識的一種表現。況且，增加員工責任也意味著降低管理控制成本，其本身也能直接帶來效益。

21.2.5 激勵體系建設

世界上最偉大的管理原則就是:「人們會去做受到獎勵的事情。」古人云:上有所好,下必甚之。楚王好細腰,國中多餓死。」推而廣之,管理的精髓就是:你想要什麼,就該獎勵什麼。

1. 圍繞核心價值觀,建立明確的獎勵導向

作為一個管理者,建立符合自己企業或企業根本利益的、明確的價值標準,並透過獎罰手段的具體實施明白無誤地表現出來,應該是管理中的頭等大事。我們應該激勵自覺地實踐企業所倡導文化的員工,使之成為其他員工學習的榜樣。

2. 讓表現優異的員工得到公開的讚揚和升遷發展機會

對高績效員工的優秀事蹟,要敢於大張旗鼓地進行宣傳,這既是對其他員工的激勵,又是對該員工持續進步的鞭策。在進行宣傳時,注意要把人和事分開,鼓勵大家應該學習該員工在某種情境下的處事方式、方法和態度,避免以優點掩蓋缺點,要辯證地評價一個個體,以免給個體戴高帽子。

3. 鼓勵員工在本員工作中持續改進,及時對員工進行激勵

在很多公司,大家往往注重對於重大貢獻的獎勵,因為成績貢獻一目瞭然,所以「傑出貢獻獎」之類的獲獎員工往往成為企業裡的焦點人物。但事實上,企業的成功更要依靠那些默默無聞、兢兢業業的扎實貢獻者,他們是企業發展的基石。因此,公司、部門都可以設立一些內部的及時激勵,對一些良好的過程行為進行及時表揚,激勵員工找出方法來改善公司的運作和自己工作。此類表揚形式可以生動形式開展,建議與團隊活動結合起來。

4. 對於低績效員工,既要「治病救人」,還要敢於管理

無論如何激情奮發的企業,難免會有人落在團隊的後面,如何處理呢?從二八原則看,我們經常說把精力放在前 20%,不要為了後 5% 浪費時間,但如果處理不好這後 5%,則將耗費你 120% 的精力。現實中的問題是,多數人都會過高地估計自己的表現,我們往往看到,當某一天主管告知員工工作能力不夠的時候,很多員工都是非常詫異的。因此,對於低績效員工,我們要推進日常的績效改進工作,不輕易放棄,也絕不遷就,敢於管理。對於持續績效不佳的員工,

則要為其找到一個更合適的環境，也許那才是對雙方最有利的選擇。

21.2.6 制度建設

　　管理制度是管理思想得以實現的一種手段，企業的核心價值觀是依託在各種管理思想之上、滲透於具體管理制度之中的。要把倡導的新思想、新文化滲透到管理過程中，變成人們的自覺行為，實現管理與文化的互動，制度是最好的載體之一，把文化「裝進」制度，能加速文化的認同過程，當企業中的先進文化超越了制度的水準，這種文化就會催生新的制度。

1. 企業制度建設方向要符合主流文化價值觀

　　文化的優劣或主流文化的認同度決定了管理的成本，當企業倡導的文化十分優秀且主流文化的認同度極高時，企業的管理成本就低；反之，企業的管理成本就高。雖然企業所在產業各異，人才素養也不同，但只有主流正向的價值導向才能最大限度地匯聚和吸納人才，如多勞多得的導向、有責任敢擔當的導向、合作奉獻的導向等。

2. 文化價值觀應貫穿於人力資源管理的各項制度

　　人力資源管理制度是企業文化功能實現的主要措施與保障手段，企業文化作為企業經營理念的平臺，決定著人力資源管理的管理思想、方式和手段。兩者的結合不僅是企業文化建設有效性的關鍵，也是人力資源管理能否發揮提高企業績效作用的關鍵。文化價值觀應該貫穿於人力資源管理的全過程。企業人才的招聘、培養、選拔、考核、激勵都應該以企業文化為導向，不但要考核人員的專業技術知識，還要考核人員的職業品行，要從認同本企業價值觀的人才中選拔幹部。比如在幹部選拔中，我們提倡要有基層經驗，有直接客戶服務的導向，就應該堅持「宰相起於州郡」。

3. 制度規範應該得到切實地執行

　　制度和規範應得到徹底地貫徹執行，轉化為企業內部實實在在的管理行為和管理活動。執行是具有突破性的一步，在這點上，我們經常會遇到一些衝突和矛盾以至於使自己茫然無措。實際上，只要把握住企業核心價值觀，很多問題自然迎刃而解。比如，在優秀員工選拔中，最核心的素養到底是什麼？什麼樣的錯誤

是底線？在每次的評優中，我們的評價導向到底是什麼？如何均衡長期潛力與現實貢獻？績效評價的依據是什麼？……每個執行的案例其實就是對核心價值觀的解讀和闡釋。

第 22 章　績效管理資訊系統建設

　　學完了績效體系、建立了指標體系、掌握了績效工具，當你準備大展拳腳的時候，你發現 70% 的時間已經被瑣事占據，這就是我們絕大部分 HR 的現狀。那麼如何進一步轉化成策略合作夥伴、轉化為模組增值的專家，這就要求我們將自身從瑣事中解脫出來。績效管理資訊系統是我們聚焦核心業務的好幫手，同時，對企業的績效目標達成和員工的成長將帶來更大的價值。

22.1 資訊化的需求

　　對於大中型或者多元化企業而言，如果沒有資訊化的績效系統，對於績效管理無異於一場災難，每年花費大量時間推動計劃、跟催結果、收集數據、分析報告，卻收效甚微，所以對於績效管理資訊化的需求更為迫切。我們希望績效管理資訊化能解決如下問題。

1. 整合策略績效管理

　　SONY 的 KPI 體系為什麼被詬病？很大一部分原因是，雖然員工贏了但公司輸了。也就是說，公司的策略成功沒有和員工的日常行為和工作成功產生有機的關聯，這也是很多企業基於企業架構和職責來設計績效目標，最終導致失敗的原因。因此，我們希望有一套基於策略績效管理的系統，可以整合策略規劃、計劃、預算、預測、團隊績效、員工績效，並進行資訊整合。IBM 能提供這樣的軟體，這套系統可以針對企業目標，追蹤績效情況，識別業績方面的差距，並靈活執行「假設」場景來評估「替代方案」，也能獨立交付大部分功能；Oracle 等公司也能提供大部分的功能，但是，這樣的一套系統往往過於龐大和複雜。對於使用人員也會有更多的要求，很多中小型公司則更傾向於使用輕量級的績效管理系統，即從公司目標到員工目標的應用、評價的循環體系。

2. 推動績效管理應用

　　有了績效管理體系，如何應用執行是很多公司面臨的大問題，企業希望這個

系統可以大幅度降低績效管理的執行成本，並透過資訊化規範績效管理的實際操作，將直屬主管和員工全部納入績效管理過程中，推動績效管理從理念到制度的有效執行，並在這個執行過程中實現全員參與、充分互動，不斷提高管理者的績效管理水準。當然，績效管理系統要符合產業特點，適應不同績效考核模式，因此，平臺化的設計是目前績效管理系統設計的主流思想。

3. 提高績效管理效率

能夠免去績效管理大量的手工工作，是很多公司引入績效管理系統的直接動因。我們希望透過引入這個系統，可以實現員工和主管線上制定績效、考核主體線上評分、指標結果自動導入、權重參數自主配置、績效結果自動分析、績效應用自動關聯等，最終實現手工工作自動化，提升績效管理的效率。

4. 績效分析支持決策

隨著績效數據的日積月累，如何讓這些大數據產生價值，是我們希望系統能夠實現的。透過單指標或多指標、單人或多人的縱橫向分析，並用各種方式加以展現，以支撐個體改進和企業決策。

22.2 資訊系統的設計

基於上述業務場景的需求，我們可以根據企業的實際情況對績效管理系統進行設計。

22.2.1 應用模式設計

不論何種運行模式的軟體系統都要在管理軟體的平臺結構上發揮作用，不同企業有不同的需要，我們要根據公司的實際的業務場景進行應用模式的選擇。

1.C/S 的應用模式

C/S（Client/Server）的應用模式就是客戶機和伺服器的組合結構，透過 C/S 可以充分利用兩端硬體環境，將任務合理分配到兩端來實現，降低系統的通訊處理消耗，C/S 的技術發展多年，已經非常成熟。但隨著資訊系統結構規模和複雜度的日益提升，使用者裝置在向伺服器進行數據請求上的壓力越來越大，同時隨著人員規模的擴大，使用者裝置的安裝和升級也越發成為一個讓人頭痛的工

作。傳統的 C/S 架構多適用於小規模區域網路或對安全控制要求強烈的使用者。

2.B/S 的應用模式

B/S（Browser/Server）的應用模式，即使用者無須在使用者裝置安裝任何軟體，只需知道系統網路位址、使用者名稱及密碼便可直接進入系統進行相關的業務操作。B/S 是 Internet 興起的產物，該模式最大的優勢是使用者裝置免維護，適用於使用者群龐大或客戶需求經常發生變化的人。由於其開放性更好，能實現不同人員在不同地點以不同方式連接共同的資料庫，同時能有效地保護資料和管理訪問權限，目前，越來越多的企業選擇採用 B/S 的應用模式。

3.C/S 與 B/S 混合模式

C/S 與 B/S 混合模式也是不少人力資源管理軟體應用的主流。人力資源績效管理軟體中資訊的查詢、異地查詢瀏覽、小規模數據匯入等適合做成 B/S 模式。靈活創建報表，自定義考核指標等一些屬於軟體靈活開放的功能，以及涉及一些複雜流程的功能則採用 C/S 結構，此結構下，使用者裝置功能強大、安全係數也高。採取混合模式可以充分發揮兩種模式的優越性。

4.SaaS 的應用模式

SaaS（Software-as-a-Service）意為軟體即服務，是一種基於網路提供軟體服務的應用模式，隨著網路技術的快速發展和應用軟體的成熟，這種創新應用模式成為目前軟體發展的新趨勢。這種模式是由 SaaS 提供商提供企業資訊化所需要的所有基礎設施和軟、硬體運作平臺，並負責後期的維護等一系列服務，企業使用軟體服務就像打開自來水龍頭就能用水一樣，根據使用的量結算就可以了。對於眾多中小型企業來講，這種模式性價比高，SaaS 是應用先進技術實施資訊化的最好途徑。當然，有些企業對於安全的需求非常強烈，可以考慮以私有雲端的方式進行管理。對使用者而言，其使用的體驗類似 B/S 的架構。隨著行動網路的迅速興起，基於 SaaS 的應用模式，行動 App 使用者裝置＋固定 B/S 的混合架構是目前看來最為新潮的模式了。

22.2.2 平臺化的架構設計

由於不同企業採用的績效考核模式不同，企業在績效管理模式上也會不斷演

進，因此，必須按照全模組可配置化的思想進行設計。在軟體功能方面，支持包括 KPI、360 度、目標考核、平衡計分卡等目前主流的績效考核模型，為企業使用者在考核模型方面提供盡可能多的組合選擇及後續變化的空間，只需要簡單的培訓便可在系統中將企業自身的績效方案變化在系統中進行設計、加以體現。

平臺化設計的特徵體現在以下幾個方面。

1. 豐富靈活的參數配置

(1) 考核模式。可以支持不同的考核模式。

(2) 考核流程。自上而下制定指標，自下而上亦或上下結合。

(3) 考核表格。能夠根據企業需要自行設計績效合約、考核表、績效回饋表等各類考核表格。

(4) 打分設置。考核關係、各類指標的計分規則（如按比例計分、分段計分、加分扣分規則等）、權重設置（如指標權重、不同考核主體權重設置）等。

(5) 結果計算設置。

2. 允許根據公司、部門情況變化重新配置

3. 操作簡單方便，易用性強，無須系統培訓即可理解上手

4. 各模組可以解耦，提供持續的系統升級

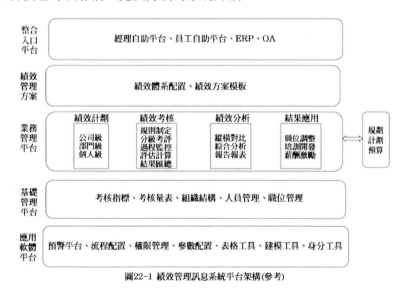

圖22-1 績效管理訊息系統平台架構(參考)

　　目前主流的資訊系統可以支持流程化、郵件提醒、探勘分析等眾多功能，並且根據績效考核的靈活性與可變性，為系統擴展提供方便快捷的工具，真正體現績效考核的延伸、變化，實現企業管理思想在系統中的體現並對其進行進一步推廣。

　　建議績效管理資訊系統平臺架構如圖 22-1 所示。

22.2.3 業務流程設計

　　績效考核中既要滿足企業整體規範的需要，同時要滿足各個部門與職位的個性設置需要，在考核流程上將涉及全員應用。績效管理資訊系統業務流程設計可以參考圖 22-2。

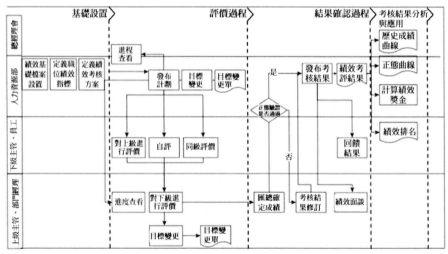

圖22-2 績效管理訊息系統業務流程設計

　　流程圖分為基礎設置、評價過程、結果確認過程、考核結果應用 4 個階段。主要環節說明如下。

1. 基礎設置

　　人力資源部進行績效系統的基礎設置，包括定義職位、指標、考核模式等。

2. 評價過程

　　（1）績效指標管理責任部門開始評價，系統根據設定的部門關鍵績效指標模板生成部門績效指標體系，相關評價人員根據量化指標填寫評價，系統自動彙總

評價結果。

（2）績效指標管理責任部門主管確認評價人員評價結果並提交審核。系統自動檢查合規性。

3. 結果確認過程

（1）人力資源部接收並檢查責任部門提交評價數據，審核確認部門考核數據並回饋。

（2）各部門進行績效面談。

4. 考核結果分析與應用

（1）考核結果縱橫向等各維度分析。

（2）考核結果與相關模組關聯應用。

22.2.4 模組功能設計

績效管理資訊系統各常見主要模組及功能設計如表 22-1 所示，我們可以在此基礎上進行增加或裁減。

表22—1　績效管理資訊系統各模組功能設計（示例）

序號	主模組	子功能模組	功能
1	基礎設置	配置業務流程模式	可根據自身業務特點認定相應的業務模型
2		考核關係設置	設置針對不同職位人員的不同的考核關係，可自動取得組織結構中的職位、職位等級，也可根據考核中的自身應用，重新設置
3		維度設置	考核系統中評價人員的評價維度，不同類型的人員可設置不同的考核維度
4		評分方式	針對績效考核中使用的評分方式進行設置，內建眾多常用的評分方式，並可根據企業自身的實際情況，配置個性化的評分方式
5		權限方案	權限是系統的核心應用，針對不同人員，不同考核週期及不同考核類型的不同權限功能，滿足企業多樣化的權限控制方案
6		考核週期	系統支援不同的考核週期，並且不同的考核項目考核週期均不相同
7	考核體系	考評指標庫設置	可將考評所需要的考評指標在系統中儲存，以便重複引用，而且還可將指標進行分類管理，針對不同人員、不同類型、不同考核進行應用
8		考核分類	根據人員、組織、目標等不同對象進行考核分類
9		考核方案	針對不同對象的具體考核方案設置
10		考評比例規則	根據考評結果分佈的要求確定考評比例規則
11		考核計劃	明確具體的考核起止時間
12		業務資料關聯	系統可根據相應的考核週期、指標，提取相應的考核資料，保證績效考核的公平、公正
13	目標管理	目標分解	目標層層分解，落實到人，使目標切實可行
14		目標更改	出於突發性、不可抗拒等原因，可對目標進行適當調整，以達到最好的激勵效果

（續表）

序號	主模組	子功能模組	功能
15	績效評價	業務資料獲得	系統可自動匯總業務資料，可設定取數規則，或者將EXCEL資料自動導入系統中，參與計算，以便保證績效考評的真實有效
16		評價者評分	評價者為參與考評的人員，可直接在系統中參與打分
17		考核結果計算	系統自動批量計算績效考核結果
18	結果確認	結果發布	系統計算後獲得績效考核結果排名，如對績效考評結果有疑義，可啓用變更審計流程
19		結果申訴	系統支援員工對績效結果進行申訴業務處理
20		績效面談	績效面談跟蹤及意見回饋
21	考核結果應用	統計報表	可由使用者來使用系統提供的報表工具設計進行，也可查看系統中所設置的績效結果報表
22		結果應用	自動連結薪酬、晉升等模組輸入

22.3 資訊系統推行的專案實施

績效管理資訊系統的推行可以分為兩大部分：體系梳理、專案開發和驗收，

之後就可以進行推行和導入。當然,我們如何獲得主管和各部門的支持,讓他們
理解引入績效管理資訊系統的重要性,那得看我們的影響力了。

22.3.1 績效管理體系梳理

體系梳理是導入績效管理系統的必備條件,如果沒有清晰的績效管理體系,
整個績效系統就沒有了骨架。這個階段的主要工作是協同軟體供應商,透過訪談
和培訓,協助企業考核小組建立各個部門的考核方式、考核指標,建立各個職位
的考核方式與考核指標等。績效管理主要體系如圖 22-3 所示。

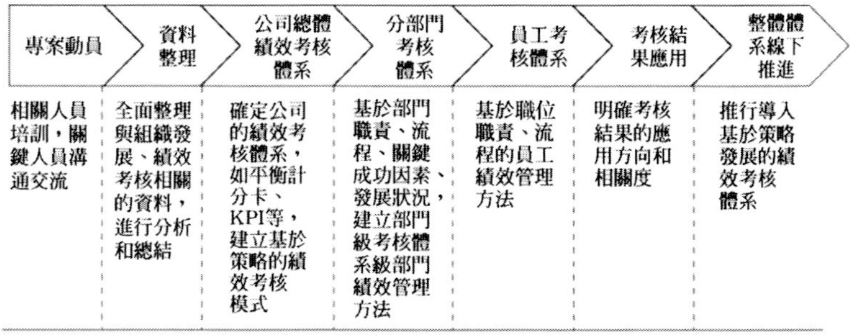

專案動員	資料整理	公司總體績效考核體系	分部門考核體系	員工考核體系	考核結果應用	整體體系線下推進
相關人員培訓,關鍵人員溝通交流	全面整理與組織發展、績效考核相關的資料,進行分析和總結	確定公司的績效考核體系,如平衡計分卡、KPI等,建立基於策略的績效考核模式	基於部門職責、流程、關鍵成功因素、發展狀況,建立部門級考核體系級部門績效管理方法	基於職位職責、流程的員工績效管理方法	明確考核結果的應用方向和相關度	推行導入基於策略發展的績效考核體系

圖22-3 績效管理體系梳理

本階段體系梳理的輸出主要為:績效管理制度、績效指標體系、績效考核流
程與規範、績效業績管理辦法、績效結果應用辦法等。

22.3.2 績效管理資訊系統開發和驗收

績效管理資訊系統的開發和驗收如圖 22-4 所示。

第 23 章　產業集團的績效管理

　　很多公司著意追求「小而美」的經營結構，甚至很多大公司都想切成「小而美」，但我們仍看到更多的企業則在追求以規模來輔助競爭，或是透過自身成長，或是透過快速併購，而資本市場的發展更是促進了一批批產業集團的不斷湧現。由於他們產業跨度大，管理模式不一，集團的管控關係非常複雜，這也對產業集團的績效管理形成了一個新挑戰。本章對產業集團的不同管控模式及績效體系設計進行探討。

23.1 集團管理管控體系

　　集團管理管控體系是指集團對下屬企業基於分權程度不同而形成的管控策略和體系。對於產業集團來說，由於業務結構複雜、規模大，控股、參股企業數量多、地域分布廣，對集團下屬單位的管理和控制難度也加大了。如果集團對下屬單位管控過嚴，下屬企業就容易喪失創造力和對市場的快速反應能力；如果控制不力，下屬企業就會各自為政，資源不能最佳分配。

23.1.1 三種常見的管控模式

　　總部對下屬企業的管控模式，按照集、分權程度的不同，分為財務控制型、策略控制型和營運控制型三種模式。

1. 財務控制型

　　所謂財務管控型，就是總部作為投資決策中心，以追求資本價值最大化為目標，管理方式以財務指標考核、控制為主，即集團總公司最關心的是盈利情況和投資報酬，其他的不予過問。實行這種模式的集團內部，各成員單位間的業務聯繫往往不大。

2. 策略控制型

　　所謂策略控制型，就是總部作為策略決策和投資決策中心，以追求集團企業總體策略目標和協同效應為基礎而進行的管理，管理方式主要是策略和業務的規

劃、協同。總部除了資產投資外,還負責財務、資產營運和整體策略規劃。這種管控模式,適合各業務單位相關性較高、總部規模不大的產業集團,其主要精力集中在資源協調、平衡衝突、管理團隊培養等,此類企業營運注重集團的綜合效益。絕大部分多元化的產業集團都採取這種管控模式,如殼牌石油、飛利浦等。

3. 營運控制型

如果採用營運控制型,其總部就是經營決策的中心,總部對集團資源進行集中控制和管理,經營活動統一最佳化,直接管理集團成員的各項經營活動。在這種模式下,集團的各職能領域往往全面而且強大,集團總部可以經常對下屬的產業領域進行垂直管理和協調,甚至具有下屬團隊管理人員的任命、選拔權力。在這種情況下,為保證集團總部的決策正確及能夠妥善地處理各類複雜問題,則會保留較多人員,而各下屬單位的業務相關性也較強。IBM 就是比較典型的營運控制型的模式,各事業部都由總部集權管理,總部訂計劃,下屬單位負責實施。

23.1.2 集團管控模式的選擇

這三種模式,營運控制型和財務控制型是分權和集權的兩端,策略控制型則處於中間狀態。三種模式各有優缺點,也各有適應性,不同的管控模式適合不同的企業策略。

要想確定哪種管理模式適合企業營運,可以從三個角度進行評估。

1. 策略地位

現階段下屬單位經營的業務在整個集團策略中所處的位置,策略地位越高,越適合採取集權的管理模式。

2. 資源相關度

現階段集團總部掌控的資源與下屬單位經營的業務之間的關聯程度,資源相關度越高,越適合採用集權的管理模式。

3. 下屬單位自身發展階段

下屬企業越處於發展的早期,其抗風險能力就越弱,就越適合採用集權的管理模式;反之,下屬單位已經進入穩步發展的成熟期,就可以相對放權了。

因此,資源相關度越高,業務越不成熟,業務地位越重要的業務單位建議採

用營運控制型的管控模式；資源相關度一般，業務比較重要的業務單位建議採用策略控制型的管控模式；資源相關度越低，業務越成熟，從策略看屬於相對從屬地位的業務單位建議採用財務控制型的管控模式。當然，每個企業的情況或產業情況各不相同，不存在最佳模式，只存在最合適的模式，甚至根據企業發展情況還需要適時地加以調整。

當然，除了集分權關係之外，要想確定管控模式需要考慮的因素還有很多，如集團主管的管理要求、領導風格、國際化程度、業務重點等，這些都需要綜合起來考慮。

23.2 集團化績效管理體系設計

為了使集團的管控模式能切實有效地運行，必須制定相應的業績評價體系與之相聯系，以確保集團整體策略目標的實現。

23.2.1 集團績效管理原則

對於集團而言，由於不同的管控模式，對人員的管理尺度也不同，可以採用業績、能力、態度的綜合考核或是單獨考慮業績的考核，整個集團的業績管理的設計原則上應體現一致性，以業績為驅動的經營和管理模式是我們對集團化業績管理的建議。業績管理設計原則如表 23-1 所示。

表23-1 業績管理設計原則

設計原則	描述
(1)以價值驅動 (2)業績透明 (3)系統化、結構化 (4)以業績和激勵為導向	(1)建立價值創造為核心的企業整體理念 (2)清晰的業績指標和目標設計 (3)能夠連接經營業績和股東回報 (4)坦率、公平的業績審核與回饋 (5)系統地規則、計劃、預算審核流程 (6)清晰地將業績表現與激勵、薪酬相結合

在這個原則下，每個業務單位的目標可以歸類為幾類，即財務、策略、企業和業務單位的獨特價值。

集團各業務單位的目標描述如圖 23-1 所示。

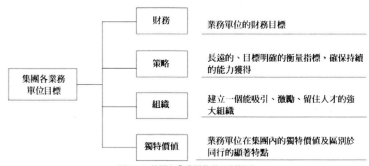

圖23-1 集團各業務單位的目標描述

23.2.2 集團績效管理流程

集團的績效管理重點在業績管理，上文所述的集團的幾種不同的管控模式，分別體現在業績管理的幾個核心流程中。集團管控模式與計劃、預算系統矩陣關係如圖 23-2 所示。

	財務控制型 分權	策略控制型	運營控制型 集權
策略 規劃	業務單位的策略規劃只需要在集團總部備案	業務單位的策略規劃必須通過集團審批並接受集團的指導	集團總部全面負責策略規劃的制定，下屬單位負責執行
經營 計劃	集團總部一般不干涉業務單位的具體經營行為	業務單位的重大經營決策需要通過集團審批	業務單位的職能線的決策由集團總部進行
公司 預算	集團總部為下屬單位制定嚴格的財務目標，並予以考核，但不參與具體的經營管理	集團總部為下屬單位確定財務目標和重要經營目標，同時考核其財務和經營業績	制定詳盡的財務目標和預算並參與實際管理，定期考核
人力資 源計劃	集團總部對下屬單位的核心高管行管理考核	集團總部除了對一把手進行管理考核外，也對下屬單位的骨幹人員進行適當的管理和規劃	制定集團統一的具體的人力資源制度和流程，監督下屬單位執行

圖23-2　集團管控模式與計畫、預算系統矩陣關係

了解了管控模式對幾個績效相關流程的影響，我們就可以根據子公司或業務單位的具體情況設計相應的績效目標、績效指標、業績考核並將考核結果與薪酬、激勵等進行掛鉤。其具體設計及輸出如圖23-3。對於績效考核的具體模式，平衡計分卡、KPI、360 度等，則可以根據各子公司的情況進行具體的設計，但

應避免集團「大而全」、「一刀切」的模式。

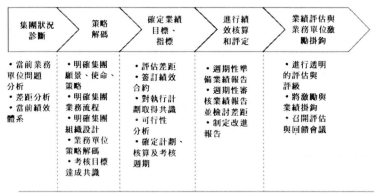

圖23-3　集團業績管理流程

小視窗：優秀的企業輸出的不是資本和管理，而是文化

　　除了各種模式的管控體系本身的實施不同外，影響最後實施效果的往往是集團內企業的不同文化理念，尤其是對於某些採用投資併購的方式做大的公司，其基礎文化、價值理念的一致性是任何有效變革的基礎。優秀的企業輸出的不是資本和管理，而是文化。

第 24 章　績效管理的新趨勢

在本書的第二和第三部分，我們花了較多的篇幅論述了策略管理的體系建設，隨著策略性績效管理體系思想日漸深入人心，將績效管理與策略相聯繫，進行策略性績效管理已經成為人力資源管理的一種趨勢。為提高我們對策略問題的認識，現結合績效管理流程，描述近兩年來策略績效管理發展中呈現的一些特點，供讀者參考、揣摩。

24.1 策略性績效管理發展動態

隨著這幾年新興經濟的發展以及市場競爭的日趨激烈，在策略績效體系的設計思路和具體的執行流程上，我們看到了一些新的動態。

24.1.1 策略績效體系設計的變化趨勢

雖然很多企業的績效體系尚不成熟，其自身設計的策略績效體系依然處在「照貓畫虎」的階段，但策略績效體系的頂層設計的趨勢已呈現出兩個變化，一方面更「柔」了，強調彈性、多元化、領導力，對未來有了更多的關注；另一方面更「硬」了，技術逐步滲透，對績效管理有更多助力，甚至能夠引起新的績效文化的變革。

1. 策略績效管理體系的彈性化

外部競爭環境的不斷變化，對企業系統性的適應能力提出了更高的要求，很多企業在產業升級或社會轉型過程中遇到了危機，無法制定清晰的策略以適應環境的變化，繼而退出了歷史舞臺。策略性績效管理在運作中的基本要求之一是策略彈性，就是指策略適應競爭環境變化的靈活性。彈性化的策略性績效管理反映的是績效管理的過程對競爭環境變化的反應和適應能力。權變思想認為，績效管理能否取得成功，關鍵在於它存在的特定環境。環境是變化的，因此，績效管理必須隨環境變化而變化。策略績效管理要求績效管理體系具有充分的彈性，來適應企業策略形勢發生的變化。當企業策略改變時，企業所期望的行為方式、結果

以及員工的特徵需要隨之發生變化，績效管理系統有一定的彈性，能夠隨之進行靈活的調整。面對變化如此激烈的競爭環境，績效管理能否針對這種變化作出迅速調整是企業能否實現策略的關鍵，這種彈性體現在績效流程各環節的適時的配合、與員工能力適時的配合等系列性的調整適配方面。

2. 策略績效管理模式的多樣化

不同的企業有不同的企業文化和管理特點，只用一種績效管理方法很難達到與企業策略相配合，而多種績效管理工具的整合，可以避免某一種方法的劣勢。這種多種績效管理工具整合的優勢遠遠大於單純地將每一種績效管理工具的優勢累加在一起，所以將多樣性的績效管理工具整合在一起，使得策略性績效管理的結果更加科學、規範。在此需要指出的是，多樣化的策略性績效管理並不是績效管理工具的累加，而是多種績效管理工具的整合，是一種科學的管理。

3. 領導力因素在策略績效管理執行效果中作用明顯

同樣的績效管理體系，在不同的團隊中，效果迥異。杜拉克說，管理者不只透過知識、能力和技巧來領導下屬，同時也透過願景、勇氣、責任感和誠實正直的品格來側面影響下屬。目前，企業使用的各種績效管理工具雖然是基於先進管理理念的工具，但工具效能的充分發揮，還需依靠使用者自身對其的掌握。在影響績效管理行為的管理因素中，「人」在管理活動中處於主導地位。「人」的能力高低，對保證企業目標的實現和管理效能的提高，發揮決定性的作用。策略性績效管理歸根到底是對人的管理，要做好策略性績效管理就必須以人為本，即將「以人為本」的思想貫穿於績效管理系統的全過程。在以人為本的績效管理中，不僅要客觀評價員工現有的績效水準，而且要科學地評價員工的潛在績效水準，並根據員工現有的績效水準與潛在績效水準，提高員工的績效。例如，員工完成了工作，考核不僅要看結果是否合格，也要看行為過程中員工潛在的能力是否發揮，以及員工的特質如何。這樣不僅培養了員工的現有能力，而且使每個員工的潛在能力得到最大程度的開發，引導員工不斷地將潛在能力轉化為現有能力，同時，又注重塑造誠實正直的優秀人格特質。因此，高效績效管理的貫徹實施，不僅要靠管理者的知識和能力，更要靠其品格，從人的潛在方面對員工進行績效管理。

4. 策略績效管理對未來的發展有更多的關注

策略績效管理強調關注企業未來的績效，績效管理由評價性向發展性轉變已經是一種趨勢，而且這種發展性績效管理趨勢不僅是要發展，確切地說是一種超前化的績效管理。這種新趨勢使績效管理走在員工發展的前面，超前於員工發展並引導其發展，並且更加關注企業未來的績效。策略績效管理強調動態性，即用動態發展的眼光看待員工，從而使績效考核的重心從評估轉移到員工的發展上來。企業績效考核的結果用於員工個人職業生涯發展，這使員工在實現企業目標的同時，也實現了個人的職業目標，而員工的發展又促進了企業的發展。總之，超前化的策略性績效管理要求在提升企業當前績效的同時，將這種績效發展成企業未來的更高的績效，因此，它將成為績效管理發展的新趨勢。

5. 績效管理的技術化趨勢

技術化第一步指的是資訊化，即利用電腦採用資訊化的績效管理手段，基於先進的軟體和大容量的硬體設備，透過資訊庫自動處理績效管理的資訊，提高效率，降低成本，越來越多的企業會將績效管理納入公司的整個營運管理系統並與公司的經營策略、企業策略同步。技術化的第二步是指隨著網路、物聯網、大數據技術和雲端技術的發展，我們對員工日常行為及企業經營數據的擷取效果和處理的能力越來越高，技術不僅可以用於儲存和記錄，更可用於判斷和預測。這使我們的績效改進從傳統的人工觀察評價轉向透過自動的數據記錄，由此員工可以客觀地尋找結果和過程的差異以進行自我覺察和改進，進而更大限度地實現風險控制和員工的改善計劃。因技術引起的管理思維的變革，在下一節我們也會進行討論。

24.1.2 策略績效流程執行的現實觀察

績效管理的方向正確了，還要在執行上下工夫，我們也觀察到績效流程各環節在現實執行中的一些發展動態，這些動態說明一個事實：理論的正確與否還要接受市場的檢驗。檢驗的結果使你發現，「應該」和「現實」之間還是存在距離的，但畢竟，這些變化是令人鼓舞的。

1. 在績效目標規劃設計環節，KPI 提取更加傾向於業務重點

儘管企業希望透過引進績效管理改善整體經營狀況，但是對績效管理所需要

承擔的成本，很多企業認識不足。這導致企業在績效目標設定上事事追求完美，KPI 指標設定也缺少重點。大量的 KPI 指標成了壓在員工身上繁瑣的工作清單，大量的精力被分散於零零總總的小目標上，真正核心的目標反而無法達成，考核者也因為指標過多增加了大量工作。很多企業在實施 KPI 管理的時候，增加了 80% 的工作量，但僅增加了 20% 的效果。我們認為，KPI 應該重點關注三類工作：能為企業帶來高效益的工作、關鍵業務流程上的工作、能提高營運和管理效能的工作。而從核心工作內容中提取核心結果或者核心流程形成的指標則將大大減輕指標管理的壓力。

2. 在未來的績效過程管理環節，對於過程的監控和輔導會更加受到關注

「我要的是結果，不要和我講過程」，我也喜歡經常這麼對下屬指示，為了這個所謂的「結果」，我們甚至願意用更大的代價去激勵，如績效薪水，因為我們知道，這不僅意味著更高的風險，而且伴隨著更大的壓力。但我發現，即使企業建立了完整的績效制度，員工的工作成果依然難以令人滿意。怠工往往不是最初的原因，恰恰相反，有些員工即使很努力地工作也不能得到很好的結果；有些員工投機取巧反而大獲成功，這也是造成怠工的原因之一。諸多被競爭壓得喘不過氣來的企業不願意為努力本身付費，企業只在乎結果。因此，在未來的績效管理中，過程監控會受到更多的關注。短期的結果固然重要，但是從長遠打算，企業健康的發展需要良好的工作氛圍和員工積極的工作態度來支撐。明確的職責、工作的階段性檢驗、定期匯報、PDCA（Plan Do CheckAdjustment）循環機制等都是企業加強過程監控的有效手段。

3. 在績效評價環節，強制分布依然是主流，能力評價權重增加

不可否認，雖然強制分布遭人痛恨，強制分布也不是績效管理的必然結果，但對於過去幾年中的管理實踐和研究結果而言，強制分布仍然是亞洲眾多企業的通行做法，儘管強制分布還存在許多不容忽視的弊端。總的來說，強制分布較適用於大型企業，在沒有更好的方法之前，中小企業實施強制分布也是無奈之舉。員工工作的可量化程度是判斷強制分布可行性的關鍵，在資訊系統漏洞較多，甚至尚未建立資訊系統的企業或者員工職責尚不明確的中小企業，強制分布可能會給企業發展造成阻礙。而對於員工人數較少的部門來說，實施強制分布對部門經

理會造成不小的壓力。值得一提的是，如果不能保證可以有效剔除不合格員工，那麼在採用強制分布的做法時就不要設置不合格等級，那樣只會降低績效管理的權威。

「為商之道，要在得人」，能力評價結合績效評價將是企業未來選取人才的重要手段。用能力代替資歷，用業績代替年資，未來企業要將人才選拔真正落實到「一流人才，一流業績」上來。能力評價作為人才選拔的手段，旨在判斷人才的職業定位和培養價值，是向求職者提供恰當的職位、設計合理的職業生涯和合理配給成長資源的基礎。而業績評價則直接反映了人才創造效益的能力，是評價一個成熟人才的重要手段，能力評價結合績效評價的人才選取體系正受到越來越多企業的認同。

4. 在績效回饋環節，鼓勵更加開放和建設性

誰都知道，發揮人的能動性對績效管理有多麼重要的作用，越來越多的企業在思考如何讓員工保持積極樂觀的思維模式，引導員工作出更成功、更有建設性的行為，進而表現出成功的績效。在傳統的績效回饋中，經常有員工把自己績效差歸咎於別的事情或者別人身上，並為自己失敗找藉口。員工對績效管理不是主動接受，而是有著強烈的牴觸情緒地被動執行。這樣的績效管理過程關注的是問題本身而不是解決問題的辦法，因而不會有績效改進行為的發生，也不會有高績效的結果。在開放的和建設性的績效氛圍中，員工應該樂於接受績效計劃，主動配合並執行績效的實施，積極參加績效考核，願意以開放的方式收到績效回饋，實現自身最佳的長期績效。當然，這一切都基於績效結果的應用更加長期或者有建設性，而物質化、功利性的激勵手段只能產出短視、功利的員工及其行為。

5. 在績效結果應用環節，結果應用趨向多元化

正如華人企業習慣將整個績效管理的內容集中在考核環節一樣，企業對績效結果的應用也較為單一，大多體現在利用績效槓桿調整和提升員工的薪酬結構。而績效的應用不止於此，越來越多的企業開始關注績效其他層面的應用。如人才選擇、人才發展、績效改善、培訓開發等方面，績效結果應用層面的多元化能夠有效提升企業人力資源管理效能，這在企業營運成本不斷增加的今天顯得尤為重要。

小視窗：精神一定要領先物質半步，但最後一定要用物質去循環

　　沒有解決利益機制的文化變革都是紙老虎，沒有用物質循環的精神激勵也是無法持久的。在績效管理的應用上，對高績效員工的精神激勵一定要先於物質，但最後的物質激勵也要到位，這個系統才是健康和可持續的。對低績效員工要及時解決，要不進則退，防止形成得過且過的沉澱層。

24.2 績效管理和網路思維

　　有人說，下一個時代是互聯的時代，不管你是否同意，從人力資源角度看，我們確實正面臨著一個新的時代。這場變化來得如此之快，甚至在新的體系沒有完全建立前，舊時代已經出現了崩塌的跡象。新時代的人力資源的新特點，需要我們用新時代的思維來思考和重建。

24.2.1 網路時代下的人力資源

1. 這個時代是怎麼了

「我們不要加班，我們要自由；

我們不要嚴苛的管理，我們要尊重的空間；

我們不要效忠企業的未來，我們在意我們職業的發展；

我們不要你告訴我要做什麼，我雖然是魯蛇，但我們要勇敢做自己。」

　　給錢行嗎？給錢也不行！薪酬的期望下降了，其他的期望卻上升了。61%的人離職是為了謀求更大的職業發展空間，那留下來的是出於什麼原因呢，排在第一的居然是「目前工作和生活較平衡（43%）」。2010 年後，人力資源管理的對象特質發生了巨大變化，「八年級生」、「九年級生」開始成為員工主流，硬性制度已經很難管理這些有個性的員工了。如果你不能理解他們，說明你還不能理解這個時代正在發生的變化。

2. 理解這個萬物皆互聯的時代

　　社會的進步，經濟的富足，人本身素養的提高，加上技術的發展，讓這個「萬物相聯」的時代與以往如此不同。有人說，網路是技術、是工具，從來不是一種新的思維方式，從這個角度來看，網路技術確實把我們更渴望的一些東西從

人性中挖掘了出來。不管我們認不認識到、願不願意融入、牴觸還是不牴觸，我們的思維方式、生活方式、交往方式、工作方式都或多或少受到網路的衝擊和影響，企業的經營管理尤其是人力資源管理，同樣面臨著網路時代所帶來的前所未有的機遇和挑戰。面對一個新時代，任何人、任何企業都應該順勢而為，而不是逆流而動，否則將與新機遇失之交臂，又或者被時代所淘汰。

1）這是一個連接的商業民主時代

借助網路技術，人與社會、人與企業、人與人、現實世界與虛擬世界彼此交融。在這樣一個時代下，資訊的對稱和零距離的溝通，使得商品交易中各相關利益者都可以自由、瞬時表達自己的價值訴求與價值主張，靠資訊的不對稱和黑箱運作獲取利益的盈利模式及股東價值優先的思維慣性被徹底顛覆，取而代之的是以客戶價值與人力資本價值優先、相關利益者價值平衡的盈利模式。對「魯蛇」價值訴求的重視與話語權的尊重，折射出商業交易過程中「廠商價值訴求主導讓位於消費者及相關利益者價值訴求主導」的現象。

2）這是一個基於大數據的知識經濟時代

人與人之間低成本、零距離、無障礙的交流必然會產生大量數據、資訊與知識，這些數據背後隱含著人的需求、個性特徵、情感變化以及深度溝通與思想衝撞所產生的新資訊與新知識。企業的經營決策將日益依賴大數據及數據背後的知識，誰擁有大數據，誰能對大數據進行有效的分析、探勘與應用，誰就擁有未來。透過大數據，可以預測未來，可以客製產品和實現服務的個性化需求，使個性的需求可以得到低成本高效率地滿足。

3）這是一個客戶價值至上與人力資本價值優先的網狀價值時代

資訊的對稱和透明，客戶、員工互動參與、交融，無障礙表達價值訴求與期望，共同構成了以客戶價值與人力資本價值為關鍵連接點的網狀價值結構。在這一網狀價值結構中，客戶價值是各利益相關者價值創造的起點和終點，誰違背了客戶價值的準則，誰就會在網狀價值體系中失去位置和價值創造的機會。而在客戶價值的創造因素中，人才資源因素是最活躍、最具價值創造潛能的因素，又處於優先的位置，這種優先體現在人才資源的優先投資和優先發展。

4）這是一個開放、共享的「有機生態圈」時代

我們過去的企業或價值鏈基本上是串聯關係，而當前所處時代的企業已經開始呈現出串聯、並聯並行的網狀結構關係。在網狀結構中，各個網的節點、節點背後的分支互聯互通成為一個有機的生態圈；有機生態圈各有機體之間，既競爭又合作，既獨立生存又開放包融。開放、合作、共享是有機生態圈良性循環的基本生存法則。企業和社會之間、各個利益相關者之間，企業內各價值創造體之間，形成彼此獨立、相互依存、相互影響和互動交流的有機生命體。在開放的有機生態圈中，沒有了絕對的贏家，無論是誰，都難以做到大小通吃和利益獨享。

3. 理解新時代下的人

這個時代改變了人，或是人改變了這個時代。你不得不承認，變化來得很快，即使這個即將過去的時代的「尾巴」依舊很長。新時代的新變化如表24-1所示。

表24—1　新時代的新變化

即將過去的時代	即將到來的時代
(1) 知識及資本集中於少數人	(1) 人人平等互相尊重民主制
(2) 受認知限制沒有長遠規劃	(2) 目標清晰有明確發展訴求
(3) 更多為物質需求賣力工作	(3) 物質和精神需求日漸平衡
(4) 流水線作業導致技能單一	(4) 知識豐富能勝任不同職位
(5) 生產發展後被迫面臨轉型	(5) 主動跟隨產業發展的節奏
(6) 物質需求能決定產業構成	(6) 精神需求促進服務業增長
(7) 需求複雜地域廣闊規模小	(7) 全球化後導致需求同質化
(8) 解決物流和資金流最重要	(8) 資訊流及策略方向更關鍵
(9) 工具和技術是競爭的焦點	(9) 人才和策略是成敗的關鍵
(10) 收入和利潤是發展的訴求	(10) 客戶和未來是關注的重點
(11) 堅信有成功經驗才能複製	(11) 沒有先例也能靠理論創新
(12) 服從比自己做得更好的人	(12) 認同比自己想得更透的人
(13) 在戰場防守比進攻更重要	(13) 主動出擊不至於被動挨打
(14) 激進的變革可能帶來混亂	(14) 固守成規則必然導致落後
(15) 職責拆分各部門分工作業	(15) 目標清晰團隊集中力量
(16) 部門各自為各自過程負責	(16) 部門為過程結果一起負責
(17) 績效考核數字為激勵標準	(17) 綜合指標為整體結果激勵

24.2.2 網路思維下的績效管理

有節目曾以專題形式闡釋了「網路思維」，「網路思維」在網路、電子商務領域一時名聲大噪，甚至成為某些企業營運管理的口頭禪。

時至今日，網路思維已經被賦予了快捷、便利、免費、互動參與、大數據應

用、粉絲效應、模式創新、互助分享等內涵，一言蔽之，網路思維是區別於傳統型企業的營運思維，其本質上是一種營運理念的創新。網路思維到底是什麼？從概念到應用，大家都還沒有想清楚，爭議不斷，但這並不妨礙我們已經能夠清晰地感受到它所帶給我們的巨大衝擊。而這種思維的衝擊對績效管理又有哪些影響呢？我們又要做哪些準備呢？

1. 去中心化的績效文化，讓價值觀的一致性更加重要

如新時代的變化表格中所述，人們希望在工作中收穫平等和互相尊重，我們看到去中心化的思想越來越盛行。但如果在企業中沒有了層級，沒有了主管，沒有了規則，那還是一個企業嗎？權力下放給企業帶來了民主，帶來了創新，但也會帶來無序或者無效，最重要的是，它需要網路中單一個體和其相連的周邊個體的有效溝通。例如，一間餐廳授權讓每個服務生都能夠根據基本原則去處理客戶投訴，或者免費、或者增加服務內容，以達到超出客戶期望的目的，那麼每一個服務生就是連接在企業中的「自治體」。他的決策需要依靠觀察周邊的環境（投訴的顧客、周邊的顧客、周邊的服務生、廚房的菜餚供應）以及結合自己的「本能反應」（按照自己的價值觀去判斷該如何處理）。

為什麼主管做決策，基層來執行，很重要的一方面原因是上級掌握更多做決策的資訊，在大數據時代，數據因需而動，只要有授權，所有人都能接觸到企業營運的相關資訊，資訊鴻溝在逐步被消除。因此，一旦建立了這種授權系統，企業便可以建立縱橫交錯的瞬時網路溝通系統，以幫助個體判斷周邊環境，因此，企業更需要挑選和任用符合企業核心價值觀的員工，以保證個體的基因一致。

網路改變了人與企業的關係，改變了人與企業的力量對比，企業中話語權的分散使資訊的發布權力掌握在每一個個體手中，而他們又依靠個體的影響力去掌握資源。現在，越來越多的企業重視僱主品牌的內外建設，對外吸引欣賞公司文化的人才加入，對內凝聚和打造強勢文化，企業朝著保證個體基因一致的方向發展，以適應充分授權的需要。在績效體系中，價值觀和文化的力量將愈發被重視。

2. 績效制度試點，找到你的「粉絲」，讓員工支持你，與人力資源部一起工作

我們推行一項績效方案，要得人心，如果閉門造車，不能以產品化的思維來設計，那麼，或者是你，或者是制度，總有一項將被「埋葬」。在網路思維下，我們需要透過 LINE、Facebook 與電子信箱等方式，讓員工參與人力資源管理，讓員工成為我們產品的「粉絲」，時刻為人力資源管理工作建言獻策，與人力資源部一起「工作」，共同打造以實際需求為基礎的人力資源解決方案。

「粉絲」效應的最大好處是可以展開討論，人力資源部做好方向性指導，總結得出大家認可的結論。這其實是一種最原始的立法過程，也是最有效和最容易實現員工自我管理的方法。

《哈佛商業評論》（Harvard Business Review）曾報導，在全球最大的番茄加工商晨星（Morning Star）中，所有人員「都是自我管理的專業人士，他們主動與同事、客戶、供應商和業內同行溝通並協調彼此的活動，無須聽從他人的指令」。在晨星，透過制定個人使命宣言、全員監督、員工內部調解委員會、員工薪酬委員會等方式，明確員工協商職責範圍，誰都可以使用公司的資金，獲取所需工具，其薪酬水準則取決於同事評價。該公司 400 多名全職員工，每年創收均在 7 億美元以上。

3. 績效考核做減法，去除繁文縟節，讓考核簡單、便捷、高效

人力資源部門是企業規章制度的制定者、執行者、監督者，往往給員工以「官僚」和「故作深沉」的感覺。其實，真正讓員工覺得「深沉」的，是那些散發腐朽氣息的規章制度。人性需要的是引導而不是約束，約束是為了減少出錯，約束是無法產出讓你有驚喜的員工的。另一方面，網路思維要求產品快捷便利，要讓使用者可以用最少的時間完成對產品的理解和熟悉。許多規章制度的制定，有其歷史遺留原因，甚至互相衝突、互相掣肘，我們需要對公司龐大的制度體系進行週期性修繕、簡化，以使之符合新時期企業和員工的需求。

再來看看我們面對的各類資訊。網路時代資訊的產生和交換是如此快速而便捷，但人們不喜歡過多的資訊噪音，人們只希望收到精準有效的資訊。極簡主義對我們提出了更高的決策要求。如果無法從一堆備選方案中挑出一個最優方

案，比較容易的方法是幾個方案都做，即用實際結果來檢驗。總的來說，極簡主義會要求事先作出選擇，拋棄那些對使用者不重要的方案，以使使用者感受到簡單的美。

回到績效考核，作為管理者，我們有沒有被資訊過載？我們建立各種流程，設立各種檢測指標，繪製各種報表，用各種 KPI 去考核員工的績效表現，但這些數據，有多少能簡明扼要地幫助我們決策？而我們的員工，有哪一個能夠隨時把公司的考核要點背全？

想想你們公司的員工績效考核表的指標數量吧！

4. 用情感連接使用者，績效輔導讓每一次互動都更有人情味

網路改變了一般的商業模式。企業服務的目標對象不再僅僅針對客戶（有意願和能力掏錢買產品或服務的人），而是針對所有使用者（只要他有意願使用你的產品或服務，哪怕他根本沒意願付錢買單）。因此，網路產品的基本商業模式是：免費。那麼到哪裡去賺錢呢？可以透過和使用者的互動產生數據，用數據去賺錢；或者透過和使用者建立情感連接，產生更多的需求，靠提供增加值來賺錢。

網路剛開始流行的時候，有句笑話說：你其實並不知道網路那頭是一個人，還是一條狗。但行動網路和社交網路的盛行，使這個故事現在變成：每一個手機螢幕後面都是一個感情豐富的人。於是，一些官網、官方帳號順應潮流，在發布消息的時候也充滿了人情味，使自己富有個性。不得不承認，現在的網路是用智慧與情感來連接使用者的。

績效考核的使用者是誰，應該是我們的受眾 —— 員工；績效考核的客戶是誰，最主要的是僱傭我們的企業。未來，我們的價值在於和使用者建立情感連接，產生更多的需求，不斷提供增值服務。績效輔導不再是冰冷地指出錯誤，GROW 模型不再是以完成冰冷目標為核心的「割肉模型」，而是以使用者為中心的一次互動體驗，而每一次的互動都是在進行情感的連接、增加溝通深度、展示自己的思想魅力、考慮對方的需求和感受、展示平等和尊重等。在行動網路時代，我們應該拋棄唯利是圖的做法，拋棄只看投入產出比的狹隘思想，特別是在保留和激勵優秀人才方面，應在員工的感情銀行裡預存入更多資金，以期日後會

有雙倍的回報。

5. 即時回饋的回饋系統，建立全面認可的激勵體驗

行動網路時代，所有的東西都變得越來越快，產品更新迭代越來越快，消費者興趣轉換越來越快，商機也是稍縱即逝，沒有人願意多等一秒鐘。而在人力資源管理領域，我們一方面教導一線業務主管，提供員工的績效回饋要及時，獎勵要 On-the-Spot，差錯要及時糾正。但在機制和實際操作上，多數企業在用一年一次（或兩次）的績效評估系統來收集正式的員工表現回饋。在獎勵上，表現優秀的員工不能夠得到及時地提升；在決定懲處時，需要層層審批，害怕出錯。

隨著新生代員工日益成為人力資源主體，傳統的薪酬激勵方式難以滿足員工的期望要求，激勵手段太過單一，激勵過程缺乏員工的互動參與，績效考核滯後導致激勵不及時、激勵失效以及無法吸引、保留人才等。將員工激勵體系由週期激勵變為全面認可激勵，是解決這些問題和困惑的有效途徑。認可激勵是指全面承認員工對企業的價值貢獻及工作努力，及時對員工的努力與貢獻給予特別關注、認可或獎賞，從而激勵員工開發潛能、創造高績效。

我們一方面要使員工的需求和價值訴求的表達更快捷、更全面、更豐富，另一方面，行動網路也可以使企業對員工的價值創造、價值評價與價值分配更及時、更全面。因此，網路時代呼喚全面認可激勵，並且也為全面認可激勵的實施提供了技術基礎。企業可以透過行動網路讓企業對員工的績效認可與激勵無時不在，無處不在。而員工所做的一切有利於企業發展、有利於客戶價值及自身成長的行為都將得到即時認可和激勵。全面認可激勵可以實現激勵措施的多元化與長期化，提升員工的自我管理能力和參與互動精神，給企業帶來更多的合作、關愛和共享，維護員工工作與生活的平衡，有利於公司文化和制度的落實和推進。

6. 運用大數據，績效過程和結果績效終於能被「預測」了

網路技術透過追蹤使用者的網路使用習慣，透過各種數據分析，歸納和演繹出使用者行為模式，從而預測使用者的潛在需求。不管是使用搜尋引擎，還是網路購物，還是社交媒體工具，你常常會看到一個小按鈕「猜你喜歡」，這是怎麼回事呢？就是後臺透過機器學習，分析使用者的使用習慣，從而推理出你的興趣和需求。從某種程度上看，透過機器學習，機器會比人更聰明，更能懂

得你的心。這背後依靠的就是大數據技術，使用得當，它能夠比人類的直覺判斷更準確。

人力資源部門的數據數量，恐怕不比財務部門少，如履歷數據、考勤數據、獎懲數據、績效數據、培訓數據、員工檔案數據等，加上未來可穿戴設備對人行為和情緒的記錄，企業能夠隨時隨地收集關於工作現場、員工互動數據，將員工行為與情感數據化。未來，運用大數據技術，我們應該成為數學家，更多的數據被用來輔助決策，人與企業之間、人與人之間連接累積、集聚的巨量大數據將為人力資源的程序化決策與非程序化決策提供無窮的科學依據，從而使人力資源管理真正實現「基於數據」並「用數據說話」。透過建立關係模型，我們也許可以預見某個具體工作人員的個人績效行為和其行為直接導致的績效結果，若結果顯示業績下滑，就可以及時地「挑出」有問題的員工，開展績效輔導。作為團隊的指揮官，你就如現場指揮的教練，運用數據分析的方法對球員的場上發揮作出預見，在狀態最好的時候派他上場，而在其狀態下滑的時候及時調整人員。

7. 發揮長尾效應，只有人盡其才，沒有辭退淘汰

長尾理論主要是說，由於網路把商品展示的管道和場地無限低成本地拓展了，所以，我們沒有必要只盯住大客戶的需求，而滿足那些數量巨大但需求不旺的中小客戶的需求往往也可以帶來同樣大的市場，而且會使我們更有競爭優勢。

在人力資源管理領域，為了提高企業效率，從來都是強調發掘和培養關鍵人才的。每個大公司都有一套繁雜的績效考核系統，將所有員工分級，對優等員工加倍獎勵，而對低劣績效的員工進行訓誡，甚至開除。比較著名的就是 GE 的末位淘汰法則。微軟為什麼要放棄曾經被管理界奉為圭臬的績效分級制度？因為人們發現，分級制將會扼殺創新，典型例子便是業績連續下滑的 SONY。

傳統的分級理論的假設是人都是相似的，都是可比的，但事實上，每個個體都是獨一無二的，都會有其所長，個人沒有達到績效往往是因為人崗之間的不配合，而不配合往往又是由於資訊匱乏和失真造成的。如果我們相信網路最終能夠把人的思想和智慧串聯起來，運用大數據技術，在人際網路裡自由配對，我們就有理由相信，公司企業中不再存在「核心」員工，每一個員工都可以在適合自己的職位上發揮關鍵作用，每個人都有獨特的角色，而每個員工是否勝任工作，則

可以由其周邊的環境回饋來獲得證明。

　　如果未來的無邊界企業系統能夠把管理的資源按照使用者需求，自然地隨機地投放到各個最需要的自治個體身上，讓每一個自治個體都發揮其最大作用，而各個自治個體的任務和角色均由系統環境作出瞬時的回饋和調整，那麼由這樣一群自治個體組成的，隨時可應個體使用者需求並發揮每個個體最大創造潛力的群系統就能取得最大的競爭優勢。

8. 績效結果輕應用，聚焦工作本身帶來的樂趣，減少物質刺激的頻率和強度

　　員工激勵，沒有錢不行，但光給錢更不行。傳統的績效循環往往將員工和物質激勵緊密結合起來。但過度的物質刺激反而會讓一個優秀的員工迷茫，我的價值真的都要用物質來衡量嗎？那工作本身帶給我的快樂如何來衡量呢？

　　所謂的人與產品的「偉大」是「熬」出來的，撈一把就走的心態無法成就一個偉大的產品，更無法成就一個事業成功者。而真正的網路思維，我們希望員工聚焦於做讓使用者尖叫的產品，產品不僅免費，而且要最好；其次才是利潤，有了黏性，有了增值服務，自然有了願意付費的客戶。聯繫到我們的管理，給員工充分的安全感、適度的緊張度、深度的自我驅動力，再加上團隊的化學反應，共同引爆員工的創造力，這應該是網路時代的績效經理所應該追求的東西。所以，給員工以安全感，減少物質刺激的頻率和強度，給他們欣賞和擁抱，發自內心地為他們按讚，因為，工作本身就是對他們最好的獎賞。

　　以上判斷有些還處在萌芽期，有些似是而非，有些還在演進，但其中更多的判斷記錄了不同時代人力管理的新變化，變化已然發生，技術已經在真正地改變著我們的工作及生活。例如，人的需求多元化、個性化，人的流動頻率加快，人對企業的黏度降低，人的價值創造能力能夠進一步放大，小人物能夠創造大價值。這些變化要求企業重新審視「人」這個企業中最重要、最核心的資源，真正從人力資本至上角度重構管理理念和模式，接受以上這些變化，並以全新視角、理念對其進行體會、加以運用，你就能把握住變化中蘊藏的每一分正在勃發的積極力量。

附錄　企業常用績效考核指標字典

指標1：平衡計分卡指標─財務

關鍵績效指標	指標定義/計算公式	資料來源
部門費用預算達成率	（實際部門費用÷計劃費用）×100%	部門費用實際及預算資料
專案研究開發費用預算達成率	（實際專案研究開發費用÷計劃費用）×100%	專案研究開發費用實際及預算資料
課題費用預算達成率	（實際課題費用÷計劃費用）×100%	課題費用實際及預算資料
招聘費用預算達成率	（實際招聘費用÷計劃費用）×100%	招聘費用實際及預算資料
培訓費用預算達成率	（實際培訓費用÷計劃費用）×100%	培訓費用實際及預算資料
新產品研究開發費用預算達成率	（實際新產品研究開發費用÷計劃費用）×100%	新產品研究開發費用實際及預算資料
承保利潤	壽險各險種的死差損益情況，死差損益＝實際死亡率－預期死亡率	理賠統計、精算部
賠付率	（本期實際賠付額＋本期末決賠款－本期支付上期未決賠款）÷本期的壽險風險保費	理賠統計、精算部
內嵌價值的增加	將來保單價值的貼現值	精算部、財務部
人力成本總額控制率	（實際人力成本÷計劃人力成本）×100%	財務部
標準保費達成率	（公司實際標準保費÷計劃標準保費）×100%	財務部
附加備金占標準保費比率	（附加備金÷行銷標準保費）×100%	財務部
續期推動費用率	（續期推動費用÷「孤兒單」佣金）×100%	財務部
業務推動費用占標準保費比率	（業務推動費用÷標準保費）×100%	財務部
公司總體費用預算達成率	（公司實際總費用÷預算總費用）×100%	管理費用實際及預算資料
公司辦公及物業管理費用預算達成率	（實際數÷預算數）×100%	財務部
車輛費用預算達成率	（實際數÷預算數）×100%	財務部
管理費用預算達成率	（實際數÷預算數）×100%	財務部
日常辦公費用預算達成率	（實際數÷預算數）×100%	財務部
辦公費用預算達成率	（實際數÷預算數）×100%	財務部
會務、接待費用達成率	（實際數÷預算數）×100%	財務部
專項費用預算達成率	（實際專項費用÷預算專項費用）×100%	財務部
銷售目標達成率	（實際銷售額÷計劃銷售額）×100%	銷售報表
理賠率	（理賠數量÷銷售數量）×100%	理賠報表
產品/服務銷售收入達成率	（實際銷售收入÷計劃銷售收入）×100%	銷售月報表
全部帳戶淨投資收益率/同期 Benchmark	全部帳戶淨投資收益率÷投資委員會選擇的市場基準收益率 （Benchmark＝國債指數、企業債指數、封閉式基金指數、LIBOR、CFO評估的CD基準利率按計劃的可投資比例加權的同期收益率）	財務部/證券市場公布資料

（續表）

關鍵績效指標	指標定義/計算公式	資料來源
投資收益率計畫達成率（董事會批准的年度計劃收益率）	全部帳戶淨投資收益率÷董事會批准及不時調整的年度投資計劃	財務部
不良帳款比率/Benchmark	按照中央銀行貸款分類標準逾期不能收回的資產占可投資資產的比重÷年初投資委員會確定的基準（Benchmark＝投資委員會年初批准的比例）	財務部
（普通帳戶債券投資＋全部帳戶直接投資淨投資收益率）/同期Benchmark	所管轄帳戶淨投資收益率÷CEO選擇的市場基準收益率（Benchmark＝國債指數、企業債指數、LIBOR、CFO評估的CD基準利率按計劃的可投資比例加權的同期收益率）	財務部
普通帳戶基金投資淨投資收益率/同期Benchmark	所管轄帳戶淨投資收益率÷CEO選擇的市場基準收益率（Benchmark＝同期封閉式基金指數收益率）	財務部
全部獨立帳戶直接投資淨投資收益率/同期Benchmark	所管轄帳戶淨投資收益率÷CEO選擇的市場基準收益率（Benchmark＝同期國債指數、企業債指數、封閉式基金指數及CD基準利率按可投資比例加權的同期收益率）	財務部
所負責項目的淨投資收益率/同期Benchmark	所管轄帳戶淨投資收益率÷CEO選擇的市場基準收益率（Benchmark＝相應項目的指數同期收益率水準）	財務部
投資收益率計劃達成率	所管轄帳戶淨投資收益率÷CEO批准及不時調整的年度投資計劃	財務部
銷售目標達成率（資產管理中心）	（實際直接銷售資產管理產品收入÷計劃收入）×100%	綜合管理部

指標2：平衡計分卡指標—客戶

關鍵績效指標	指標定義/計算公式	資料來源
包裝水準客戶滿意度	接受隨機調查的客戶對包裝水準滿意度評分的算術平均值	包裝水準客戶滿意度調查
某重點產品市場占有率	平均值：產品市場銷售額÷市場容量	市場銷售月報，市場資料
公共關係效果評定	對與媒體、保險學會及社會的效果評定	上級領導評定
解決投訴率	（解決的投訴數÷投訴總數）×100%	投訴記錄及投訴解決記錄
客戶投訴解決速度	年客戶投訴解決總時間÷年解決投訴總數	投訴記錄
行銷計劃達成率	（行銷實際標保÷行銷計劃標保）×100%	財務部
新契約保費市場占有率	（新契約標保÷新契約市場總容量）×100%	財務部
新契約保費增長率	（本年度新契約標保－上一年度新契約標保）÷上年度新契約標保	財務部
13個月代理人留存率	（服務滿12個月的人數÷12個月前入司的人數）×100%	財務部

（續表）

關鍵績效指標	指標定義/計算公式	資料來源
續期任務達成率	二次達成率＝寬限期末實收的二次保費÷考核期間應收的二次保費；三次達成率＝寬限期末實收三次保費÷考核期間應收的三次保費	資訊技術部
續保率	（續保實收首期件數÷續保應收首期件數）×100%	財務部
出租率	出租的面積÷應出租的面積	物控中心
市場知名度	接受隨機調查的客戶對公司知名度評分的算術平均值	問卷調查
媒體正面曝光次數	在大眾媒體上發表宣傳公司的新聞報導及宣傳廣告的次數	大眾媒體
危機公關出現次數及處理情況	總公司級危機事件在中央級、全國性媒體出現的產生重大負面影響的報導次數及處理情況	大眾媒體、上級主管評價
公共關係維護狀況評定	與媒體、保險學會及社會保持良好溝通和合作的狀況	上級主管評價
網站使用者滿意度	對客戶進行隨機調查的網站滿意度評分的算術平均值	支持滿意度調查
客戶滿意度	接受隨機調查的客戶和代理人對服務滿意度評分的算術平均值	客戶滿意度調查
客戶投訴解決的滿意率	（客戶對解決結果滿意的投訴數量÷總投訴數量）×100%	客戶投訴記錄
服務推廣數量的達成率	（服務實際推廣數量÷服務計畫推廣數量）×100%	服務統計資料
新客戶增加率	（本期新客戶數÷總客戶數）×100%	客戶數
老客戶比率	（本期老客戶數÷客戶總數）×100%	客戶數
新產品的開發數量	產品上市的實際數量	銷售資料
技術服務滿意度	對客戶進行隨機調查的技術服務滿意度評分的算術平均值	對客戶技術服務滿意度調查
直銷客戶滿意度	對直銷客戶進行隨機調查的滿意度評分的算術平均值	綜合管理部組織評估

指標3：平衡計分卡指標—內部營運類

關鍵績效指標	指標定義/計算公式	資料來源
書面的流程和制度所占的百分率（ISO標準）	（書面化的流程和制度目÷所有需要制定的流程和制度總數）×100%	需書面化的流程與制度規定
工作目標按計劃完成率	（實際完成工作量÷計劃完成量）×100%	工作記錄
報表資料出錯率	（查出有誤報表數量÷提交報表總數）×100%	報表檢查記錄
文書檔案歸檔率	（歸檔文檔數÷文檔總數）×100%	文檔記錄
財務報表出錯率	（查出有誤的財務報表數量÷提交的財務報表總數）×100%	財務報表檢查記錄
財務分析出錯率	（有誤的財務分析數量÷提交的財務分析總數）×100%	財務分析記錄

（續表）

關鍵績效指標	指標定義/計算公式	資料來源
各部門預算準確率	（1－超出或未達成預算÷部門預算）×100%	各部門費用預算達成率
KPI詞典更新的及時性	將新生成的KPI第一時間放入KPI詞典	KPI詞典
策劃方案成功率	（成功方案數÷提交方案數）×100%	策劃方案提交與成功記錄
提交專案管理報告及時性	（按時提交管理報告÷報告總數）×100%	專案管理報告記錄
管理委員會對辦公室服務滿意度	管理委員會對辦公室服務工作的滿意度調查的算術平均值	滿意度調查
內部客戶滿意度	接受民主測評的相關部門對被測評部門所提供服務的滿意度	內部客戶滿意度民主測評結果
招聘空缺職位所需的平均天數	招聘空缺職位所用的總天數÷空缺職位總數	招聘天數記錄
員工工資發放出錯率	錯誤發放的薪資次數÷發放的薪資次數	薪資發放記錄
績效考核資料準確率	（實查有誤資料÷考核資料總數）×100%	投訴記錄
績效考核按時完成率	（按時完成的績效考核數÷績效考核總數）×100%	績效考核記錄
內部網路建立的安全性	內部網路安全運行	系統故障記錄
個案完成及時性	個案處理時間＝個案完成的日期－個案上報的日期	上報與批復的文件
統計分析的準確性和及時性	及時對各分公司的核保、核賠資料進行統計分析，並使分析結果具有使用價值	上級主管的評價
分公司總經理室及相關部門滿意度	分公司總經理室及相關部門對客戶服務部工作的滿意度	問卷調查
提出新產品建議的數量和品質（鼓勵創意性指標）	主管認可的新產品建議的數量和品質	上級主管的評價
建立與國家研究及政府部門的聯繫	與國家研究部門及政府部門聯繫的廣泛與密切程度	相關部門及上級評價
對外資訊披露的及時性	按照章程規定的時間向外界披露應該披露的資訊	披露的文件記載
股東及董事滿意度	股東及董事對董辦工作的滿意度	滿意度調查
充分及時掌握相關政策、法規的變化	對與董事會工作相關的政策法規的變化及時掌握，及時應對	上級評價
與股東、董事溝通的及時性、準確性	及時、準確地與股東、董事溝通的程度	上級評價
會議組織、安排的有效性	及時、有效安排會議的程度	上級評價
英文資料翻譯的準確率	（準確提供的英文資料的數量÷按照章程規定應該提供的英文資料的數量）×100%	英文資料翻譯檢查記錄
資訊的準確性	內部及對外部發布的資訊的準確性	上級評價
內部資訊收集的及時性	及時收集公司內部的與董辦工作相關的資訊	發布的文件
內部客戶滿意度（部門秘書）	部門內部及相關部門的滿意度	滿意度調查
勞動合約簽訂的及時性	勞動合約簽訂時間＝勞動合約簽訂或續簽時間－按照規定簽訂或續簽勞動合約的時間	工作記錄

（續表）

關鍵績效指標	指標定義/計算公式	資料來源
入職離職手續辦理的及時性	員工入職或離職辦理相關手續時間＝員工入職或離職實際辦理相關手續時間－按照規定辦理員工入職或離職相關手續時間	工作記錄
人員編制控制率	（實際人力÷計劃人力編制）×100%	上報文件
機構擴展達成率	（實際擴展的機構÷計劃擴展的機構）×100%	上報文件
機構內設控制率	（各機構下的實際部門及職位設置數÷計劃數）×100%	上報文件
法律意見建設性	法律意見被提意見對象和法律部主管的認可	上級主管的評價
訴訟事件處理結果與公司方案的一致性	公司批准的訴訟方案與訴訟結果的比較	工作記錄
對於對外簽署的法律文件提出意見的有效性	經法律部審批的法律文件合法、合規或貫徹了公司主管的意圖	上級主管的評價
稽核意見的建設性	稽核意見被提意見對象和法律部主管的認可	上級主管的評價
稽核報告的品質	符合內部稽核的工作規定；有無重大差錯；稽核建議的針對性、有效性	上級主管的評價
ISO9000品質手冊有效性的維護	ISO工作內部協調、督導和培訓；文件的及時修改與更新；ISO協會的評價（品質、效率）	上級主管的評價
會議組織品質	會議組織安排的及時性，形式、主題、材料準備是否充分	會議記錄、紀要
與各分公司日常聯絡	與各分公司保持暢通的資訊聯絡	電話、文件、E-mail
文件傳遞效率	按照文件的緊急程度按時、按質傳遞	公司文件流轉規定
文件製作效率和準確性	按照文件類型及時製作、印發	公司公文管理規定
機要檔案和文件的歸檔	機要、文件、檔案及時歸檔	公司公文管理規定
公章使用準確性	用章類型、流程、批准程序正確	公章管理辦法
OA系統使用管理	OA系統的正常使用	OA系統使用狀況
司機出車安全率	（安全出車次數÷實際出車次數）×100%	出車記錄
出入庫手續齊全率	（應辦手續÷實辦手續）×100%	出入庫記錄
帳務差錯數	查出錯誤的帳務數	帳務記錄
安全事故發生次數	在某一段時間內被定義的安全事故發生的次數	安全事故處理報告
企業文化建設任務達成率	（實際達到的企業文化建設效果÷預期達到的效果）×100%	工作記錄
新聞審稿準確率	（準確發佈新聞稿件÷全部發佈的新聞稿件）×100%	工作記錄
宣傳檔案歸檔率	（歸檔宣傳文檔數÷文檔總數）×100%	文檔記錄
網站出錯率	（頁面出錯個數÷總頁面數）×100%	客戶投訴記錄
設計製作出錯率	（設計製作規範÷製作總頁數）×100%	測試記錄
資訊內容出錯率	（資訊內容及錯別字出錯數÷總的資訊更新量）×100%	檢查記錄
資訊更新延誤率	資訊更新時間是否依照規定時間執行	檢查記錄

（續表）

關鍵績效指標	指標定義/計算公式	資料來源
服務回應時間	向客戶提供服務的回應時間的平均值	客戶服務記錄
「XX線上」知名度的提高	對隨機調研的業界和最終客戶對「XX線上」認知度的提高百分比	市場調查
媒體曝光次數	有關「XX線上」的文章在新聞媒體上發布的數量	媒體剪報匯總記錄
媒體危機情況處理成功率	（媒體危機情況處理成功案例數÷媒體危機情況案例總數）×100%	記錄情況
應用開發出錯率	（出錯的功能塊個數÷總功能塊數）×100%	軟體開發文件
系統和網路故障率	〔發生故障次數÷（設備數×天數）〕×100%	系統故障記錄
業務管理規範程度及效率	業務流程順暢、業務管理規定書面化、業務流程高效化	實際業務
專案報告按時完成率	（按時完成的專案報告數量÷需要完成的專案報告數量）×100%	工作記錄
專案成功率	（成功的專案數量÷專案總數量）×100%	工作記錄
網站建設配合流暢度	完備的策劃案、編輯和設計製作的完整銜接	客戶檔案和業務記錄
客戶檔案和業務單證完備率	（完備的客戶檔案和業務單證數量÷客戶檔案和發生業務總數）×100%	客戶檔案和業務記錄
檔案管理出錯率	（查出管理有誤的檔案數量÷檔案總數）×100%	檔案管理檢查記錄
檔案更新延誤率	（延誤檔案更新的數量÷檔案總數）×100%	檔案管理檢查記錄
CEO滿意度	接受隨機調查總經理對文章撰稿等方方面面滿意度評分值	總經理滿意度調查
專案調查報告的認可數量	專案調查報告被認可的實際數量	工作記錄
工作制度和工作流程實施、改進比率	（實施的新制度和流程數÷制定的新制度和流程總數）×100%	中心綜合管理部組織評估
政策風險控制效果	（直屬上級評估標準）	中心綜合管理部組織評估
組合經理指令執行效果	（直屬上級評估標準）	中心綜合管理部組織評估
專案論證的參與程度、效果	（直屬上級評估標準）	中心綜合管理部組織評估
工作文檔管理的完整性和時效性	（直屬上級評估標準）	中心綜合管理部組織評估
研究報告預測的明確與準確程度	（直屬上級評估標準，聘請外部專家、合作夥伴對每篇研究報告進行評估）	綜合管理部組織評估
研究報告數量	（直屬上級評估標準）	綜合管理部組織評估
公開發表研究報告數量	（直屬上級評估標準）	綜合管理部組織評估
資料引用、處理的合理性	（直屬上級評估標準）	綜合管理部組織評估
研究報告深度	（直屬上級評估標準）	綜合管理部組織評估
專案計畫目標達成率	（直屬上級評估標準）	綜合管理部組織評估
新產品開發及市場推廣成功率	（研究開發部經理評估標準）	綜合管理部組織評估
新客戶開發成功率	（研究開發部經理評估標準）	綜合管理部組織評估
新產品開發數量	（研究開發部經理評估標準）	綜合管理部組織評估

（續表）

關鍵績效指標	指標定義/計算公式	資料來源
後台作業差錯率	（中心CEO評估標準）	中心綜合管理部組織評估
作業流程制度化和標準化程度	（中心CEO評估標準，由總經理評估，包括所有負責的後台系統）	中心綜合管理部組織評估
作業流程優化及實施程度	（中心CEO評估標準）	中心綜合管理部組織評估
後台作業的效率	（中心CEO評估標準）	中心綜合管理部組織評估
後台支援的主動性	（中心CEO評估標準）	中心綜合管理部組織評估
系統故障率	（綜合管理部經理評估標準）	綜合管理部組織評估
系統危機處理效率	（綜合管理部經理評估標準）	綜合管理部組織評估
系統管理標準化、制度化程度	（綜合管理部經理評估標準）	綜合管理部組織評估
系統管理作業流程優化的實施程度	（綜合管理部經理評估標準）	綜合管理部組織評估
工作文檔管理的完整性和時效性	（綜合管理部經理評估標準）	綜合管理部組織評估
清算資料時效與準確性	（綜合管理部經理評估標準）	綜合管理部組織評估
清算作業流程標準化、制度化程度	（綜合管理部經理評估標準）	綜合管理部組織評估
清算作業程序改良與實施程度	（綜合管理部經理評估標準）	綜合管理部組織評估
行政服務工作量與效率	（綜合管理部經理評估標準）	綜合管理部組織評估
資金劃撥在途時間	（綜合管理部經理評估標準）	綜合管理部組織評估
資金調撥作業流程制度化、標準化程度	（綜合管理部經理評估標準）	綜合管理部組織評估
資金調撥作業流程改良及實施程度	（綜合管理部經理評估標準）	綜合管理部組織評估
流動性報表及現金流量預測的有效性	（綜合管理部經理評估標準）	綜合管理部組織評估
法定會計核算差錯率	（綜合管理部經理評估標準）	綜合管理部組織評估工作
管理資訊報表的有效性、準確性和及時性	（綜合管理部經理評估標準）	綜合管理部組織評估工作
未發現的交易差錯比率	（綜合管理部經理評估標準）	綜合管理部組織評估工作
法律文書起草的規範性	（綜合管理部經理評估標準）	綜合管理部組織評估工作
法律文書服務的效率	（綜合管理部經理評估標準）	綜合管理部組織評估工作
參與研究專案提供法律建議的有效性	（綜合管理部經理評估標準）	綜合管理部組織評估工作
投資法律風險控制效果	（綜合管理部經理評估標準）	綜合管理部組織評估工作
銷售部門滿意度	（滿意度調查問卷評估標準）	中心綜合管理部組織評估
內部投資經理滿意度	中心投資經理採用滿意度調查問卷評估	中心綜合管理部組織評估
內部客戶滿意度（中心資產組合管理部、研究開發部評估）	資產組合部、研究開發部、總經理採用滿意度調查問卷評估	中心綜合管理部組織評估

（續表）

關鍵績效指標	指標定義/計算公式	資料來源
內部投資經理/研究員滿意度	滿意度問卷調查	綜合管理部組織評估
投資經理/投資會計滿意度	滿意度問卷調查	綜合管理部組織評估
投資經理、財務經理滿意度	滿意度問卷調查	綜合管理部組織評估

指標4：平衡計分卡指標—學習與成長類

關鍵績效指標	指標定義/計算公式	資料來源
個人培訓參加率	（實際參加培訓次數÷規定參加培訓次數）×100%	培訓出勤記錄
部門培訓計畫完成率	（部門培訓實際完成情況÷計畫完成量）×100%	部門培訓計劃記錄
提出建議的數量和品質（鼓勵創意性指標）	領導認可的新產品建議的數量和品質	上級主管的評價
公司內勤培訓規劃的制定及實施	制定公司總體及各職位的培訓規劃，並組織實施	上級主管的評價
員工自然流動率	（離職人數÷現有人數）×100%	人力資源部
創新建議採納率	（被採納的創新建議數量÷部門建議總數量）×100%	創建議採納記錄
培訓種類	培訓種類總計	培訓種類記錄
員工培訓與激勵滿意度（包括培訓計畫完成率、員工激勵等）	下屬員工用滿意度調查表評分	中心綜合管理部組織評估
研究開發部員工滿意度	滿意度調查問卷評估	中心綜合管理部組織評估
研究專案創新及專案規劃、組織	（中心總經理評估標準）	中心綜合管理部組織評估
培訓與研討參與率	（實際參加培訓與研討的員工數÷規定應參加培訓與研討的總人數）×100%	培訓研討出勤記錄
培訓參與率	（實際參加培訓的員工數÷規定應參加培訓的總人數）×100%	培訓出勤記錄
內部員工滿意度	（綜合管理部經理評估標準）	綜合管理部組織評估工作

指標5：財務會計KPI

序號	指標	指標定義	功能
1	工資銷售收入比例	財政年度內的全部銷售收入與當期全部薪資成本的比值	檢測薪資的投入產出效率，鼓勵公司提高員工整體素養和能力
2	產品毛利率	產品毛利÷產品銷售收入	檢測公司當前經營模式的效率
3	利潤總額	一定週期內完成的利潤總額	檢測公司的經營效果
4	利潤總額增加率	（本期利潤總額－上期利潤總額）÷上期利潤總額	檢測公司改良經營模式、提高管理水準、追求利潤最大化的能力

（續表）

序號	指標	指標定義	功能
5	集團利潤貢獻率	某分（子）公司利潤總額÷集團公司利潤總額	檢測分（子）公司在全公司利潤中的貢獻度
6	資金沉澱率	一定週期內流動資金用於固定投資和彌補虧損的資金佔用額占全部流動資金總和的比例	檢測流動資金的使用和周轉效率
7	資金周轉率	一定週期內流動資金的周轉率	檢測公司資金周轉情況
8	投資收益率	稅後利潤÷實收資本	檢測公司的投資收益情況
9	資產負債率	負債總額÷資產總額	檢測公司的資產負債情況

指標6：生產管理指標

序號	指標	指標定義	功能
1	產值	一定週期內完成的入庫品總額	檢測一定週期內的勞動生產總額
2	生產計劃完成率	實際生產完成量÷計劃完成量	檢測生產部門生產計畫完成情況
3	按時交貨率	按時交貨額÷計劃交貨額	檢測生產部門生產進度執行情況
4	全員勞動生產率	總產值÷員工總人數	檢測員工平均生產值，確定全員勞動生產率
5	設備折舊率	設備折舊費用÷設備資產	檢測資產消耗占設備資產比率，以測定設備利用情況
6	設備故障率	設備故障檢修費用÷產值	檢測設備資產的消耗在總產值中的比重
7	工具消耗率	工具消耗額÷產值	檢測工具消耗與產值的比率關係，越少越好
8	生產安全事故發生數	一定週期內發生的安全生產事故數	檢測生產部門生產安全管理的效果
9	生產安全事故損失率	生產安全事故損失額÷產值	檢測生產安全事故造成的生產損失情況
10	生產安全事故處理的即時性	生產安全事故是否得到了及時有效的處理	檢測生產安全部門的工作情況
11	生產作業現場的整潔、有序性	生產作業現場是否擺放整齊，存放是否有秩序	檢測生產作業工廠的現場管理情況

指標7：成本控制指標

序號	指標	指標定義	功能
1	主營業務成本總額	產品生產成本	檢測分（子）公司的主營業務成本，為分（子）公司降本增效提供依據
2	製造費用與主營業務成本比率	製造費用÷主營業務成本	檢測製造費用在主營業務成本中的比例
3	製造成本與主營業務成本比率	製造費用÷主營業務成本	檢測製造成本在主營業務成本中的比例
4	管理費用	在生產銷售產品中所發生的管理費用	檢測分（子）公司的管理費用比例
5	營業費用	在產品銷售過程中發生的費用	檢測分（子）公司的產品銷售費用

指標8：市場營銷指標

序號	指標	指標定義	功能
1	銷售合約額	一定週期內簽訂的銷售合約總額	檢測一定週期內的行銷效果
2	銷售收入	一定週期內完成的產品出廠總額	檢測一定週期內的產品銷售收入，以產品出廠為準
3	貨款回籠率	一定週期內回籠的銷售貨款總額÷銷售收入總額	檢測一定週期內的貨款回籠情況，促進公司銷售部門提高效率
4	行銷、銷售計劃完成情況	週期內行銷、銷售計劃的完成、達成情況	檢測行銷、銷售計劃編制的準確性和計劃完成情況
5	市場占有率	總產品銷售收入÷產品市場總占有	檢測一定週期內的市場佔有情況
6	營業費用比率	營業費用總額÷產品銷售收入總額	檢測一定週期內的行銷效果
7	銷售收入增加率	（本期銷售收入－上期銷售收入÷上期銷售收入	檢測一定週期內的銷售增加情況
8	客戶滿意度	客戶滿意戶數/公司全部客戶	檢測公司的客戶滿意度情況
9	營銷費用達成率	一定週期內實際行銷費用÷營銷預算費用	檢測行銷費用預算執行情況
10	運輸費用達成率	一定週期實際發生的運輸費用÷計劃預算費用	檢測銷售部門是否合理選擇運輸單位、控制運輸成本
11	解決客戶投訴率	一定週期內解決的客戶投訴數÷客戶總投訴數	檢測相關部門客戶投訴的解決力度和效果
12	合約歸檔率	週期內歸檔合約總數÷應歸檔合約數	檢測銷售合約是否及時歸檔
13	銷售台帳的準確性	銷售台帳記錄是否準確	檢測銷售台帳記錄的準確性
14	銷售往來記錄的及時性和準確性	銷售往來記錄是否準確及時	檢測銷售往來記錄的及時性和準確性
15	產品標識製作的及時性	產品標識製作是否及時	檢測產品標識製作的及時性
16	客戶資訊管理的完整性	客戶資訊是否完整並及時更新	檢測客戶資訊的完整性，以及相關人員是否及時將客戶資訊更新
17	銷售結算工作進行的及時性、準確性	是否及時、準確地進行了銷售結算	檢測市場部門是否及時、準確地進行了銷售結算工作

指標9：品質管理指標

序號	指標	指標定義	功能
1	一次檢驗成功率	一次檢驗成功的產品數÷檢驗的產品總數	檢測生產品質情況
2	品管成本比重	品管成本÷產品銷售收入	檢測品管成本占銷售收入比率，為擬訂品管計劃及生產、品管改進提供參考
3	品質事故處理的及時性有效性	品質事故處理是否及時有效	檢測品質管理部門在品質事故處理方面的工作效率

（續表）

序號	指標	指標定義	功能
4	產品抽檢合格率	抽檢合格產品總數÷抽檢產品總數	檢測產品生產品質，由品質保障部組織
5	客戶品質問題處理的及時性、有效性	對於客戶品質問題的投訴是否解決得及時有效	檢測綜合管理部門對客戶投訴的品質問題解決的及時性、準確性
6	品質體系評審不符合項數	年度品質體系評審發生的不符合項數	檢測公司品質體系管理的完整性、準確性
7	品質檢驗的差錯率	產品檢驗差錯數÷檢驗產品總數	檢測產品檢驗人員的檢驗準確性和水準
8	供方品質檢驗資料的保管情況	供方品質檢驗資料是否完整、準確	檢測品質檢驗人員日常工作的情況
9	技改專案的完成率	技改項目完成數÷技改項目計劃數	檢測公司技改專案的完成情況

指標10：人力資源指標

序號	指標	指標定義	功能
1	員工增加率	（本期員工數－上期員工數）÷上期員工數	檢測週期內員工增加比例
2	員工結構比例	各層次員工的比例分配狀況	檢測人力資源結構的合理性
3	關鍵人才流失率	流失的關鍵人才數÷公司關鍵人才總數	檢測公司關鍵人才的流失情況
4	薪資增加率	（本期員工平均工資－上期員工平均工資）÷上期員工平均工資	檢測工資增加情況
5	人力資源培訓完成率	週期內人力資源培訓次數÷計劃總次數	檢測人力資源部門培訓計劃的執行情況
6	部門員工出勤情況	部門員工出勤人數÷部門員工總數	檢測部門員工的出勤情況
7	薪酬總量控制的有效性	一定週期內實際發放的薪酬總額÷計劃預算總額	檢測人力資源部門在薪酬總額控制方面的有效性
8	人才引進完成率	一定週期實際引進人才總數÷計劃引進人才總數	檢測人力資源部門的招聘計畫完成情況
9	考核工作完成的及時性、準確性	公司績效考核完成得是否及時、準確	檢測人力資源相關部門在績效考核方面的有效性

指標11：採購供應指標

序號	指標	指標定義	功能
1	採購計劃完成率	當期採購實際完成數÷當期物料需求計劃	檢測採購部門採購計劃的完成情況
2	採購成本降低率	（上期採購成本－本期採購成本）÷上期採購成本	檢測採購部門降低採購成本的效果
3	供應商一次交檢合格率	供應商一次交貨合格的次數÷該月所有供應商交貨次數	檢測採購供應部門對採購進程、採購品質控制的情況

（續表）

序號	指標	指標定義	功能
4	供應商資訊管理	供應商、外協商資訊的完整性、準確性	檢測採購供應部門是否及時匯入供應商和外協商資訊，以及是否及時更改
5	採購積壓物資處理的及時性	是否及時有效地處理了倉庫積壓物資	檢測採購供應部門對庫存積壓物資處理的及時性
6	採購資金使用情況	一定週期內採購資金付款數÷採購物資的總額	檢測採購供應部門的採購資金使用情況

指標12：產品技術設計指標

序號	指標	指標定義	功能
1	研發計劃完成率	當期按計劃完成的研發專案數占當期計畫完成的研發專案數的比例	檢測技術部門的研發計劃完成情況
2	技術圖檔更改的及時性	是否及時將技術圖檔更改	檢測技術中心技術圖檔更改的效果
3	技術出圖的及時性、準確性	是否按照生產進度及時準確地出圖	檢測技術部門的工作效果
4	標準化審查的差錯率	標準化審查差錯次數÷標準化審查總次數	檢測標準化人員的工作效果

後記　面向不確定未來的應對之道

即將收筆，意猶未盡，總想對讀者再說點什麼？

《富比士》曾發表一篇文章〈好的經理是創新的殺手〉，不少企業家認為，傳統商學院所傳授的管理技能可以改良和管理一家現有企業，但在創造新產品和新服務方面就顯得力不從心。好，這等於宣判了你透過本書學習的技能在創新的世界是失效的，因為這本書講的都是以前的成功實踐。但現實中，我們卻面臨著一個不確定的未來。

人們總是相信自己對未來的判斷力，相信未來是可知和可控的，所以我們花了很多精力定位，然後依據定位建立系統。但如果未來是不確定甚至是不可知的呢？傳統的競爭方法似乎已經失效，當傳統汽車廠商還在討論燃油效率的時候，沒有人想到汽車產業的顛覆者可能會來自搞火箭的 Elon Musk；誰又知道未來統治汽車產業的會不會是 Google 等來自網路廠商的異類呢？沒有了動力和控制系統，造車的企業只能淪為造鐵皮盒子的；當電信業者以為控制了簡訊和語音就控制了人類的通訊，沒想到 OTT 的出現讓他們徹底成為通路；當銀行業還在絞盡腦汁想著如何從客戶身上擠出最後一滴利潤的時候，沒想到讓「天下沒有難做的生意」的馬雲動了自己的奶酪，這分明就是一場「搶劫」。

跨界顛覆的創新，讓這個世界充滿了不確定性。隨著不確定性的增加，管理者需要學習新的管理工具，他們需要學習創業管理 —— 在頗具成效的初創公司中使用的原則 —— 而不是傳統的管理原則，因為傳統的管理原則對解決具有相對確定性的問題頗為有效，但對具有高度不確定性的問題收效甚微。

我們目前主流的管理理論和路數，都發自於工業 1.0 時代，成熟自工業 2.0 時代，高度自動化的過程控制帶領美國進入工業 3.0 時代，但是，這一次，在 4.0 時代，美國的管理也滯後了。工業 4.0 時代，創新是管理的唯一主題。創新是個變量，從來不是靠系統設計出來的，而管理者們擅長的是系統，系統輸出的是衡量或者常量，只能用於改進型創新，不能用於破壞型創新。要知道，創新來自激情和突破，而管理怕的就是意外。

第 24 章　績效管理的新趨勢

　　好，我知道要創新，我知道要被人顛覆，我自我革命，但可怕的是知道並不代表你能做到，很多企業被顛覆得莫名其妙，但即使是偉大的企業最多也只能享受在清醒中死去的權利。柯達並非不知道數位化的未來，Nokia 早已創造了觸控技術和雛形的 APP Store，Moto 更是以技術創新而引領業界數十年。

　　顛覆性的創新為何不能在母體企業內部成長？道理很簡單，什麼樣的土壤、空氣會結什麼樣的果，南橘北枳，因為基因、因為環境、因為對過去成功的依賴。路徑依賴是人的遺傳天性，我們的祖先在叢林裡，往往要留下蹤跡，以便下次可以再去，久而久之，就形成了成規，打破是需要付出代價的。這種天性遺傳下來，我們更熟悉習慣，而不是改變。

　　面對不確定的未來，作為 HR，希望我們能夠保持好奇心和對新事物的敏感，大膽創新、小心求證，於此書而言，對於所有的工具和方法要理解並靈活應用。過去的成功不是未來前進路上的可靠嚮導，如果僅僅照貓畫虎，那必將是刻舟求劍，與初衷相去甚遠了。任何時代，都是機遇與挑戰並存，挑戰與創新並存的，這個不確定的時代，帶給我們很多挑戰，同時也讓我們迎難而上，尋找到很多應對挑戰的新思維、新方法和新方向，路漫漫其修遠兮，我們一起來求索！

　　感謝我的同事孫莉娟對本書的貢獻，能將多年績效管理工作的點滴積累進行梳理並和大家分享，是榮幸，也是責任。

績效管理　從今天開始高績效
多種產業╳豐富實例╳大量圖表╳實戰經驗

作　　者：胡勁松

發 行 人：黃振庭

出 版 者：崧燁文化事業有限公司

發 行 者：崧燁文化事業有限公司

E-mail：sonbookservice@gmail.com

粉 絲 頁：https://www.facebook.com/
　　　　　sonbookss/

網　　址：https://sonbook.net/

地　　址：台北市中正區重慶南路一段六十一號八
　　　　　樓 815 室

Rm. 815, 8F., No.61, Sec. 1, Chongqing S. Rd.,
Zhongzheng Dist., Taipei City 100, Taiwan (R.O.C)

電　　話：(02)2370-3310

傳　　真：(02) 2388-1990

印　　刷：京峯彩色印刷有限公司（京峰數位）

定　　價：520 元

發行日期：2021 年 10 月第一版

◎本書以 POD 印製

國家圖書館出版品預行編目資料

績效管理 從今天開始高績效：多種
產業 X 豐富實例 X 大量圖表 X 實
戰經驗 / 胡勁松著 . -- 第一版 . --
臺北市：崧燁文化事業有限公司，
2021.10
　　面；　公分
POD 版
ISBN 978-986-516-858-2(平裝)
1. 績效管理 2. 人事管理
494.3　　110015278

電子書購買

臉書